工业和信息化部"十二五"规划教材

普通高等学校计算机教育"十二五"规划教材

C# 网络应用编程

（第3版）

C# NETWORK APPLICATION
PROGRAMMING
(3rd edition)

马骏 ◆ 主编

U0212882

人民邮电出版社

北京

图书在版编目（CIP）数据

C#网络应用编程 / 马骏主编. -- 3版. -- 北京：
人民邮电出版社，2014.9（2022.11重印）
普通高等学校计算机教育"十二五"规划教材
ISBN 978-7-115-36259-9

Ⅰ. ①C… Ⅱ. ①马… Ⅲ. ①C语言－程序设计－高等
学校－教材 Ⅳ. ①TP312

中国版本图书馆CIP数据核字（2014）第165336号

内 容 提 要

本书主要介绍如何用 C#和 WPF 开发 C/S 应用程序和面向服务的 WCF 应用程序。全书共 12 章，前 6 章介绍网络编程预备知识，包括 IP 地址转换、DNS、套接字、数字墨迹、进程、线程、应用程序域、数据流、数据编码和解码、数据加密和解密、异步编程、并行编程等；后 6 章介绍 WCF 和 HTTP、TCP、UDP、MSMQ 编程技术。同时在附录中给出了本书的上机练习和综合设计要求。

本书提供配套的 PPT 课件以及在 VS2012 下调试通过的所有参考源程序和全部习题参考解答。

本书可作为高等院校计算机及相关专业的教材，也可作为初、中级程序员的参考用书。

◆ 主　编　马　骏
责任编辑　邹文波
责任印制　彭志环　杨林杰
◆ 人民邮电出版社出版发行　北京市丰台区成寿寺路 11 号
邮编　100164　　电子邮件　315@ptpress.com.cn
网址　http://www.ptpress.com.cn
固安县铭成印刷有限公司印刷
◆ 开本：787×1092　1/16
印张：19.75　　　　　　　2014 年 9 月第 3 版
字数：521 千字　　　　　　2022 年 11 月河北第 14 次印刷

定价：45.00 元

读者服务热线：（010）81055256　印装质量热线：（010）81055316
反盗版热线：（010）81055315
广告经营许可证：京东市监广登字20170147号

第 3 版前言

本书第 2 版（用 C#编写基于 WinForm 的 C/S 网络应用编程技术）以高度的实用性和通俗易懂的讲解，受到全国读者的普遍欢迎，并在 2013 年被工信部评为"十二五"规划教材。本书第 3 版在继承第 2 版特色的基础上，根据近几年网络应用发展的趋势以及软件公司实际使用的研发环境，重点介绍用 C#编写基于 WPF 和 WCF 的 C/S 网络应用编程技术，而基于 B/S 的 Web 编程技术则单独作为一本教材来讲解。对 Web 编程有兴趣的读者，可参考《HTML5 与 ASP.NET 程序设计教程（第 2 版）》（马骏主编）。目前作者正在编写更实用的《ASP.NET MVC 程序设计教程（第 3 版）》，预计 2015 初与读者见面。

本书共分 12 章，学习本书前，建议读者先学习"十二五"普通高等教育国家级规划教材《C#程序设计及应用教程（第 3 版）》（马骏主编），该教材详细介绍了 C#和 WPF 基础知识，否则学习本书会有一定的难度。

本书各章主要内容如下。

第 1 章介绍网络编程入门知识。包括开发环境、开发模型、网络通信模式、网络协议、IP 地址转换、域名解析以及网卡信息检测等，目的是让读者对 C#网络应用编程有一个初步的感性认识。

第 2 章介绍 WPF 数字墨迹和动态绘图技术。网络应用不仅仅是单纯的文字传输，还包括图形、图像、音频、视频等信息的传输，而且接收这些信息的目标设备可能是桌面台式机，也可能是平板电脑、手机以及其他移动设备。特别是在实际项目中，比如震灾监视、综合会商等高级应用中，通过网络传输的信息都是根据项目需要动态生成的，而不是仅仅传输静态的文件。因此，作为高级网络应用编程的一部分，这一章主要介绍动态绘图时所使用的基本技术，为进一步实现现场实时信息传输以及对会商目标的动态跟踪、绘制和标注等高级应用技术打下基础。

第 3 章介绍进程管理、多线程编程以及应用程序域的基本用法，这是理解和学习后续章节中基于任务的异步编程、并行编程，以及面向服务的 WCF 编程等实用技术的重要基础，要求读者必须掌握。

第 4 章介绍数据编码和解码、数据流以及数据的加密和解密技术，这是理解网络数据传输以及网络数据安全性控制等高级应用的基础。

第 5 章和第 6 章分别介绍如何用多任务实现异步和并行编程。在多核处理器、云计算和大数据处理流行的今天，异步和并行编程是高级网络应用的基础，也是必须掌握的基本技能。

第 7 章介绍面向服务的 WCF 编程入门知识和基本用法。

第 8 章到第 11 章分别介绍如何用 WCF 和 WPF 编写基于 HTTP、TCP、UDP 以及 MSMQ 的网络应用程序，这是实际项目中使用最多的协议类网络编程技术。

第 12 章介绍一个网络综合应用开发实例。该章内容是为了指导学生顺利完成综合设计而编写的，各高校可以根据学生对相关知识的学习情况，灵活掌握这一章的讲授学时和讲授时间。在附录 B 的综合设计中，要求每组实现的设计内容中必须包含动态图形图像绘制和文件传输功能，因为掌握了这两种技能，任何网络数据传输问题均可迎刃而解。

各高校在教学过程中，可以根据专业课程体系和学期总学时数，选取本书的全部或部分内容讲解，建议各章学时分配如下。

54 学时				72 学时			
第 1 章	4 学时	第 9 章	4 学时	第 1 章	4 学时	第 9 章	6 学时
第 2 章	6 学时	第 10 章	4 学时	第 2 章	6 学时	第 10 章	6 学时
第 3 章	4 学时	第 11 章	2 学时	第 3 章	6 学时	第 11 章	4 学时
第 4 章	4 学时	第 12 章	4 学时	第 4 章	6 学时	第 12 章	4 学时
第 5 章	4 学时			第 5 章	6 学时		
第 6 章	6 学时			第 6 章	8 学时		
第 7 章	6 学时			第 7 章	8 学时		
第 8 章	6 学时			第 8 章	8 学时		

本书由马骏担任主编，黄亚博、侯彦娥、韩道军、刘扬担任副主编，马骏对全书进行了规划、组稿、编写、统稿、修改和定稿。参加各章编写与代码调试等工作的还有周兵、谢毅、左宪禹、王玉璟、毋琳、曹志伟等。

为了配合教学需要，本书还提供配套的 PPT 教学课件、全书所有源程序代码以及所有习题参考解答。读者可到人民邮电出版社教学服务与资源网（http://www.ptpedu.com.cn）上下载。

由于编者水平有限，书中难免存在错误之处，敬请读者批评指正。

编　者

2014 年 7 月

目　录

第1篇
预备知识

预备知识篇共 6 章内容,这是第 2 篇 WCF 高级编程的基础。

本书的内容是针对学习过 C#基本语句、C#面向对象技术以及 WPF 编程技术的读者而写的。限于篇幅,在预备知识部分,只介绍了网络协议相关的基本知识、数字墨迹和图形图像动态绘制技术、多线程编程以及多任务异步并发执行需要使用的基本技术,而没有再介绍 C#语言基本知识和客户端 WPF 代码实现技术。但是,C#语言基本知识和 WPF 编程同样是学习本书的基础,没有学过这些内容的读者,请首先阅读"十二五"国家级规划教材《C#程序设计及应用教程》(第 3 版,人民邮电出版社,马骏主编)一书,或者简化版的"十二五"国家级规划教材《C#程序设计教程》(第 3 版,人民邮电出版社,马骏主编)一书,这两本书中都有 C#编程基本知识和 WPF 编程的详细介绍,否则学习本书会有一定的难度。

第1章
网络应用编程入门知识

本章主要介绍与本书内容相关的网络编程入门知识，目的是为了让读者首先对 C#网络应用编程技术有一个大概的印象，为后续章节的学习打下基础。

1.1　安装 VS2012 开发环境

本书主要介绍如何在 VS2012 开发环境下用 C#语言和 WPF 编写 C/S（Client/Server）模式的网络应用程序。如果读者对 C#程序设计和 VS2012 开发环境不熟悉，请首先阅读"十二五"普通高等教育本科国家级规划教材《C#程序设计及应用教程（第 3 版）》（人民邮电出版社，马骏主编），或者阅读与该教材对应的简化版本《C#程序设计教程（第 3 版）》（人民邮电出版社，马骏主编）。

要调试和运行本书的程序，需要安装以下开发平台和相关的开发工具。

1．操作系统要求

调试本书源程序的操作系统和内存要求如下。

（1）操作系统：Windows 7（32 位或 64 位），建议使用 64 位的 Windows 7。

（2）内存：至少 2GB。

2．安装 VS2012 和 VS2012 Update 4

本书所有的源程序全部都在 VS2012 简体中文旗舰版开发环境下调试通过。由于 VS2012 的安装过程比较简单，所以这里不再介绍具体安装步骤。

安装 VS2012 后，还需要继续安装 VS2012 Update 4，该补丁修正了到目前为止微软公司发现的所有 VS2012 中的错误。从微软公司的网站上下载 VS2012 Update 4 后直接安装即可，Update4 已经包含了 Update1、Update2 和 Update3，因此不需要安装 Update4 之前的这些补丁。

1.2　网络应用编程模型

随着网络技术的高速发展，网络编程模型也在不断地发展变化。这一节我们简单介绍相关的内容。

1.2.1　互联网与企业内部网

"网络应用编程"所指的"网络"有两个含义：一个是互联网，另一个是企业内部网。

由于网络应用编程涉及的内容太多，我们将 C/S 和 B/S 两大类编程技术分两本教材分别介绍。本书主要介绍 C/S 模式的网络应用编程，B/S 编程可参考《HTML5 与 ASP.NET 程序设计教程》（马骏主编，人民邮电出版社出版）。

这一节我们主要学习互联网和企业内部网之间的区别，以便初步学习网络编程的读者对本书重点讲解的内容以及适用的应用范围有一个整体的印象。

1. 互联网（Internet）

互联网（Internet）是一种覆盖全世界的全球性互联的网络。互联网的最大特点是这些相互连接的网络都使用同一组通用的协议（TCP/IP 协议簇），从而形成逻辑上的单一巨大国际网络。具体来说，互联网的特点有：支持资源共享、采用分布式控制技术、采用分组交换技术、使用通信控制处理机、采用分层的网络通信协议。

互联网并不等同于万维网（World Wide Web），万维网是一种使用超文本传输协议相互链接而成的全球性系统，它只是互联网所提供的服务的其中一部分。

2. 企业内部网（Intranet）

企业内部网（Intranet）是互联网的另一种体现形式。这种网络采用的仍然是 Internet 标准，主要区别是它将企业内部的网络和企业外部的网络通过防火墙有效隔离，这样一来，每个 Intranet 都变成了一个相对独立的网络环境。例如，某家公司的多个分公司分布在不同的国家，总公司与分公司之间以及分公司与分公司之间建立 Intranet 后，公司内部的应用程序仍然通过 Internet 快速交互。但是，由于防火墙的作用，公司外部的用户无法访问它，外部用户只能访问公司对外公开的内容。

1.2.2　分散式、集中式和分布式

早期的计算机网络将数据通信模型分为分散式（Decentralized）、集中式（Centralized）和分布式（Distributed）。

在分散式系统中，用户只负责管理自己的计算机系统，各自独立的系统之间没有资源和信息的交换或共享。这种模型由于存在大量共享数据的重复存储，除了引起数据冗余之外，还很容易导致一个企业组织内各部门数据的不一致，同时还会造成硬件、支持和运营维护等成本的大量增加，因此早已经被淘汰。

集中式系统用一台计算机（称为主机）保存一个企业组织的全部数据，而用户则通过多个终端连接到这台主机。由于每个终端都只有键盘和显示器，因此终端本身并不具备处理信息的能力。集中式系统的优点是所有运作和管理都由一台主机来控制，硬件成本低。另外，由于资源集中，既促进和方便了数据共享，又减小或消除了数据的冗余与不一致性。但是其缺点也很明显，首先是可靠性问题，一旦主机出现故障，系统就全部瘫痪；其次，当多个用户通过终端同时访问数据时，集中式系统响应比较慢，不能充分满足不同部门或用户的需要，也无法满足某些部门的特殊需求。

分布式系统是分散式系统和集中式系统的混合体，它的运行基础是一个由多台独立的、分散于不同位置的计算机构成的网络环境。分布式系统将分散在网络环境中的各种资源以一个整体的形式呈现给用户，以全局方式管理系统资源，并可根据用户需要动态分配任务，为用户任意调度网络资源，并且调度过程对用户来说是"透明"的。当用户提交一个作业时，分布式系统能够根据需要在系统中选择最合适的资源进行处理，完成作业后再将结果反馈给用户。在这个过程中，用户的操作体验就像是正在使用单机工作一样。

分布式系统与计算机网络的主要区别是软件而不是硬件。由于分布式系统也是以网络为基础的，因此，它与计算机网络之间有很多重叠的概念。例如，用户打开并编辑一个文件，在分布式系统中，由于系统会自动调度用户所需要的文件，因此用户并不知道该文件到底保存在网络中的哪台计算机上（也没有必要知道），用起来就像在编辑本机中的文件一样。而在计算机网络中，如果该文件不在本机上，用户必须先知道保存该文件的远程主机是谁，然后与该远程主机连接，再传送该文件到本机，才能进行编辑。

分散式、集中式和分布式的主要区别可以用一个形象的例子来描述。假如希望统一解决一座大楼中所有房间的制暖问题，这就存在多种选择方案。第1种是分散式，即每个房间根据自己的情况决定配备空调、加热器或者什么都不配，这种方式使办公室人员自由度大，但大楼管理员无法统一控制用电量；第2种方式是集中式，即整座大楼配备中央空调，同时所有房间的温度调控以及开不开空调也都由大楼管理员来负责，这种方式管理方便，但办公室却没有了自主调温能力；第3种方式是分布式，即除了整座大楼配备中央空调外，每个房间再装备一个温度控制器，由于这种方式下各个房间都可以根据情况调节温度（就像自己房间有一个空调一样），同时管理员又能通过中央空调统一控制资源和成本，因此大家都认为这种方式比较好。

再举个例子，企业管理系统就是集中式和分布式综合的一种表现，所有数据用专用的数据库（SQL Server、Oracle或DB2）集中存储，属于集中式，而对数据的处理则由各个部门的软件分别控制，属于分布式。

1.2.3　C/S模式

总地来说，分布式应用程序就像一团乱麻，它包含千头万绪而且相互缠绕，而C/S、B/S就像是从这团乱麻中分别抽取出来的一个或多个线头。当我们将这些线头分别整理清楚并赋予某种用途后，再将其融合在一起，就是一个完整的分布式应用程序。

C/S（Client/Server）也叫C/S模式、C/S架构或C/S模型，它是在分布式的基础上进一步抽象出来的编程模型。例如，对于由数千台甚至上万台计算机组成的大型分布式系统来说，会同时存在多个相对而言的服务端和客户端，此时每个客户端和服务端之间的通信都可以看作是一种C/S编程模型。

1. C/S模式及其特点

C/S是一种胖客户端应用程序编程架构，其主要工作都在客户端运行，这样可以充分利用本地计算机的性能优势。例如QQ、飞信、360安全卫士等客户端软件都属于C/S客户端应用程序。

C/S将一个网络事务处理分为两部分：客户端和服务端。客户端（Client，也叫客户机）用于为用户提供操作，同时向网络提供请求服务的接口；服务端（Server）负责接收并处理客户端发出的服务请求，并将服务处理结果返回给客户端。例如，用一台计算机作为服务器，其他多台计算机相对于该服务器来说是客户机，此时C/S的架构可以用图1-1来描述。

C/S的优点是它既适用于实际的应用程序，又适用于真正的计算机部署。

再举一个例子，我们到一个可同时容纳数千人的大型宾馆住宿，假设宾馆有多个通过网络相连的登记处，也有多个住宿大楼。对于某个客户来说，住宿时要先在某个登记处向服务员提出请求（住什么类型的房间等），此时该客户属于C/S客户端，服务员根据请求为该客户提供相应的服务，属于C/S服务端。另外，可将每一座住宿大楼都看作是整个管理系统中的某一台专用服务器，将该大楼内的多个服务员看作是该服务器上的不同进程。那么，登记处的服务员相对于该大楼的服务员来说是C/S客户端，相对于入住的客户来说是C/S服务端。至于登记处的服务员和哪座大楼的哪个服务员去联系，则由服务员根据客户的请求和现有的住宿情况去处理，而客户并不需要关心处理过程，只需要和登记处的服务员打交道知道将要住宿的地点就行了。

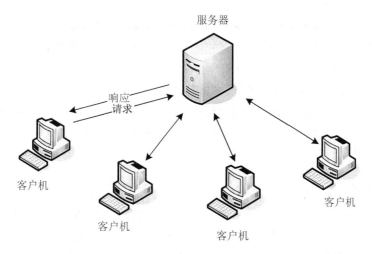

图 1-1　C/S 的基本架构

在这种情况下，多个客户、多座大楼、多个服务员和各种层次的管理人员共同构成一个完整的分布式系统。而仅从某一个客户和某一个服务员打交道的情况来看，它又是一个 C/S 模式的子系统。

从程序实现的角度来说，客户端和服务端打交道，实际是计算机上的两个进程在进行交互。服务端进程等待客户端进程与其联系。当服务端进程处理完一个客户进程请求的信息之后，又接着等待其他客户端的请求。

运行服务端进程的计算机系统一般通过所提供的服务来命名。例如，提供邮件服务的主机称为邮件服务器，提供远程文件访问的计算机称为文件服务器等。

2．C/S 应用程序编程模型

对于企业级分布式应用程序编程模型来说，由于内部业务的复杂性，其实现技术也在不断地发展变化。例如，随着网络的高速发展和不同业务之间的整合，目前各大软件公司都陆续推出了面向服务的体系架构（SOA），WCF 就是其中的一种具体实现技术。

用 C#编写面向服务的服务端应用程序时，建议用 WCF 来实现。编写面向服务的 C/S 客户端应用程序时，建议用 WPF 应用程序来实现。

除此之外，客户端和服务端也都可以使用控制台应用程序、WinForm 应用程序以及其他类型的应用程序编程模型来实现。

3．C/S 网络编程建议的做法

随着"天、空、地"一体化和计算机硬件的高速发展，人们对应用软件的要求越来越高，软件的实现规模越来越大，内部逻辑也变得越来越复杂。同时，整合现有的软件成果到新软件中使之成为一体的任务也更为艰巨。为了适应这些新的需求，微软公司从操作系统底层的核心功能上重新进行改写（陆续推出 Windows 7、Windows 8），与之配套的 Visual Studio 软件开发工具以及所提供的编程模型也发生了翻天覆地的变化。

从.NET 框架 4.0 开始，微软公司建议使用基于任务的编程模型开发并行和异步程序，使用集各种服务、协议以及远程处理为一体的 WCF 来开发面向服务的分布式网络应用程序。另外，

VS2012 和.NET 框架 4.5 又在 VS2010 和.NET 框架 4.0 的基础上对运行性能进行了大幅度的提升，即使代码不做任何改变，在 VS2012（默认使用.NET 框架 4.5）中运行也比在 VS2010（默认使用.NET 框架 4.0）中运行快得多。

但是，任何一种新技术都是以传统技术所提供的基本概念为基础的，都是为了解决用传统技术无法有效处理的某些薄弱环节而提出的新设计思路。换言之，只有理解了早期的传统技术及其基本的实现原理，才能进一步快速理解新的编程模型要解决的本质问题，才不至于在"不知道有哪些优缺点"的时候将过时的技术当作新技术来学习。

基于以上原因，本书除了介绍建议的网络编程技术以外，还会适当介绍早期的传统实现技术。但是，介绍传统技术的目的只是为了让读者了解不同技术的发展轨迹，不建议读者用早期的传统技术去实现新的开发任务。

1.2.4 B/S 模式

B/S（Browse/Server）也叫 B/S 模式或 B/S 模型，它也是在分布式系统的基础上进一步抽象出来的网络通信模型，这种模式仅使用 HTTP（Hypertext Transfer Protocol，超文本传送协议）进行通信。B/S 编程模型一般采用三层架构设计，由用户界面、逻辑处理和数据支持构成，如图 1-2 所示。

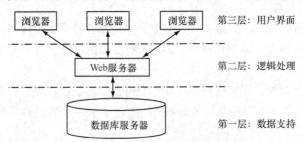

图 1-2　B/S 模式三层架构示意图

开发 B/S 模式的应用程序也称为开发 Web 应用程序。

B/S 模式的优点是单台计算机可以访问任何 Web 服务器。或者说，其客户端应用程序是一种通用的浏览器。对于用户来说，只需要知道服务器的网址（IP 地址或域名），即可通过客户端浏览器来访问，而不需要针对不同的 Web 服务器分别提供不同的客户端软件。

但是，由于 B/S 模式具有沙盒限制（对客户端本地计算机的资源访问权限有一定限制），因此这种模式最适用于通过 Web 服务器向用户提供信息。但是，由于它无法获取客户端本地所有资源，所以在大型数据处理上会受到一定制约，比如明显不如将数据保存在客户端本地计算机上直接进行处理速度快等。

总之，B/S 模式也像 C/S 模式一样，都不是万能的灵丹妙药，对于某个具体应用来说，到底用 B/S 实现好还是用 C/S 实现好，要根据业务需求和效率需求而定。例如大量工作都在服务端来做就能满足应用需求，此时 B/S 是较好的选择（部署简单）。而如果服务端响应的速度无法满足客户端快速得到处理结果的性能要求，这种情况下将大量工作放在客户端本地计算机上来做效率更高，此时 C/S 是较好的选择。

1.2.5 网络应用程序编程模型

从大的方面来说，无论是哪种网络应用程序，其外部表现形式都不会超出以下 3 种形式之一：控制台界面、Windows 窗体界面、Web 窗体界面。如果从.NET 实现技术上进一步细分，又可将编程模型分为控制台应用程序、WinForm 应用程序、WPF 应用程序、Windows 应用商店应用程序（仅适用于 Windows 8）、基于 ASP.NET 的 Web 应用程序以及面向服务的 WCF 应用程序等。

1. C/S 客户端应用程序编程模型

WPF（Windows Presentation Foundation，Windows 呈现基础）是编写在 Windows 7、Windows 8 操作系统上运行的 C/S 客户端应用程序编程模型，简单来说，WPF 整合了 Windows 窗体和 Web 窗体，为用户界面、2D/3D 图形、文档、音频和视频等提供了统一的界面描述和操作方法。或者说，不论是 Windows 窗体还是 Web 窗体，使用 WPF 技术设计的代码基本上是一样的，从而大大缩小了 Windows 应用程序和 Web 应用程序之间的差别。另外，基于 DirectX 技术的 WPF 不仅带来了绚丽的 3D 界面，而且其图形向量渲染引擎也大大改进了传统的 2D 界面。例如，Windows 7 和 Windows 8 操作系统中的华丽界面基本上都得益于 WPF。

本书所有的客户端程序例子都用 WPF 应用程序来实现。

这里顺便提一下，Windows 窗体应用程序（WinForm 应用程序）是 Windows XP 流行时建议的 C/S 客户端应用程序编程模型。经过多个版本的变迁，这种应用程序已经高度成熟，用它编写在 Windows XP 操作系统上运行的 C/S 应用程序非常方便，但它有一个致命的弱点，就是对音频、视频、动画、三维等功能支持有限，即使能实现这些功能，在 Windows XP 操作系统上也无法充分发挥多核硬件的性能优势，因此，在 Windows 7 操作系统上，用它作为初学者的入门学习绰绰有余，但用 WinForm 编写复杂的 2D、3D 以及多媒体客户端应用程序则显得心有余而力不足。

2. C/S 服务端应用程序编程模型

编写面向服务的 C/S 服务端应用程序时，建议用 WCF 服务应用程序来实现。

但是，作为练习或者为了方便观察和理解相关的概念和实现原理，也可以用控制台应用程序、WinForm 或者 WPF 应用程序来实现。而在实际的应用开发中，一般不会将运行监视等功能放到服务端来实现。或者说，服务器的用途是为客户端程序提供各种服务，我们不可能让操作人员去专门存放服务器的机房去操作，那种大功率引起的噪声不是管理员长时间操作的环境。

那么，在实际的应用开发中，如果要观察某个服务器应用程序的运行情况怎么办呢？解决办法是仍然通过客户端应用程序来实现。或者说，让管理员通过专用的客户端程序去操作，而不是让管理员直接到服务器上去操作。

当然，管理员通过远程桌面也可以直接操作服务器，但这并不是一个理想的办法。换言之，管理员的职责是为了处理服务器运行过程中出现的不正常情况，比如死机需要重启、硬件故障需要热更换（"热更换"是指不关闭计算机的情况下直接更换有故障的设备，比如直接换掉有故障的硬盘）等，而不是为了让网络管理员去调试或运行某个服务器程序。

3. B/S 应用程序编程模型

对于 C#开发人员来说，B/S 应用程序编程模型（Web 应用程序）主要用 ASP.NET 或者 Silverlight 来实现，也可以用 WPF 浏览器应用程序来实现（适用于企业内部网，即通过 https 来访问而不是通过 http 来访问）。

1.3　TCP/IP 网络协议

网络协议是网络上所有设备（网络服务器、计算机及交换机、路由器等）之间相互通信规则的集合，它定义了通信时采用的格式以及这些格式的含义。网络协议通常被分为几个层次，每层都完成独立的功能。TCP/IP（Transmission Control Protocol/Internet Protocol，传输控制协议/网际协议）是通信层上一组网络协议的总称，在目前的网络中使用最广泛。

1.3.1 TCP/IP 基本概念

在计算机网络课程中，我们学习过 TCP/IP 网络模型。该模型采用 4 层结构，每一层都呼叫它的下一层网络来完成自己的需求。这 4 层分别为：应用层、传输层、网际层和网络接口层。各个层次的功能和对应的常用网络协议如表 1-1 所示。

表 1-1　　　　　　　　　　　　TCP/IP 模型各层次的功能和协议

层 次 名 称	功　　能	协　　议
应用层（Application Layer）	负责实现与应用程序相关的功能	FTP（文件传输协议） HTTP（超文本传输协议） DNS（域名服务器协议） SMTP（简单邮件传输协议） NFS（网络文件系统协议）
传输层（Transport Layer）	负责提供节点间的数据传送以及应用程序之间的通信服务，主要功能是数据格式化、数据确认和丢失重传等	TCP（控制传输协议） UDP（用户数据报协议）
网际层（Inter-network Layer）	负责提供基本的数据封包传送功能，让每一块数据包都能够到达目的主机，但它不检查数据包是否被正确接收	IP（网际协议） ICMP（网际控制消息协议） ARP（地址解析协议） RARP（反向地址解析协议）
网络接口层（Host-to-Net Layer）	负责实际数据的传输	HDLC（高级链路控制协议） PPP（点对点协议） SLIP（串行线路接口协议）

本书主要介绍应用层和传输层协议相关的网络应用编程技术，而网际层和网络接口层则一般由操作系统底层和网络设备硬件制造商去实现（网卡、交换机、路由器等）。

1.3.2 传统的网络编程技术简介

对于需要侦听网络并发送请求的网络应用程序而言，System.Net.Sockets 命名空间提供了 TcpClient 类、TcpListener 类和 UdpClient 类。这些类用传统技术封装了不同传输协议建立连接的实现细节，提供了多种传输数据的操作方法。另外，当需要在套接字级别进行控制时，还可以直接用该命名空间下的 Socket 类来实现。

但是，这些传统的实现技术都是从底层公开相关的信息，需要程序员对计算机网络的实现原理非常熟悉，而且还需要有丰富的网络编程经验，才能编写出不易出错的实际网络应用程序。换言之，用这些传统技术编写网络应用程序的门槛较高，容易使初学者望而却步。因此，近年来各大软件公司又都陆续推出了新的网络应用编程技术。

在本书后续的章节中，我们主要学习新的网络编程技术。但是，这些新技术都是以传统技术为基础的，所以，在学习新技术之前，我们还需要简单了解一下传统实现技术中涉及的一些基本知识。

1.　套接字编程（Socket 类）

套接字是支持 TCP/IP 网络通信的基本操作单元。可以将套接字看作是不同主机间的进程进行通信的端点。在一个套接字实例中，既保存了本机的 IP 地址和端口，也保存了对方的 IP 地址和端口，同时也保存了双方通信采用的网络协议等信息。

套接字有 3 种不同的类型：流式套接字、数据报套接字和原始套接字。流式套接字用来实现面向连接的 TCP 通信，数据报套接字实现无连接的 UDP 通信，原始套接字实现 IP 数据包通信。这 3 种类型的套接字均可以用 System.Net.Sockets 命名空间下的 Socket 类来实现。

编写基于 TCP 和 UDP 的应用程序时，既可以使用对套接字进一步封装后的 TcpListener 类、TcpClient 类或 UdpClient 类，也可以直接用 Socket 类来实现。而编写自定义的新网络协议程序时，则只能用 Socket 类来实现，而且这个实现工作量是巨大的。

2. TCP 应用编程（TcpClient 类、TcpListener 类）

IP 连接领域有两种通信类型：面向连接的（Connection-Oriented）和无连接的（Connectionless）。在面向连接的套接字中，使用 TCP 来建立两个 IP 地址端点之间的会话。一旦建立了这种连接，就可以在设备之间进行可靠的数据传输。

对于网络应用程序而言，在 System.Net.Sockets 命名空间下，除了套接字以外，.NET 框架还提供了 TcpClient 类和 TcpListener 类。这些类封装了不同传输协议建立连接的细节，提供了多种传输数据的操作方法。

虽然 TcpClient 类和 TcpListener 类对套接字做了进一步的封装，在一定程度上简化了代码编写的复杂度，但是，仍然需要程序员编写大量的实现代码。

3. UDP 应用编程（UdpClient 类）

UDP 使用无连接的套接字，无连接的套接字不需要在网络设备之间发送连接信息。因此，在程序中很难确定有哪些服务器和客户端。

UdpClient 类是在 UDP 层面对套接字编程的进一步封装。它同样在一定程度上简化了代码编写的复杂度，但是，也同样需要程序员编写大量的实现代码。

4. 其他传统的网络应用编程技术

除了 TCP、UDP 以外，还有用传统技术实现的 HTTP 应用编程、FTP 应用编程、SMTP 与 POP3 应用编程以及 P2P 应用编程等，这些传统编程技术的实现在本书第 2 版都做了相应的介绍。

限于篇幅，本书不准备大量介绍这些传统技术，而是将重点放在介绍更优秀的新的网络应用编程技术上。但是，如果读者能了解这些传统技术的基本实现思路，对进一步理解新的网络编程技术会非常有帮助。因此，本书还会适当介绍传统的实现办法。

1.4　IP 地址转换与域名解析

从这一节开始，我们将逐步介绍网络编程首先需要掌握的一些预备知识。

为了简化网络编程，.NET 框架提供了很多与 IP 地址转换和网卡信息检测相关的类，这些类按照功能分别被分配在不同的命名空间中。

System.Net 命名空间为 Internet 和 Intranet 上使用的多种协议提供了方便的编程接口。开发人员利用该命名空间下提供的类，编写符合标准网络协议的应用程序时，不需要考虑所用网络通信协议的具体细节，就能很快实现所需要的功能。

IP 地址转换与域名解析相关的类都在 System.Net 命名空间下。

1.4.1　IP地址与端口

对于网络上的两台计算机来说，用户操作的计算机称为本地计算机，与该计算机通信的另一台计算机称为远程主机。识别远程主机的信息主要由两部分组成，一部分是主机标识，用于识别与本地计算机通信的是哪台远程主机；另一部分是端口号，用于识别和远程主机的哪个进程通信。

1. IP地址

在Internet中，为了确定一台主机的位置，每台联网的主机都要有一个在全世界范围内唯一的标识，该标识称为IP地址。

一个IP地址主要由两部分组成，一部分用于识别该地址所属的网络号，另一部分指明网络内的主机号。网络号由Internet权力机构分配，主机号由各个网络的管理员统一分配。

目前的IP编址方案有两种，一种是IPv4编址方案，另一种是IPv6编址方案。

（1）IPv4编址方案。IPv4编址方案使用由4字节组成的二进制值进行识别，我们常见的形式是将4字节分别用十进制表示，中间用圆点分开，这种方法叫做点分十进制表示法。

使用IP地址的点分十进制表示法，Internet地址空间又划分为5类，具体如下。

A类：0.x.x.x～127.x.x.x　　　（32位二进制最高位为0）

B类：128.x.x.x～191.x.x.x　　（32位二进制最高2位为10）

C类：192.x.x.x～223.x.x.x　　（32位二进制最高3位为110）

D类：224.x.x.x～239.x.x.x　　（32位二进制最高4位为1110）

E类：240.x.x.x～255.x.x.x　　（32位二进制最高5位为11110）

在这5类IP地址中，A类IP地址由1字节的网络地址和3字节的主机地址组成，主要用于网内主机数达1600多万台的大型网络。

注意，A类中有一个特殊的IP地址，即127.0.0.1，该地址专用于本机回路测试。

B类IP地址由2字节的网络地址和2字节的主机地址组成，适用于中等规模的网络，每个网络所能容纳的计算机数大约为6万多台。

C类IP地址由3字节的网络地址和1字节的主机地址组成，适用于小规模的局域网，每个网内最多只能包含254台计算机。

D类地址属于一种特殊类型的IP地址，TCP/IP规定，凡IP地址中的第一字节以"1110"开始的地址都叫多点广播地址。因此，任何第一字节大于223小于240的IP地址都是多点广播地址。

E类地址作为特殊用途备用。

在这些网络分类中，每类网络又可以与后面的一个或多个字节组合，进一步分成不同的网络，称为子网。每个子网必须用一个公共的网址把它与该类网络中的其他子网分开。

为了识别IP地址的网络部分，又为特定的子网定义了子网掩码。子网掩码用于屏蔽IP地址的一部分以区别网络标识和主机标识，它是判断任意两台计算机的IP地址是否属于同一子网的依据，并说明该IP地址是在局域网上，还是在远程网上。

把所有的网络位（二进制）用1来标识，主机位用0来标识，就得到了子网掩码。

IP地址与子网掩码的关系可以简单地理解为：两台计算机各自的IP地址与子网掩码进行二进制"与"运算后，如果得出的结果是相同的，则说明这两台计算机处于同一个子网，否则就是处于不同的子网上。

假设子网掩码为255.255.255.0，转化为二进制为11111111.11111111.11111111.00000000，则IP地址和子网掩码进行二进制"与"运算后，前3字节构成网络标示（子网号），第4字节为0。例如，对于 IP 地址 192.168.1.X，可以将子网掩码设置为 255.255.255.0，则该子网内所有的 IPv4 地址为

192.168.1.0、192.168.1.1、192.168.1.2、…、192.168.1.254、192.168.1.255

（2）IPv6 编址方案。第 2 种 IP 地址编址方案是 IPv6 编址方案。在这种编址方案中，每个 IP 地址有 16 字节（128 位二进制数），其完整格式用 8 段十六进制表示，各段之间用冒号分隔。为了简化表示形式，每段中前面的 0 可以省略。另外，连续的 0 可省略为 "::"，但只能出现一次。例如：

1080:0:0:0:8:800:200C:417A 简写为 1080::8:800:200C:417A

FF01:0:0:0:0:0:0:101 简写为 FF01::101

0:0:0:0:0:0:0:1 简写为::1

0:0:0:0:0:0:0:0 简写为::

本机回环地址：IPv4 为 127.0.0.1，IPv6 为::1

另外，IPv6 没有定义广播地址，其功能由多播地址替代。

2. 端口

从表面上看，好像知道了远程主机的 IP 地址，本机就能够和远程主机相互通信。其实真正相互完成通信功能的不是两台计算机，而是两台计算机上的进程。或者说，IP 地址仅仅能够识别到某台主机，而不能识别该主机上的进程。如果要进一步识别是哪个进程，还需要引入新的地址空间，这就是端口（Port）。

在网络通信技术中，端口有两种含义：一是指物理意义上的端口，比如，ADSL Modem、集线器、交换机、路由器上连接其他网络设备的接口，如 RJ-45 端口、SC 端口等；二是指逻辑意义上的端口，即进程标识，端口号的范围从 0 到 65535，比如用于 HTTP 的 80 端口，用于 FTP 的 21 端口等。

在本书中，我们以后所说的端口均指逻辑意义上的端口。

定义端口是为了解决与多个进程同时进行通信的问题。假设一台计算机正在同时运行多个应用程序，并通过网络接收到了一个数据包，这时就可以利用端口号（该端口号在建立连接时确定）来区分是哪个目标进程。因此，主机 A 要与主机 B 通信，主机 A 不仅要知道主机 B 的 IP 地址，而且还要知道主机 B 上某个进程侦听的端口号。

由于端口地址用两字节二进制数来表示，因此，可用端口地址的范围是十进制的 0～65535。另外，由于 1000 以内的端口号大多被标准协议所占用，所以程序中可以自由使用的端口号一般都使用大于 1000 的值。

1.4.2 IP 地址转换相关类

一台计算机要和另一台计算机通信，必须知道对方的 IP 地址和端口号以及采用的网络通信协议。另外，在某些应用中，可能还需要检测与网卡相关的信息。

在编写各种复杂的网络应用程序之前，需要首先掌握几个最基本的类：提供网际协议 IP 地址的 IPAddress 类，包含 IP 地址和端口号的 IPEndPoint 类和为 Internet 或 Intranet 主机提供信息容器的 IPHostEntry 类。

1. IPAddress 类

System.Net 命名空间下的 IPAddress 类提供了对 IP 地址的转换和处理功能。一般用 IPAddress 类提供的静态 Parse 方法将 IP 地址字符串转换为 IPAddress 的实例。例如：

```
try
{
    IPAddress ip = IPAddress.Parse("143.24.20.36");
}
catch
{
    MessageBox.Show("请输入正确的IP地址! ");
}
```

如果提供的 IP 地址字符串格式不正确，调用 Parse 方法时会出现异常。

另外，利用该实例的 AddressFamily 属性可判断该 IP 地址是 IPv6 还是 IPv4。例如：

```
IPAddress ip = IPAddress.Parse("::1");
if (ip.AddressFamily == AddressFamily.InterNetworkV6)
{
    MessageBox.Show("这是IPv6地址");
}
```

IPAddress 类还提供了 7 个只读字段，分别代表程序中使用的特殊 IP 地址。

表 1-2 列出了 IPAddress 类的常见只读字段。

表 1-2　　　　　　　　　　　　　IPAddress 类常见只读字段

名　　称	说　　明
Any	提供一个 IPv4 地址，指示服务端应侦听所有网络接口上的客户端活动，它等效于 0.0.0.0
Broadcast	提供 IPv4 网络广播地址，它等效于 255.255.255.255
IPv6Any	提供所有可用的 IPv6 地址
IPv6Loopback	表示系统的 IPv6 回环地址，等效于::1
IPv6None	提供不使用任何网络接口的 IP 地址
Loopback	表示系统的 IPv4 回环地址，等效于 127.0.0.1
None	表示 Socket 不应侦听客户端活动（不使用任何网络接口）

2. IPEndPoint 类

IPEndPoint 是与 IPAddress 概念相关的一个类，它包含应用程序连接到主机上的服务所需的主机和端口信息。它由两部分组成，一个是主机 IP 地址，另一个是端口号。IPEndPoint 类的构造函数之一为

```
public IPEndPoint(IPAddress address, int port);
```

其中，第一个参数指定 IP 地址，第二个参数指定端口号。例如：

```
IPAddress localAddress = IPAddress.Parse("192.168.1.1");
IPEndPoint iep = new IPEndPoint(localAddress, 65000);
string s1 = "IP地址为:" + iep.Address;
string s2 = "IP端口为:" + iep.Port;
```

3. IPHostEntry 类

IPHostEntry 类将一个域名系统（DNS）的主机名与一组别名和一组匹配的 IP 地址关联。该类一般和 Dns 类一起使用。

IPHostEntry 类的实例中包含了 Internet 主机的相关信息，常用属性有 AddressList 属性和

HostName 属性。

AddressList 属性的作用是获取或设置与主机关联的 IP 地址列表（包括 IPv4 和 IPv6），这是一个 IPAddress 类型的数组，该数组包含了指定主机的所有 IP 地址。

HostName 属性包含了指定主机的主机名。

在 Dns 类中，有一个专门获取 IPHostEntry 对象的静态方法，获取 IPHostEntry 对象之后，再通过它的 AddressList 属性获取本地或远程主机的 IP 地址列表。例如：

```
// 获取搜狐服务器的所有 IP 地址
IPAddress[] ips = Dns.GetHostEntry("news.sohu.com").AddressList;
// 获取本机所有 IPv4 和 IPv6 地址
ips = Dns.GetHostEntry(Dns.GetHostName( )).AddressList;
```

1.4.3　域名解析

IP 地址虽然能够唯一地标识网络上的计算机，但它是数字型的，很难记忆，因此一般用字符型的名字来标识它，这个字符型地址称为域名地址，简称域名（Domain Name）。

将域名转换为对应 IP 地址的过程称为域名解析。

DNS（Domain Name System，域名系统）是 Internet 的一项核心服务，它可以将域名和 IP 地址相互转换。为了实现这种转换，在互联网中存在一些装有域名系统的域名服务器，上面分层次存放许多域名到 IP 地址转换的映射表。从而可使人更方便地访问互联网，而不用去记住被访问机器的 IP 地址。

System.Net 命名空间下的 Dns 类提供了方便的域名解析功能，可利用它从 Internet 域名系统检索指定主机的信息。

Dns 类提供了一系列的静态方法，表 1-3 列出了 Dns 类的常用方法。

表 1-3　　　　　　　　　　　　　　　Dns 类的常用方法

方法名称	说　　明
GetHostAddresses	返回指定主机的 Internet 协议 IP 地址，与该方法对应的还有异步方法
GetHostEntry	将主机名或 IP 地址解析为 IPHostEntry 实例，与该方法对应的还有异步方法
GetHostName	获取本地计算机的主机名

从表 1-3 中可以看出，Dns 类的 GetHostEntry 方法和 GetHostAddresses 方法由于需要在 DNS 服务器中查询某个主机名或 IP 地址关联的 IP 地址集合，所以这两个方法的执行时间与网络延迟、网络拥塞等因素的影响有关，因此.NET 框架既提供了同步获取的方法，也提供了异步获取的方法。这里我们只介绍 Dns 类的同步方法，关于异步操作的用法在后面的章节中再介绍。

（1）GetHostAddresses 方法。利用 GetHostAddresses 方法可以获取指定主机的 IP 地址，该方法返回一个 IPAddress 类型的数组。方法原型为

```
public static IPAddress[] GetHostAddresses(string hostNameOrAddress);
```

参数中的 hostNameOrAddress 表示要解析的主机名或 IP 地址。例如：

```
IPAddress[] ips = Dns.GetHostAddresses("www.cctv.com");
```

如果 hostNameOrAddress 是 IP 地址，则不查询 DNS 服务器，直接返回此地址。如果 hostNameOrAddress 是空字符串，则同时返回本地主机的所有 IPv4 和 IPv6 地址。例如：

```
IPAddress[] ips = Dns.GetHostAddresses(""); //获取本机的所有IP地址
```

（2）GetHostEntry方法。GetHostEntry方法可返回一个IPHostEntry实例，用于在DNS服务器中查询与某个主机名或IP地址关联的IP地址列表。方法原型为

```
public static IPHostEntry GetHostEntry (string hostNameOrAddress)
```

参数中的hostNameOrAddress表示要解析的主机名或IP地址。当参数为空字符串时，此方法返回本地主机的IPHostEntry实例。例如：

```
IPHostEntry host = Dns.GetHostEntry("");
var ipAddresses = host.AddressList;  //获取本机所有IP地址
string name = host.HostName;         //获取本机主机名
```

（3）GetHostName方法。该方法用于获取本机主机名。例如：

```
string hostname = Dns.GetHostName( );
```

【例1-1】演示IPAddress类、Dns类、IPHostEntry类和IPEndPoint类的使用方法，显示中央电视台所有服务器的IP地址信息和本机主机名及相关的IP地址。运行效果如图1-3所示。

图1-3　例1-1的运行效果示意

由于本书各章源程序主界面以及子页面的创建步骤非常相似，为了避免在各章每一个例子中都重复讲解，作为本书第1个例子，这里单独介绍主界面和子页面的设计步骤。

该例子的主要设计步骤如下。

（1）创建一个项目名和解决方案名均为ch01的WPF应用程序项目。

（2）将App.xaml的Application.Resources节改为下面的内容，用于为各个子页面中的样式提供应用程序资源。

```
<Application.Resources>
    <Style x:Key="LabelStyle" TargetType="Label">
        <Setter Property="FontSize" Value="14"/>
        <Setter Property="HorizontalContentAlignment" Value="Center"/>
        <Setter Property="VerticalAlignment" Value="Center"/>
        <Setter Property="Background" Value="AliceBlue"/>
    </Style>
    <Style x:Key="BorderStyle" TargetType="Border">
        <Setter Property="Height" Value="35"/>
        <Setter Property="VerticalAlignment" Value="Center"/>
```

```
        <Setter Property="Background" Value="AliceBlue"/>
    </Style>
</Application.Resources>
```

（3）用鼠标右键单击 ch01 项目，选择【添加】→【新建文件夹】命令，在项目中添加一个名为 Examples 的文件夹。

（4）用鼠标右键单击 Examples 文件夹，选择【添加】→【页】命令，在该文件夹下添加一个文件名为 DnsExamplePage.xaml 的页。

DnsExamplePage.xaml 的主要代码如下。

```
<Page ......>
    <DockPanel>
        <Label DockPanel.Dock="Top" Content="DNS 域名解析和 IP 地址转换的基本用法"
                Style="{StaticResource LabelStyle}"/>
        <Border DockPanel.Dock="Bottom" Style="{StaticResource BorderStyle}">
            <Button Name="btn" HorizontalAlignment="Center"
                    Padding="10 0 10 0" Content="运行" Click="btn_Click"/>
        </Border>
        <ScrollViewer>
            <StackPanel Background="White" TextBlock.LineHeight="20">
                <TextBlock x:Name="textBlock1" Margin="0 10 0 0" TextWrapping="Wrap"/>
            </StackPanel>
        </ScrollViewer>
    </DockPanel>
</Page>
```

下面是 DnsExamplePage.xaml.cs 的主要代码。在该文件的代码实现中，需要添加对 System.Net 和 System.Net.Sockets 命名空间的引用。

```
public partial class DnsExamplePage : Page
{
    public DnsExamplePage()
    {
        InitializeComponent();
    }
    private void btn_Click(object sender, RoutedEventArgs e)
    {
        StringBuilder sb = new StringBuilder();
        sb.AppendLine("获取 www.cctv.com 的所有 IP 地址: ");
        try
        {
            IPAddress[] ips = Dns.GetHostAddresses("www.cctv.com");
            foreach (IPAddress ip in ips)
            {
                sb.AppendLine(ip.ToString());
            }
        }
        catch (Exception ex)
        {
            MessageBox.Show(ex.Message,"获取失败");
        }
        string hostName = Dns.GetHostName();
        sb.AppendLine("获取本机所有 IP 地址: ");
        IPHostEntry me = Dns.GetHostEntry(hostName);
```

```
        foreach (IPAddress ip in me.AddressList)
        {
            if (ip.AddressFamily == AddressFamily.InterNetwork)
            {
                sb.AppendLine("IPv4: " + ip.ToString());
            }
            else if (ip.AddressFamily == AddressFamily.InterNetworkV6)
            {
                sb.AppendLine("IPv6: " + ip.ToString());
            }
            else
            {
                sb.AppendLine("其他: " + ip.ToString());
            }
        }
        IPAddress localip = IPAddress.Parse("::1");//IPv6 回路测试地址
        Output(sb, localip);
        IPAddress localip1 = IPAddress.Parse("127.0.0.1");//IPv4 回路测试地址
        Output(sb, localip1);
        textBlock1.Text = sb.ToString();
    }
    private static void Output(StringBuilder sb, IPAddress localip)
    {
        IPEndPoint iep = new IPEndPoint(localip, 80);
        if (localip.AddressFamily == AddressFamily.InterNetworkV6)
        {
            sb.Append("IPv6 端点: " + iep.ToString());
        }
        else
        {
            sb.Append("IPv4 端点: " + iep.ToString());
        }
        sb.Append(", 端口 " + iep.Port);
        sb.Append(", 地址 " + iep.Address);
        sb.AppendLine(", 地址族 " + iep.AddressFamily);
    }
}
```

（5）修改 MainWindow.xaml 及其代码隐藏类。

MainWindow.xaml 的主要内容如下。

```
<Window ......
      Title="第 1 章示例" Height="350" Width="700"
       Background="#FFF0F9D8" WindowStartupLocation="CenterScreen">
    <Grid Margin="20">
        <Grid.ColumnDefinitions>
            <ColumnDefinition Width="Auto" />
            <ColumnDefinition Width="*" />
        </Grid.ColumnDefinitions>
        <Rectangle Grid.ColumnSpan="2" Fill="white"
            RadiusX="14" RadiusY="14" Stroke="Blue" StrokeDashArray="3" />
        <Rectangle Grid.Column="0" Margin="7" Fill="#FFF0F9D8"
            RadiusX="10" RadiusY="10" Stroke="Blue" StrokeDashArray="3" />
```

```
<Rectangle Grid.Column="0" Margin="20" Fill="White" Stroke="Blue" />
<ScrollViewer Grid.Column="0" Margin="22">
    <StackPanel>
        <StackPanel.Resources>
            <Style TargetType="Button">
                <Setter Property="HorizontalContentAlignment" Value="Center"/>
                <Setter Property="Margin" Value="5 10 5 0" />
                <Setter Property="Padding" Value="15 0 15 0"/>
                <Setter Property="FontSize" Value="10" />
                <EventSetter Event="Click" Handler="button_Click" />
            </Style>
        </StackPanel.Resources>
        <Button Content="例1" Tag="/Examples/DnsExamplePage.xaml" />
        <Button Content="例2" Tag="/Examples/NetworkInterfacePage.xaml" />
        <Button Content="例3" Tag="/Examples/IPGlobalStaticsPage.xaml" />
    </StackPanel>
</ScrollViewer>
<Frame Name="frame1" Grid.Column="1" Margin="10" BorderThickness="1"
       BorderBrush="Blue" NavigationUIVisibility="Hidden" />
    </Grid>
</Window>
```

MainWindow.xaml.cs 的主要内容如下。

```
public partial class MainWindow : Window
{
    Button oldButton = new Button();
    public MainWindow()
    {
        InitializeComponent();
    }
    private void button_Click(object sender, RoutedEventArgs e)
    {
        Button btn = e.Source as Button;
        btn.Foreground = Brushes.Red;
        oldButton.Foreground = Brushes.Black;
        oldButton = btn;
        frame1.Source = new Uri(btn.Tag.ToString(), UriKind.Relative);
    }
}
```

（6）按<F5>键调试运行，在主界面中单击【例1】按钮，观察运行效果。

1.5　网卡信息检测与网络流量检测

　　网络适配器是连接计算机与网络的硬件设备，又称网卡或网络接口卡（NIC）。网卡的主要工作原理是处理从计算机发往网线上的数据，并将数据分解为适当大小的数据包之后向网络上发送。

　　对网络流量和本机网络地址等信息的访问类都在 System.Net.NetworkInformation 命名空间下。

1.5.1　网卡信息检测相关类

　　准确地说，网卡信息检测实际上是对网络适配器的信息检测。网络适配器可能集成在计算机主板上，也可能在一块单独的网卡上。为了阅读方便，读起来不绕口，我们有时称为网络适配器，有时又将其简称为网卡。

1. NetworkInterface 类

NetworkInterface 类位于 System.Net.NetworkInformation 命名空间下，利用它可以方便地检测本机有多少个网络适配器、哪些网络连接可用，并可获取某个网络适配器的型号、MAC（Media Access Control, 介质访问控制）地址和速度等信息。MAC 地址用通俗的话来理解就是指网卡的物理地址。

在获取网络适配器相关信息时，首先需要构造 NetworkInterface 对象。注意不能直接使用 new 关键字构造该类的实例，而是用该类提供的静态 GetAllNetworkInterfaces 方法得到 NetworkInterface 类型的数组。对于本机的每个网络适配器，该数组中都包含一个 NetworkInterface 对象与之对应。例如：

```
NetworkInterface[] adapters = NetworkInterface.GetAllNetworkInterfaces( );
```

表 1-4 列出了 NetworkInterface 类常用的属性和方法。

表 1-4　　　　　　　　　　　NetworkInterface 类常用的属性和方法

名　　称	说　　明
Name 属性	获取网络适配器的名称
Speed 属性	获取网络适配器的速度（bit/s）
GetAllNetworkInterfaces 方法	返回描述本地计算机上的所有网络适配器对象 语法：public static NetworkInterface[] GetAllNetworkInterfaces ( )
GetIPProperties 方法	描述此网络适配器配置的对象 语法：public abstract IPInterfaceProperties GetIPProperties ( )
GetIPv4Statistics 方法	获取 IPv4 统计信息 语法：public abstract IPv4InterfaceStatistics GetIPv4Statistics ( )
GetIsNetworkAvailable 方法	指示是否有任何可用的网络连接 语法：public static bool GetIsNetworkAvailable ( )
GetPhysicalAddress 方法	返回适配器的媒体访问控制(MAC)地址 语法：public abstract PhysicalAddress GetPhysicalAddress ( )
Supports 方法	指示接口是否支持指定的协议（IPv4 或 IPv6）如果支持则为 true

2. IPInterfaceProperties 类

IPInterfaceProperties 类提供了检测 IPv4 和 IPv6 的网络适配器地址信息，利用该类可检测本机所有网络适配器支持的各种地址，如 DNS 服务器的 IP 地址、网关地址以及多路广播地址等。

IPInterfaceProperties 是一个抽象类，因此不能直接创建该类的实例，而是通过调用 NetworkInterface 对象的 GetIPProperties 方法得到该类的实例。例如：

```
NetworkInterface[] adapters = NetworkInterface.GetAllNetworkInterfaces( );
IPInterfaceProperties adapterProperties = adapters[0].GetIPProperties( );
```

表 1-5 列出了 IPInterfaceProperties 类常用的属性和方法。

表 1-5　　　　　　　　　　　　IPInterfaceProperties 类常用的属性和方法

名　称	说　明
AnycastAddresses 属性	获取分配给此接口的任意广播 IP 地址
DhcpServerAddresses 属性	获取此接口的动态主机配置协议（DHCP）服务器的地址
DnsAddresses 属性	获取此接口的域名系统（DNS）服务器的地址
DnsSuffix 属性	获取与此接口关联的域名系统（DNS）后缀
GatewayAddresses 属性	获取此接口的网关地址
MulticastAddresses 属性	获取分配给此接口的多路广播地址
UnicastAddresses 属性	获取分配给此接口的单播地址
GetIPv4Properties 方法	获取此网络接口的 Internet 协议版本 4（IPv4）配置数据
GetIPv6Properties 方法	获取此网络接口的 Internet 协议版本 6（IPv6）配置数据

下面通过例子说明如何通过 IPInterfaceProperties 和 NetworkInterface 类获取本机网络适配器的各种信息。

【例 1-2】获取本机网络适配器的个数、描述信息、名称、类型、速度、MAC 地址以及 DNS 服务器信息，程序运行效果如图 1-4 所示。

图 1-4　例 1-2 的运行效果

该例子的完整源程序请看 NetworkInterfacePage.xaml 及其代码隐藏类。NetworkInterfacePage.xaml.cs 文件中的主要代码如下。

```
private void btn_Click(object sender, RoutedEventArgs e)
{
    StringBuilder sb = new StringBuilder();
    NetworkInterface[] adapters = NetworkInterface.GetAllNetworkInterfaces();
    sb.AppendLine("适配器个数：" + adapters.Length);
    int index = 0;
    foreach (NetworkInterface adapter in adapters)
    {
        index++;
        //显示网络适配器描述信息、名称、类型、速度、MAC 地址
```

```
sb.AppendLine("------------第" + index + "个适配器信息-----------");
sb.AppendLine("描述信息: " + adapter.Description);
sb.AppendLine("名称: " + adapter.Name);
sb.AppendLine("类型: " + adapter.NetworkInterfaceType);
sb.AppendLine("速度: " + adapter.Speed / 1000 / 1000 + "M");
byte[] macBytes = adapter.GetPhysicalAddress().GetAddressBytes();
sb.AppendLine("MAC 地址: " + BitConverter.ToString(macBytes));
//获取 IPInterfaceProperties 实例
IPInterfaceProperties adapterProperties = adapter.GetIPProperties();
//获取并显示 DNS 服务器 IP 地址信息
IPAddressCollection dnsServers = adapterProperties.DnsAddresses;
if (dnsServers.Count > 0)
{
    foreach (IPAddress dns in dnsServers)
    {
        sb.AppendLine("DNS 服务器 IP 地址: " + dns);
    }
}
}
textBlock1.Text = sb.ToString();
}
```

1.5.2　网络流量检测相关类

如果希望统计本机接收和发送数据的情况，可利用 System.Net.NetworkInformation 命名空间下的 IPGlobalProperties 类来实现。该类提供了本地计算机网络连接和通信统计数据的信息。例如，接收到的数据包个数、丢弃的数据包个数等。

检测网络流量时，首先调用 IPGlobalProperties 类提供的静态方法 GetIPGlobalProperties 得到 IPGlobalProperties 的实例，然后通过该实例的相关属性即可得到需要的信息。例如：

```
IPGlobalProperties properties = IPGlobalPropeties.GetIPGlobalProperties();
```

表 1-6 列出了 IPGlobalProperties 类提供的常用方法

表 1-6　　　　　　　　　　IPGlobalProperties 类提供的常用方法

名　称	说　明
GetActiveTcpConnections 方法	返回有关本地计算机上的 Internet 协议版本 4 (IPv4) 传输控制协议 (TCP) 连接的信息
GetActiveTcpListeners 方法	返回有关本地计算机上的 Internet 协议版本 4 (IPv4) 传输控制协议 (TCP) 侦听器的终结点信息
GetActiveUdpListeners 方法	返回有关本地计算机上的 Internet 协议版本 4 (IPv4) 用户数据报协议 (UDP) 侦听器的信息
GetIPv4GlobalStatistics 方法	提供本地计算机的 Internet 协议版本 4 (IPv4) 统计数据
GetIPv6GlobalStatistics 方法	提供本地计算机的 Internet 协议版本 6 (IPv6) 统计数据
GetTcpIPv4Statistics 方法	提供本地计算机的传输控制协议/Internet 协议版本 4 (TCP/IPv4) 统计数据
GetTcpIPv6Statistics 方法	提供本地计算机的传输控制协议/Internet 协议版本 6 (TCP/IPv6) 统计数据

【例 1-3】利用 IPGlobalProperties 类获取本地计算机网络流量信息。设计界面和运行效果如图

1-5 所示。

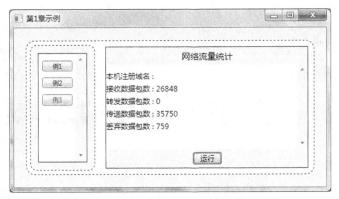

图 1-5　例 1-3 的运行效果

该例子的完整源程序请参看 IPGlobalStaticsPage.xaml 及其代码隐藏类。
IPGlobalStaticsPage.xaml.cs 文件的主要代码如下。

```
private void btn_Click(object sender, RoutedEventArgs e)
{
    StringBuilder sb = new StringBuilder();
    IPGlobalProperties properties = IPGlobalProperties.GetIPGlobalProperties();
    IPGlobalStatistics ipstat = properties.GetIPv4GlobalStatistics();
    sb.AppendLine("本机注册域名 : " + properties.DomainName);
    sb.AppendLine("接收数据包数 : " + ipstat.ReceivedPackets);
    sb.AppendLine("转发数据包数 : " + ipstat.ReceivedPacketsForwarded);
    sb.AppendLine("传送数据包数 : " + ipstat.ReceivedPacketsDelivered);
    sb.AppendLine("丢弃数据包数 : " + ipstat.ReceivedPacketsDiscarded);
    textBlock1.Text = sb.ToString();
}
```

习　　题

1. 简述分散式、集中式和分布式通信模型的特点。
2. 简述 C/S 和 B/S 的优缺点。
3. 什么是套接字？套接字有哪几种类型？

第 2 章
数字墨迹与动态绘图基础

目前的智能手机和平板电脑（Tablet PC）都有触笔和手写功能，这种用触笔、手指划动产生的墨迹（Ink）以及拖动鼠标模拟产生的墨迹统统称为数字墨迹。

作为高级应用编程的组成部分之一，这一章我们主要介绍 WPF 应用程序中数字墨迹的基本用法。在实现综合设计（见附录 B）的过程中，组长可组织小组成员逐步学习、讨论、理解和参考本章的内容。掌握了基本的实现思路以后，各小组再进一步发挥自己的聪明才智，实现各种实际应用场合下的图形、图像、文字、动画、视频等数字媒体的动态绘制。

2.1　Ribbon 控件及其基本用法

读者可能使用过 Microsoft Office 2010 提供的 Word、Excel、PowerPoint 以及 Visio 绘图软件，这些应用软件将各种文字以及图形图像均当作对象来处理，并将菜单、选项卡以及快捷工具栏显示在窗口的上方，这些软件的呈现界面就是 Ribbon 控件的典型应用。

由于本章的例子用 WPF 提供的 Ribbon 控件来呈现各种绘图工具，因此在介绍数字墨迹之前，我们先学习该控件的用法。

Ribbon 控件涉及的内容很多，这里我们不准备详细介绍它，只要求读者掌握最基本的概念和用法即可。

2.1.1　设计选项卡

在 VS2012 中，WPF 提供的 Ribbon 控件比传统的菜单栏和工具栏具有更强的展现效果，一般利用该控件将界面分为两大部分，上部是功能区（将应用程序的功能组织到窗口顶部的一系列选项卡中），下部是处理界面。

Ribbon 控件属于高级控件，默认没有放到工具箱中，因此，使用该控件前，首先需要通过添加引用的办法将其添加到项目中（添加办法见本章例子中的步骤）。

实际上，在 WPF 应用程序中，存放到【工具箱】中的只是一些常用的控件，还有很多高级控件并没有放到【工具箱】中。

Ribbon 控件主要包括以下子项：QuickAccessToolBar（快速访问工具栏）、ApplicationMenu（应用程序菜单）、RibbonTab（选项卡）。另外，在 QuickAccessToolBar 和 RibbonTab 子项内，除了可以使用一般的 WPF 控件外，最常见的做法是在该控件的子项中包含 Ribbon 专用的子控件。

下面的 XAML 代码说明了这些子项和子项内某些 Ribbon 专用控件的基本用法。

```xml
<Page ......>
    <Ribbon ShowQuickAccessToolBarOnTop="True">
        <Ribbon.QuickAccessToolBar>
            <RibbonQuickAccessToolBar>
                <RibbonButton SmallImageSource="/images/b1.png" ToolTip="快捷按钮 1"/>
                <RibbonButton SmallImageSource="/images/b1.png" ToolTip="快捷按钮 2"/>
            </RibbonQuickAccessToolBar>
        </Ribbon.QuickAccessToolBar>
        <Ribbon.ApplicationMenu>
            <RibbonApplicationMenu x:Name="appMenu1" Visibility="Visible">
                <RibbonApplicationMenuItem Header="aa1"/>
                <RibbonApplicationMenuItem Header="aa2"/>
            </RibbonApplicationMenu>
        </Ribbon.ApplicationMenu>
        <RibbonTab Header="选项 1">
            <RibbonGroup>
                <RibbonButton Label="按钮 1"/>
                <RibbonButton Label="按钮 2"/>
            </RibbonGroup>
        </RibbonTab>
        <RibbonTab Header="选项 2">
            <RibbonGroup>
                <RibbonButton Label="按钮 3"/>
                <RibbonButton Label="按钮 4"/>
            </RibbonGroup>
        </RibbonTab>
    </Ribbon>
</Page>
```

修改 Ribbon 的 ShowQuickAccessToolBarOnTop 属性，可控制快速访问工具栏显示的位置（控制显示在功能区的上部还是下部）。修改 RibbonApplicationMenu 的 Visibility 属性，可控制菜单的可见形式（显示、隐藏、折叠）。

如果希望将快速访问工具栏作为窗口的标题栏，只需要将根元素（默认是 Window 元素）改为 RibbonWindow 即可。但这并不是必需的，开发人员可根据需要决定是否这样做。

2.1.2　在多个选项卡中重用选项

要在 Ribbon 的多个选项卡中重复使用完全相同的选项，最方便的办法是将这些选项设计为单独的 WPF 用户控件。具体做法是：在项目中添加一个 WPF 用户控件后，首先修改为让其继承自 RibbonTab，然后再将 RibbonTab 包含的项复制到该用户控件中。

下面的代码演示了本章源程序 InkExamples 项目中 MyRibbonTab 用户控件的部分 XAML 代码及其代码隐藏类（完整源程序请参看 MyRibbonTab.xaml 文件）。

```xml
<RibbonTab ...... d:DesignHeight="300" d:DesignWidth="300">
    <RibbonGroup Header="墨迹工具">
        <RibbonRadioButton Label="球形曲线" IsChecked="True"/>
        <RibbonRadioButton Label="矩形曲线"/>
    </RibbonGroup>
    <RibbonGroup Header="编辑工具">
```

```
        <RibbonRadioButton x:Name="rrbPen" Label="钢笔" IsChecked="True" />
        <RibbonRadioButton Label="套索" />
    </RibbonGroup>
</RibbonTab>
......
public partial class MyRibbonTab : RibbonTab
{
    ......
}
```

下面的 XAML 代码演示了在 Ribbon 控件中如何使用 MyRibbonTab 用户控件。

```
<RibbonWindow x:Class="InkExamples.MainWindow"
    ......
    xmlns:uc="clr-namespace:InkExamples.UserControls"
    ......
    >
    ......
    <Ribbon x:Name="ribbon" Grid.Row="0">
        ......
        <uc:MyRibbonTab x:Name="rt2" Header="例2"/>
        <uc:MyRibbonTab x:Name="rt3" Header="例3"/>
        <uc:MyRibbonTab x:Name="rt4" Header="例4"/>
    </Ribbon>
    ......
</RibbonWindow>
```

这段代码的完整源程序请参看本章例子的 MainWindow.xaml 文件。

2.2　WPF 中的数字墨迹

数字墨迹是指用手指或触笔在具有触摸功能的屏幕表面划动时产生的动态绘图效果，也可以在普通的台式机上通过拖动鼠标来模拟手指或触笔。

WPF 在 System.Windows.Ink 命名空间下提供了与数字墨迹相关的类，利用这些类，可方便地实现动态绘图和编辑功能。

2.2.1　墨迹画板（InkCanvas）

在 System.Windows.Controls 命名空间下，有一个 InkCanvas 控件（或者叫 InkCanvas 类、InkCanvas 元素），该控件实现了墨迹的收集、复制、选择、显示和输入等功能。利用 InkCanvas，可以让用户修改或删除现有的 Stroke 对象，同时还可以将其他控件添加到 InkCanvas 中。

InkCanvas 类的常用属性如下。

1. DefaultDrawingAttributes 属性

DefaultDrawingAttributes 属性用于获取或设置 InkCanvas 中新笔画的绘制特性（DrawingAttributes 对象）。该属性的可选值有：Color（笔画颜色）、Width（触笔宽度）、Height（触笔高度）、StylusTip（触笔形状，圆形或者矩形）、IsHighlighter（触笔是否像荧光笔）、FitToCurve（是否用贝塞尔曲线平滑法来呈现笔画）、IgnorePressure（笔画粗细是否随压力自动改变）。

2. EditingMode 属性

EditingMode 属性指定了触笔、手指、鼠标等设备与 InkCanvas 交互的模式，属性的值用 InkCanvasEditingMode 枚举来表示，默认值为 Ink。可选的枚举值有：Ink（接收墨迹）、GestureOnly（只响应笔势或手势但不接收墨迹）、None（不执行任何操作）、Select（用套索方式以及用触笔与墨迹相交的方式选择墨迹）、EraseByPoint（当触笔与墨迹相交时清除相交处的墨迹）、EraseByStroke（当触笔与墨迹相交时清除整个笔画）。

3. 示例

下面通过例子说明 InkCanvas 的基本用法。

【例 2-1】演示 InkCanvas 的基本用法。运行效果如图 2-1 所示。

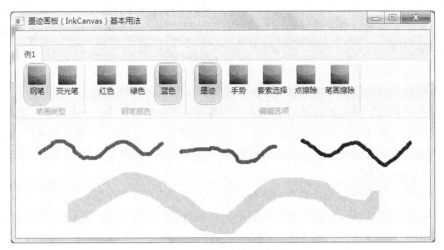

图 2-1　例 2-1 的运行效果

主要设计步骤如下。

（1）新建一个项目名和解决方案名均为 InkCanvasExample 的 WPF 应用程序项目。

（2）在 images 文件夹下添加图像文件（b1.gif、b1.png）。

（3）用鼠标右键单击【引用】→【添加引用】命令，在弹出的窗口中，找到 Ribbon 控件，将其添加到项目中，如图 2-2 所示。

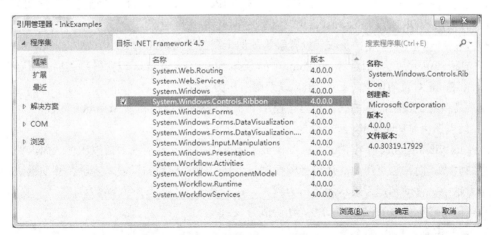

图 2-2　添加 Ribbon 引用

（4）在 MainWindow.xaml 中设计主界面，在其代码隐藏类中实现相应功能。完整代码请参看源程序。

（5）按<F5>键调试运行。

通过这个例子，我们对数字墨迹有了一个大概的了解，在接下来的内容中，我们将介绍该例子涉及的相关概念和更多用法。

2.2.2　触笔和手势

在学习数字墨迹更多的用法之前，首先需要掌握一些基本概念。

1. 触笔（Stylus）

触笔（Stylus）类似于我们平时手写用的笔，其用途是将笔和图面接触在一起绘制图形或写字。在智能手机、平板电脑以及车载导航仪上都有专用的触笔。另外，在这些设备上，也都可以用手指来代替触笔。

对于台式计算机来说，如果使用触摸设备（触摸屏），一样可以用手指来代替触笔。但是，由于大部分普通计算机的屏幕并没有触摸功能，所以只能用鼠标来模拟。

不过，虽然我们用鼠标在普通的台式机上来模拟触摸功能，但是，一旦理解了数字墨迹的基本设计思路和实现原理，无论是触摸屏（例如 ATM 取款机等）、手机、平板电脑还是车载导航仪，这些功能的实现思路都是相同的，唯一的差别就是不同的系统和开发工具提供的 API 不同而已。

2. 手势（Gesture）

手势表示用触笔或手指在画面上划动时产生的轨迹。其基本特征是：划动时既可以不显示划动轨迹，也可以用墨迹显示划动的轨迹，但是，一旦抬起触笔或手指，划动时产生的墨迹就会自动消失。

目前的智能手机基本上都有手势功能，而且可以用两个手指同时向不同的方向划动。但是，用鼠标来模拟手势时，由于无法用一个鼠标同时向不同的方向移动，所以只能模拟单个手指划动时的手势效果。

3. 触点（StylusPoint）

触点表示手指在图面上划动或者按住鼠标左键拖动时收集到的数据点，有了这些数据点，就可以用它构成墨迹笔画（Stroke）。

触点用 System.Windows.Ink 命名空间下的 StylusPoint 结构来表示，该结构的属性如下。

- X、Y：获取或设置 StylusPoint 的 X 坐标值或者 Y 坐标值。
- PressureFactor 属性：获取或设置触笔施加于图面设备的压力大小。
- Description 属性：指定 StylusPoint 中的 StylusPointDescription 包含哪些属性。默认情况下，所有 StylusPoint 对象均包含（x, y）坐标以及触点压力属性。

实现高级的墨迹绘制功能时，可考虑使用 PressureFactor 属性和 Description 属性。

4. 触点压力（PressureFactor）

System.Windows.Ink 命名空间下的 PressureFactor 类表示当触笔或手指按压在图面设备上时按压力量的大小，简称触点压力。用鼠标模拟时，可通过鼠标移动的快慢来表示，移动越快，表示触点压力越小；移动越慢，表示触点压力越大。

触点压力最小为 0.0，最大为 1.0，默认值为 0.5。

5. 手写识别

手写识别只是在数字墨迹的基础上增加了文字识别技术，并将识别的文字自动显示出来供用户选择。由于这部分内容超出了本书的范围，因此不再介绍。

2.2.3　触笔事件

WPF 中的所有界面元素（UIElement）都能引发触笔事件。或者说，在所有 WPF 控件上，都可以用触笔绘制，并引发相应的触笔事件。

所有触笔事件都有 Stylus 前缀。

与其他 WPF 控件类似，触笔事件也都具有成对的"隧道/冒泡"事件，而且这些事件都始终在应用程序线程上引发。

1. 常用事件

当用户在任何一个 WPF 控件（或者叫元素）上用手指、触笔或者拖动鼠标实现图形绘制和平移时，如果屏幕有触摸功能，都会引发该控件的触笔事件。另外，对于 InkCanvas 控件来说，它还会自动将鼠标作为触笔来处理。

下面我们以 InkCanvas 为例，说明常用的触笔事件及其含义。

- StylusDown 事件：用户在 InkCanvas 控件上用触笔、手指与图面接触，或者按鼠标左键时，都会引发 StylusDown 事件。可以在此事件中捕获触点集合（StylusPointCollection），刚按下时该集合中只有一个触点。
- StylusMove 事件：用户在 InkCanvas 控件内移动触笔或手指，或者按住鼠标左键移动鼠标时，都会引发 StylusMove 事件。在移动触笔、手指或者鼠标的过程中，可以持续获得一系列触点。
- StylusUp 事件：用户释放鼠标左键、拿开触笔或者抬起手指时，都会引发 StylusUp 事件。本章后面的例子会大量使用这几个事件。

2. 其他事件

除了常用的触笔事件外，还有一些触笔事件，例如 StylusEnter（触笔进入控件范围内时引发）、StylusLeave（触笔离开控件范围内时引发）、StylusRange（触笔悬停于此控件上方并位于图面设备可检测的范围之内时引发）、StylusOutOfRange（触笔悬停于此控件上方并位于图面设备可检测的范围之外时引发）以及 StylusInAirMove（在触笔掠过控件但并未实际接触图面设备时引发）等。

2.2.4　墨迹笔画（Stroke）和墨迹数据（StrokeCollection）

触笔（Stylus）在画板上移动时显示的痕迹叫墨迹笔画（Stroke），简称笔画。注意使用时不要将笔画（Stroke）和画笔（Brush）混淆在一起。

当按住鼠标左键拖动时（模拟手指在触摸屏、平板电脑、智能手机、导航仪等屏幕上划动），或者加载墨迹文件时，创建的笔画用 System.Windows.Ink 命名空间下的 Stroke 对象来表示。

1. Stroke 对象

Stroke 对象的 DrawingAttributes 属性用于获取或设置笔画的绘制特性。该属性公开了自动创建的 DrawingAttributes 类的实例。与该属性相关的类和结构如下。

（1）DrawingAttributes 类。

DrawingAttributes 类用于指定 Stroke 的外观，包括颜色、宽度、透明度、形状等。

（2）Guid 结构。全局唯一标识符（GUID）是一个 32 位的十六进制数（16 字节），绘制墨迹时，可用它表示唯一的墨迹 ID。

用字符串表示 Guid 结构时，一般用 8-4-4-4-12 的格式对其分组（每个字符表示 1 位十六进制数，16 字节共 32 个字符），各组之间用连线符分隔。例如：

```
"00000001-0002-0003-0001-020304050607"
"ca761232-ed42-11ce-bacd-00aa0057b223"
"CA761232-ED42-11CE-BACD-00AA0057B223"
```

以上都是合法的 GUID。

Guid 结构有多种构造函数，下面是其中的一种构造函数语法。

```
public Guid(
    int a,        //4 字节
    short b,      //2 字节
    short c,      //2 字节
    byte[] d      //8 字节
)
```

该构造函数中参数 a、b、c、d 所占的字节数分别为：4、2、2、8。

例如：

```
public static int a = 1;
......
Guid id = new Guid(a++, 2, 3, new byte[]{0,1,2,3,4,5,6,7})
string s = id.ToString();  //首次调用结果为"00000001-0002-0003-0001-020304050607"
```

使用这种方式时，由于 a++ 的原因，因此每次得到的 id 号前 4 字节的值都不相同。不过，这样用的前提是要确保生成的 id 个数肯定不会超过 4 字节整型数的最大值。另外，也可以用下面的办法来实现：

```
public static class
{
    public static int Id = 0;
    public static NewId(){ return Id++; }
}
```

如果随机生成 id，只需要用哈希函数或者 Random 类随机生成每个值，然后判断是否和已经存在的 id 相同，如果相同，再次随机生成即可。实际上，软件的序列号也是利用这个原理生成的，区别只是定义的 id 分组格式不同而已。

一般用 Guid 的静态 NewGuid 方法自动获取新的 GUID。例如：

```
Guid id = Guid.NewGuid();
```

这种方式能确保每次创建的 id 都不相同。这样一来，绘图时我们就不需要自己去创建和维护每个对象的 ID 号了。

总之，当我们无法预知墨迹笔画到底有多少时，用 GUID 来生成每个笔画的 id 最方便。这样以来，即可通过它明确区分要绘制或修改的是哪个对象。

2．StrokeCollection 对象

在 WPF 中，墨迹数据用墨迹集合（StrokeCollection 对象）来表示，该集合中的每个成员都是一个 Stroke 对象，而且每个 Stroke 对象都自动拥有自己的生命周期。或者说，在应用程序中，只要有对象引用，就自动存在 Stroke 对象。

在 InkCanvas 类或者从该类继承的类中，WPF 会自动将一组 Stroke 对象收集到一个 StrokeCollection 内，并自动提供常用的墨迹管理和操作方法（命中测试、擦除、转换、序列化、保存、加载、复制、粘贴等）。因此，我们可以直接用从 InkCanvas 继承的类和 StrokeCollection 对象来实现墨迹的各种处理功能。

在本章后面的例子中，我们还会演示 StrokeCollection 对象的各种用法。

2.3　自定义墨迹画板

这一节我们主要学习在 WPF 二维图形图像处理的基础上，如何利用 InkCanvas 实现自定义的墨迹画板，实现各种墨迹形状的绘制功能。

2.3.1　静态呈现和动态呈现

有两种方法让墨迹呈现出来：动态和静态。为了能绘制各种自定义的形状，一般情况下，我们需要创建一个既能动态呈现墨迹又能静态呈现墨迹的自定义墨迹控件。

1. 静态呈现

静态呈现是指将墨迹添加到控件之后再显示墨迹。添加的方式有：通过触笔添加、从剪贴板中粘贴、从文件中加载。

静态呈现墨迹的办法是自定义从 Stroke 类继承的类。由于 Stroke 对象会自动收集 StylusPoint 数据、创建笔画以及将笔画添加到自定义的墨迹控件上，因此我们只需要在自定义的类中重写引发触笔事件的 DrawCore 方法，即可实现静态呈现功能。

其他引发触笔事件的方法可以根据需要决定是否重写。

2. 动态呈现

动态呈现是指在移动触点的过程中同时呈现墨迹。在这种方式下，墨迹看上去好像是用触笔画出来的。

动态呈现墨迹的办法是将自定义墨迹控件的 DynamicRenderer 属性设置为自定义的从 DynamicRenderer 类继承的类。在自定义的类中，分别重写引发触笔事件的方法，常用的有 OnStylusDown、OnStylusMove 以及 OnDraw 等。其中 OnDraw 是必须重写的方法，其他方法可以根据需要决定是否重写。

如果用鼠标来模拟触笔，动态呈现时，它每次收集到的墨迹数据只有两个点，注意这和静态呈现时已经有很多个点的情况完全不同。

2.3.2　制作自定义墨迹控件

自定义墨迹画板最简洁的办法就是让其继承自 InkCanvas 类。

一个 InkCanvas 可以具有一个或多个动态呈现的对象（DynamicRenderer）。在自定义的墨迹画板中，我们只需要将多个 DynamicRenderer 对象分别添加到 StylusPlugIns 属性中，再将其赋值给 DynamicRenderer 属性，即可将其添加到自定义的 InkCanvas 中。

DynamicRenderer 对象是一个特殊的 StylusPlugIns 对象，在 WPF 应用程序中，使用 InkCanvas 或者使用继承自 InkCanvas 类的自定义墨迹控件，不需要显式声明 StylusPlugIns，只需要设计从 DynamicRenderer 继承的类，即可实现动态的即时呈现。

有了自定义的墨迹画板后，再利用 InkCanvas 的 DynamicRenderer 属性，就可以立即呈现出用户在图面上绘制的各种墨迹形状。

制作自定义墨迹画板的主要设计步骤如下。

- 创建一个从 InkCanvas 派生的类。

- 将自定义的 DynamicRenderer 分配给 InkCanvas.DynamicRenderer 属性。
- 重写 OnStrokeCollected 方法。在此方法中，移除已添加到 InkCanvas 中的原始笔画，然后创建一个自定义笔画，将其添加到 Strokes 属性中，最后再使用包含该自定义笔画的新 InkCanvasStrokeCollectedEventArgs 调用基类相应的方法。

下一节我们还会通过例子介绍具体实现办法，这里只需要了解基本的设计思路即可。

2.4　利用自定义墨迹画板实现动态绘图

这一节我们主要学习如何自定义墨迹画板，以及如何利用自定义画板绘制各种墨迹形状。在本书的最后一章中，还会通过具体实例演示其用途。各组组长可组织本组成员归纳动态绘图的实现要点以及类之间的继承机制，以加深对相关技术的理解。

2.4.1　绘制球形

这里说的球形实际上是绘制带线性渐变或者仿射渐变的椭圆或椭圆轮廓（圆环），由于椭圆的绘制效果看起来像立体的椭球，所以统称为球形。

【例 2-2】演示如何利用 InkCanvas 自定义墨迹画板，并利用它绘制单个球形或圆环，运行效果如图 2-3 所示。

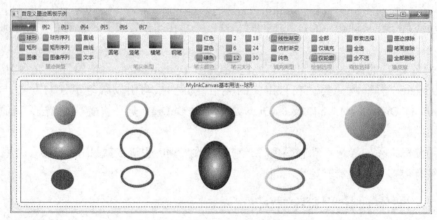

图 2-3　例 2-2 的运行效果

主要设计步骤如下。

（1）新建一个项目名和解决方案名均为 InkExamples 的 WPF 应用程序项目。

（2）在 images 文件夹下添加图像文件（b1.gif、b1.png、tree.png）。

（3）用鼠标右键单击【引用】→【添加引用】命令，在弹出的窗口中，找到 Ribbon 控件，将其添加到项目中。

（4）在 UserControls 文件夹下添加一个文件名为 MyRibbonTab.xaml 的用户控件（完整代码请参看源程序），这是本章后面的例子都要使用的用户控件。

（5）在 InkExamples 项目的 MyInks 文件夹下，添加一个文件名为 MyInkCanvas.cs 的类文件（代码见源程序）。

（6）在 MyInks 文件夹下，添加一个文件名为 MyInkData.cs 的类文件（代码见源程序）。

（7）在 MyInks 文件夹下，添加一个文件名为 InkObject.cs 的文件（代码见源程序）。该文件包含两个类，一个是 InkObject 类，另一个是 InkObjectStroke 类。

InkObject 类继承自 DynamicRenderer 类，用于动态呈现。

InkObjectStroke 类继承自 Stroke 类，用于静态呈现。

有了这两个类，再利用 WPF 中二维图形图像处理中介绍的基本知识，我们就可以分别创建各种自定义的类文件，每个文件中都包含两个类。再让这些文件中的类分别从 InkObject 类和 InkObjectStroke 类继承，就可实现各种墨迹形状的绘制，例如直线、曲线、矩形、椭圆、多边形、地板、湖泊、小树、衣架等。换言之，凡是能想象出来的形状，不论是规则的图形还是非规则的图形，都可以用它来动态绘制。

（8）在 MyInks 文件夹下，添加一个文件名为 InkEllipse.cs 的文件，用于实现单个球形的绘制。

实现球形绘制时，只需要保存两个点，一个是起始点，用于确定椭圆左上角的位置；另一个是鼠标拖放到的目标点，用于确定椭圆的绘制半径。

这里的关键是重写 OnStylusMove 事件，在该事件中，必须调用 Reset 方法让其清除原来显示的墨迹，然后从起始点重新绘制，相关代码如下。

```
protected override void OnStylusMove(RawStylusInput rawStylusInput)
{
    StylusPointCollection stylusPoints = rawStylusInput.GetStylusPoints();
    this.Reset(Stylus.CurrentStylusDevice, stylusPoints);
    base.OnStylusMove(rawStylusInput);
}
```

完整代码请参见源程序。

再次强调一下，在 OnStylusMove 事件中，每次自动收集到的墨迹点的集合（stylusPoints）中只有两个点：一个是上次收集的集合中的最后一个点，另一个是当前收集的点。

（9）修改 MyInkCanvas.cs 文件，当用户在工具栏内单击【球形】工具时，自动创建对应类的实例，相关代码如下。

```
......
case "球形":
    ink = new InkEllipse(this, true);
    UpdateInkParams();
    this.EditingMode = InkCanvasEditingMode.Ink;
    break;
......
```

完整代码请参看源程序。

（10）在 Examples 文件夹下，添加一个文件名为 InkPage.xaml 的页，用于显示墨迹画板。完整代码请参看源程序。

（11）在 MainWindow.xaml 及其代码隐藏类中添加相关代码，具体实现请参看源程序。

（12）按<F5>键调试运行。

实际上，该例子还会涉及其他代码，比如选择缩放功能、橡皮擦功能，以及保存和打开墨迹文件等。在后面的学习中，我们再单独介绍这些技术。

2.4.2　绘制球形序列

球形序列是指按照移动的轨迹连续绘制一系列通过工具栏事先指定大小的球。

下面通过例子说明具体实现。

【例2-3】使用鼠标拖动的办法，在自定义墨迹画板中绘制任意数量的球形序列，或者用球形序列绘制单个大小固定的球形。程序运行效果如图2-4所示。

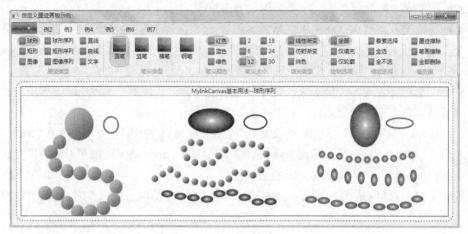

图2-4　例2-3的运行效果

主要设计步骤如下。

（1）在 MyInks 文件夹下，添加一个文件名为 InkEllipseCurve.cs 的文件，用于实现球形序列的绘制。

（2）修改 MyInkCanvas.cs 文件，当用户在工具栏内单击【球形序列】工具时，自动创建对应类的实例，相关代码如下。

```
......
case "球形序列":
    ink = new InkEllipseCurve(this, true);
    UpdateInkParams();
    this.EditingMode = InkCanvasEditingMode.Ink;
    break;
......
```

完整代码请参看源程序。

（3）按<F5>键调试运行。

2.4.3　绘制矩形和矩形序列

绘制矩形和矩形序列的设计步骤和绘制球形和球形序列的设计步骤相似，下面通过例子说明具体实现。

【例2-4】使用鼠标拖动的办法，在自定义墨迹画板中绘制单个矩形和任意数量的矩形序列。运行效果如图2-5所示。

主要设计步骤如下。

（1）在 MyInks 文件夹下，添加一个文件名为 InkRectangle.cs 的文件，用于实现单个矩形的绘制，完整代码请参见源程序。

（2）在 MyInks 文件夹下，添加一个文件名为 InkRectangleCurve.cs 的文件，用于实现矩形序列的绘制，完整代码请参见源程序。

（3）修改 MyInkCanvas.cs 文件，当用户在工具栏内单击【矩形】工具或者单击【矩形序列】工具时，自动创建对应类的实例，完整代码请参看源程序。

（4）按<F5>键调试运行。

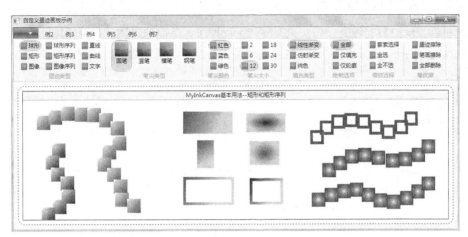

图 2-5　例 2-4 的运行效果

2.4.4　绘制图像和图像序列

将图像绘制在一个背景透明的矩形范围内，这样就可以通过鼠标拖放实现任意大小图像的绘制。下面通过例子说明具体实现。

【例 2-5】使用鼠标拖动的办法，在自定义墨迹画板中绘制单个图像和任意数量的图像序列。运行效果如图 2-6 所示。

图 2-6　例 2-5 的运行效果

主要设计步骤如下。

（1）在 MyInks 文件夹下，添加一个文件名为 InkImage.cs 的文件，用于实现单个图像的绘制，完整代码请参见源程序。

（2）在 MyInks 文件夹下，添加一个文件名为 InkImageCurve.cs 的文件，用于实现图像序列的绘制，完整代码请参见源程序。

（3）修改 MyInkCanvas.cs 文件，当用户在工具栏内单击【图像】工具或者单击【图像序列】

工具时，自动创建对应类的实例，完整代码请参看源程序。

（4）按<F5>键调试运行。

2.4.5 绘制渐变直线

通过鼠标拖动绘制直线时，每次只需要两个点即可，下面通过例子说明具体实现。

【例2-6】使用鼠标拖动的办法，在自定义墨迹画板中绘制任意数量和方向的渐变直线。运行效果如图2-7所示。

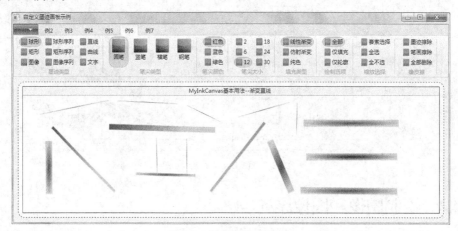

图2-7　例2-6的运行效果

主要设计步骤如下。

（1）在MyInks文件夹下，添加一个文件名为InkLine.cs的文件，用于实现直线的绘制，完整代码请参见源程序。

（2）修改MyInkCanvas.cs文件，当用户在工具栏内单击【直线】工具时，自动创建对应类的实例，完整代码请参看源程序。

（3）按<F5>键调试运行。

2.4.6 绘制渐变曲线和文字

通过鼠标拖动绘制任意形状的渐变曲线时，只需要给出若干点，然后使用平滑的曲线将这些点相连即可。

绘制文字时，需要知道文字的起始位置、文字内容、字体的颜色、字体大小等属性。

下面通过例子说明具体实现。

【例2-7】使用鼠标拖动的办法，在自定义墨迹画板中绘制纯色或者渐变的曲线和文字。运行效果如图2-8所示。

主要设计步骤如下。

（1）在MyInks文件夹下，添加一个文件名为InkCurve.cs的文件，用于实现曲线的绘制，完整代码请参见源程序。

（2）在MyInks文件夹下，添加一个文件名为InkText.cs的文件，用于实现文字的绘制，完整代码请参见源程序。

（3）修改MyInkCanvas.cs文件，当用户在工具栏内单击【曲线】工具或者单击【文字】工具时，自动创建对应类的实例，完整代码请参看源程序。

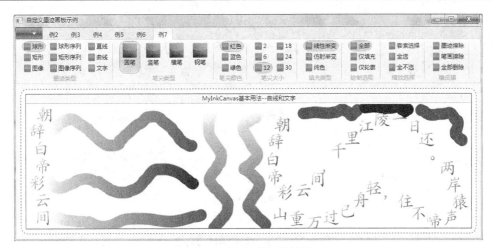

图 2-8 例 2-7 的运行效果

（4）按<F5>键调试运行。

为简化起见，该例子仅演示了文字内容不发生变化时的动态绘制办法。在网络应用编程实例一章中，我们还会进一步学习如何动态绘制通过界面输入的任意文字字符串。

2.4.7 选择、编辑、缩放与橡皮擦

除了基本的绘制功能外，在工具栏中一般还需要提供一些公用操作，比如选择、编辑、缩放、全选、全不选、墨迹擦除、笔画擦除以及全部删除等。

1. 选择、编辑、缩放

当利用【套索选择】工具或者【全选】工具选择墨迹后，可直接通过鼠标移动所选笔画，或者通过鼠标拖动其周围的控制点，编辑或缩放所选笔画，图 2-9 演示了套索选择的范围。

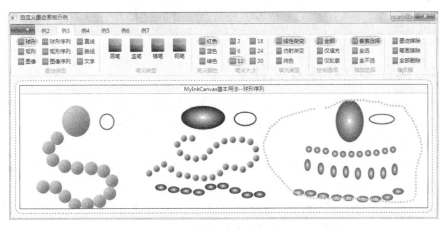

图 2-9 套索选择

一旦选择了笔画，即可对其缩放，图 2-10 所示为套索选择的对象缩小后的效果。

完整实现见 MyInkCanvas.cs 中的相关代码。

2. 橡皮擦

利用橡皮擦功能，既可以按照墨迹擦除笔画中的一部分（或者利用它把一个墨迹分为几部分），也可以一次性删除所选的笔画，图 2-11 演示了墨迹擦除的效果。

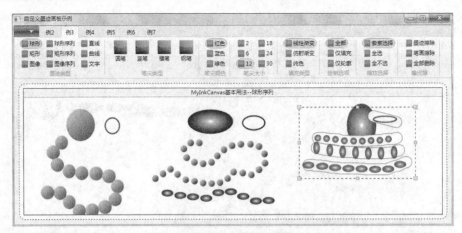

图 2-10　缩放套索选择的笔画

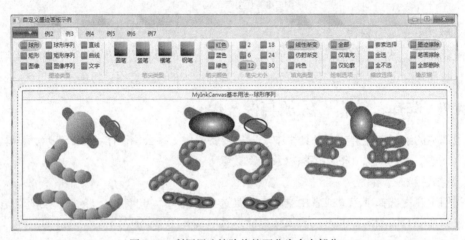

图 2-11　利用墨迹擦除将笔画分为多个部分

完整实现见 MyInkCanvas.cs 中的相关代码。

2.4.8　保存和打开墨迹文件

要保存和重新加载完整的墨迹，除了保存墨点集合信息外，还需要保存墨点集合中自定义的一些属性。这些功能都是通过 StrokeCollection 类提供的功能来实现的。

1．自定义墨迹笔画

当需要保存笔画的自定义属性时，可以用笔画的 AddPropertyData 方法。这些自定义的属性都存储在每个笔画（Stroke 对象）的内部。

通过 AddPropertyData 方法和 RemovePropertyData 方法方便地添加和移除自定义属性，也可以用 ContainsPropertyData 方法查看是否包含指定的属性。

Stroke 对象的 AddPropertyData 方法的语法格式如下。

```
public void AddPropertyData( Guid propertyDataId, Object propertyData)
```

各参数的含义如下。

- propertyDataId：与自定义属性关联的 Guid。
- propertyData：自定义的属性值。该值必须为 Char、Byte、Int16、UInt16、Int32、UInt32、

Int64、UInt64、Single、Double、DateTime、Boolean、String、Decimal 类型或以上数据类型的数组类型，但不能是 String 类型的数组。

下面的代码演示了收集墨迹时 Guid 和 AddPropertyData 方法的基本用法。

```
private InkObject ink;
......
protected override void OnStrokeCollected(InkCanvasStrokeCollectedEventArgs e)
{
    this.Strokes.Remove(e.Stroke);
    ink.CreateNewStroke(e);
    MyInkData data = ink.InkStroke.inkTool;
    StringBuilder sb = new StringBuilder();
    sb.AppendFormat("inkName:{0}#", ink.inkType);
    sb.AppendFormat("inkRadius:{0}#", data.inkRadius);
    Color c = data.inkColor;
    sb.AppendFormat("inkColor:{0},{1},{2},{3}#", c.A, c.R, c.G, c.B);
    sb.AppendFormat("inkBrushType:{0}#", data.inkBrushType);
    sb.AppendFormat("inkStylusType:{0}#", data.inkStylusType);
    sb.AppendFormat("inkDrawOption:{0}", data.inkDrawOption);
    ink.InkStroke.AddPropertyData(Guid.NewGuid(), sb.ToString());
    this.Strokes.Add(ink.InkStroke);
    InkCanvasStrokeCollectedEventArgs args =
        new InkCanvasStrokeCollectedEventArgs(ink.InkStroke);
    base.OnStrokeCollected(args);
}
```

包含这段代码的完整代码见本章例子源程序中的 MyInkCanvas.cs 文件。

2. 保存和加载墨迹

使用 StrokeCollection 对象的 Save 方法可保存墨迹。使用 StrokeCollection 的 StrokeCollection(Stream)构造函数可加载墨迹（创建墨迹集合）。

具体实现见源程序。

2.5　功能扩展建议

这一章我们主要介绍了如何利用 WPF 提供的数字墨迹实现动态绘图功能。但是，本章所举的例子仅仅给出了基本的实现思路，各小组可以参考例子中的实现代码，在此基础上进行各种功能扩展，进一步实现多边形、菱形、圆柱、圆锥、铁路、花园、湖泊、房屋等图形图像的绘制和编辑。同时，还可以完成与之类似的多种高级应用程序的图形图像绘制功能，例如：电路图制作、化学仪器制作、小区规划设计、数学几何助手、数据流图绘制、游览区导游图设计……

习　　题

1. 数字墨迹有哪些用途？一般的 WPF 元素是否具有数字墨迹相关的事件？

2. 简述你见过的智能手机和车载导航仪中，哪些功能可以利用数字墨迹在 PC 上模拟实现或作为原型来演示？

第 3 章
进程、线程与应用程序域

进程、线程以及应用程序域是网络应用编程必备的基础知识，后续章节介绍的编程技术中会大量用到这些基本概念。

3.1 进程和线程

这一节我们先学习进程和线程的基础知识以及传统的多线程编程技术。

3.1.1 基本概念

介绍进程和线程的用法之前，需要先介绍一些基本概念。

1. 进程

进程是操作系统级别的一个基本概念，可以将其简单地理解为"正在运行的程序"。准确地说，操作系统执行加载到内存中的某个程序时，既包含该程序所需要的资源，同时还对这些资源进行基本的内存边界管理。

进程之间是相互独立的，在操作系统级别中，一个进程所执行的程序无法直接访问另一个进程所执行的内存区域（即实现进程间通信比较困难），一个进程运行的失败也不会影响其他进程的运行。Windows 操作系统就是利用进程在内存中把工作划分为多个独立的运行区域的。

在操作系统级别的管理中，利用 Process 类可启动、停止本机或远程进程。进程所执行的程序（.exe 文件、.dll 文件、桌面快捷方式）可以用各种语言（如 C#、Java、C++等）来编写。

2. 线程

从程序实现的角度来说，将一个进程划分为若干个独立的执行流，每个独立的执行流都称为一个线程。

从硬件实现的角度来说，对于早期的单核处理器，可将线程看作是操作系统分配处理器时间片的基本执行单元；对于目前的多核处理器，可将线程看作是在每个内核上独立执行的代码段。

一个进程中既可以只包含一个线程，也可以同时包含多个线程。

3. 获取本机可用的逻辑内核数

线程是靠 CPU 中某个逻辑内核来执行的。早期的计算机中一个 CPU 只包含一个内核（称为单核处理器），而目前的计算机中一个 CPU 一般都包含多个内核（称为多核处理器）。新的多线程实现技术应该是让不同的线程在不同的逻辑内核上真正并行执行，这和传统的单核处理器通过轮询时间片来实现"宏观并行"的执行方式完全不同。

利用 System.Environment 类提供的静态 ProcessorCount 属性，可获取本机可用逻辑内核的数量。例如：

```
StringBuilder sb = new StringBuilder();
sb.AppendLine("本机处理器数: " + Environment.ProcessorCount);
sb.AppendLine("是否为 64 位操作系统: " + Environment.Is64BitOperatingSystem);
sb.AppendLine("当前进程是否为 64 位进程: " + Environment.Is64BitProcess);
sb.AppendFormat("\n 当前进程占用的物理内存量: {3:#.##}MB",
                Environment.WorkingSet / 1024.0 / 1024.0);
MessageBox.Show(sb.ToString());
```

注意，ProcessorCount 属性返回的是本机所有可用逻辑内核（也叫硬件线程）的数目，该值与机器中物理内核的数量不一定相符。例如，某台服务器有两个 CPU，每个 CPU 包含 4 个内核，每个内核又都包含两个硬件线程，则 Environment.ProcessorCount 属性返回的值是 2*4*2=16，而不是 2*4=8。不过，由于普通的计算机 CPU 中每个核一般都只有一个硬件线程，因此，也可以笼统地说利用该属性能检测本机可用内核的数量。

3.1.2　进程管理（Process 类）

System.Diagnostics 命名空间下的 Process 类提供了在操作系统级别对进程进行管理的各种属性和方法。利用 Process 类，可以启动和停止本机进程，获取或设置进程优先级，确定进程是否响应，是否已经退出，以及获取系统正在运行的所有进程列表和各进程的资源占用情况等。同时也可以利用它查询远程计算机上进程的相关信息，包括进程内的线程集合、加载的模块（.dll 文件和.exe 文件）和性能信息（如进程当前使用的内存量等）。

1. 启动进程

如果希望启动某个进程，首先需要创建 Process 类的一个实例，并通过 StartInfo 属性指定要运行的应用程序名称以及传递的参数，然后调用该实例的 Start 方法启动该进程。另外，如果进程带有图形用户界面，还可以用 ProcessWindowStyle 枚举指定启动进程时如何显示窗口。可选的枚举值有：Normal（正常窗口）、Hidden（隐藏窗口）、Minimized（最小化窗口）和 Maximized（最大化窗口）。例如：

```
Process myProcess = new Process();
myProcess.StartInfo.FileName = "Notepad.exe";  //准备执行记事本 Notepad.exe
myProcess.StartInfo.Arguments = "Test1.txt";  //创建或打开的文档为 Test1.txt
myProcess.StartInfo.WindowStyle = ProcessWindowStyle.Normal;
myProcess.Start();
```

2. 停止进程

有两种停止进程实例的方法：Kill 方法和 CloseMainWindow 方法。前者用于强行终止进程，后者只是"请求"终止进程。

下面简单介绍这两个方法的含义，并介绍与停止进程相关的常用属性。

（1）Kill 方法和 CloseMainWindow 方法。

Process 实例的 Kill 方法是终止没有图形化界面进程的唯一方法。由于该方法使进程非正常终止，因此有可能会丢失没有保存的数据，所以一般只在必要时才使用该方法。另外，由于 Kill 方法是异步执行的，因此在调用 Kill 方法后，还要调用 WaitForExit 方法等待进程退出，或者检查 HasExited 属性以确定进程是否已经退出。

Process 实例的 CloseMainWindow 方法通过向进程的主窗口发送关闭消息来关闭进程，其行为与用户在界面中单击【关闭】按钮命令的效果相同。这样可使目标程序有机会在清除操作中提示用户保存任何没有保存的数据。如果成功发送了关闭消息，则返回 true；如果关联进程没有主窗口或禁用了主窗口（例如，当前正在显示模式对话框），则返回 false。

对于有界面的应用程序，一般使用 CloseMainWindow 方法来关闭它，而不是用 Kill 方法来关闭，如果 CloseMainWindow 方法失败，可以再使用 Kill 方法终止进程。

注意，只能对本机进程实例调用 Kill 方法或 CloseMainWindow 方法，无法用这些方法控制远程计算机上的进程。对于远程计算机上的进程，只能查看进程的信息。

（2）HasExited 属性。

Process 实例的 HasExited 属性用于判断启动的进程是否已停止运行。如果与 Process 关联的进程已关闭则返回 true，否则返回 false。当进程退出时，操作系统将释放进程占用的内存，但仍会保留有关进程的管理信息，例如句柄、退出代码（ExitCode 属性）和退出时间（ExitTime 属性）。这些属性都是自动填充的，即使用户通过选择界面中的【关闭】命令关闭进程，系统也会自动更新 HasExited 属性以及 ExitTime 属性的值。如果希望确保退出应用程序时让 Process 实例启动的所有进程都关闭，这两个属性是很有用的。

下面的代码演示了如何用 HasExited 属性确定名为 process1 的进程是否已关闭。

```
if (!process1.HasExited)
{
    process1.CloseMainWindow();
}
```

下面的代码演示了如何通过调用进程的 CloseMainWindow 方法来关闭本地计算机上当前运行的所有 Notepad.exe（记事本）实例。

```
Process[] myProcesses = Process.GetProcessesByName("Notepad");
foreach (Process myProcess in myProcesses)
{
    myProcess.CloseMainWindow( );
}
```

（3）WaitForInputIdle 方法。

Process 实例的 WaitForInputIdle 方法仅适用于具有用户界面的进程，它可以使 Process 等待关联进程进入空闲状态。如果关联进程已经达到空闲状态，则返回 true；否则返回 false。例如：

```
Process myProcess = Process.Start("Notepad");
myProcess.WaitForInputIdle();
```

此状态很有用，比如某个应用程序需要等待启动的进程完成创建其主窗口，然后才能与该窗口通信。这种情况下，就需要调用 WaitForInputIdle 方法。

（4）WaitForExit 方法。

Process 实例的 WaitForExit 方法用于设置等待关联进程退出的时间，并在该段时间结束前或该进程退出前，阻止当前线程执行。

（5）ExitCode 属性和 ExitTime 属性。

Process 实例的 ExitCode 属性用于获取关联进程终止时指定的值，该属性值为零表示成功退出，非零表示错误编号。ExitTime 属性用于获取关联进程退出的时间。

这两个属性只能在 HasExited 属性为 True 时才能检测。

（6）EnableRaisingEvents 属性。

Process 实例的 EnableRaisingEvents 属性用于获取或设置在进程终止时是否应引发 Exited 事件，如果关联的进程终止（通过退出或者调用 Kill）时引发 Exited 事件则为 true，否则为 false，默认为 false。

如果希望在进程退出后获得通知，可将与该进程关联的组件的 EnableRaisingEvents 属性设置为 true，然后在 Exited 事件中处理进程退出后的操作。另外，一般在异步操作中将该属性设置为 true。如果强制同步等待 Exited 事件发生，应该用 WaitForExit 方法。

3. 获取所有进程信息

Process 静态的 GetProcesses 方法用于创建新的 Process 数组，并将该数组与本地计算机上的所有进程资源相关联。例如：

```
//获取本机所有进程
Process[] myProcesses = Process.GetProcesses( );
//获取网络上远程计算机的所有进程。参数可以是远程计算机名，也可以是远程计算机的 IP 地址
Process[] myProcesses = Process.GetProcesses("192.168.0.1");
```

这里需要注意一点，使用 GetProcesses 方法时，如果所获取的进程不是用 Start 方法启动的，则该进程的 StartInfo 属性将不包含该进程启动时使用的参数，此时应该用数组中每个 Process 对象的 MainModule 属性获取相关信息。

4. 获取指定进程信息

Process 静态的 GetProcessById 方法会自动创建 Process 对象，并将其与本地计算机上的进程相关联，同时将进程 Id 传递给该 Process 对象。

Process 静态的 GetProcessesByName 方法返回一个包含所有关联进程的数组，得到该数组后，可以再依次查询这些进程中的每一个标识符，从而得到与该进程相关的更多信息。例如：

```
//获取本机指定名称的进程
Process[] myProcesses1 = Process.GetProcessesByName("MyExeFile"); //不要带扩展名
//获取远程计算机上指定名称的进程，参数 1 是进程名，参数 2 是远程计算机的名称或 IP 地址
Process[] myProcesses2 = Process.GetProcessesByName("Notpad", "Server1");
```

5. 示例

下面通过例子说明 Process 类的基本用法。

【例 3-1】利用 Process 类，启动、停止和观察本机的记事本进程，运行效果如图 3-1 所示。

图 3-1　例 3-1 的运行效果

该例子的源程序见 StartStopProcess.xaml 及其代码隐藏类。主界面的设计步骤与本书第 1 章例子主界面的创建步骤相似，此处不再介绍。

StartStopProcess.xaml 的主要代码如下。

```
<Page ......>
    <DockPanel Background="White">
        <Label DockPanel.Dock="Top" Content="启动、停止和观察进程"
            Style="{StaticResource LabelStyle}"/>
        <Border DockPanel.Dock="Bottom" Style="{StaticResource BorderStyle}">
            <StackPanel Orientation="Horizontal" HorizontalAlignment="Center">
                <Button Name="btnStart" Width="70"
                    Content="启动进程" Click="btnStart_Click"/>
                <Button Name="btnStop" Margin="20 0 0 0" Width="70"
                    Content="停止进程" Click="btnStop_Click"/>
            </StackPanel>
        </Border>
        <DataGrid Name="dataGrid1" Background="White" Margin="5"
            IsReadOnly="True" AutoGenerateColumns="False">
            <DataGrid.Columns>
                <DataGridTextColumn Header="进程 ID"
                    Binding="{Binding Path=Id}" Width="50"/>
                <DataGridTextColumn Header="进程名称"
                    Binding="{Binding Path=ProcessName}" Width="70"/>
                <DataGridTextColumn Header="占用内存"
                    Binding="{Binding Path=TotalMemory}" Width="80"/>
                <DataGridTextColumn Header="启动时间"
                    Binding="{Binding Path=StartTime}" Width="130"/>
                <DataGridTextColumn Header="文件路径" Binding="{Binding Path=FileName}"/>
            </DataGrid.Columns>
        </DataGrid>
    </DockPanel>
</Page>
```

StartStopProcess.xaml.cs 的主要代码如下。

```
namespace ch03.Examples
{
    public partial class StartStopProcess : Page
    {
        int fileIndex = 1;
        string fileName = "Notepad";
        List<Data> list = new List<Data>();
        public StartStopProcess()
        {
            InitializeComponent();
        }
        private void btnStart_Click(object sender, RoutedEventArgs e)
        {
            string argument = Environment.CurrentDirectory +
                "\\myfile" + (fileIndex++) + ".txt";
            if (File.Exists(argument) == false)
            {
                File.CreateText(argument);
            }
```

```
            Process p = new Process();
            p.StartInfo.FileName = fileName;
            p.StartInfo.Arguments = argument;
            p.StartInfo.UseShellExecute = false;
            p.StartInfo.WindowStyle = ProcessWindowStyle.Normal;
            p.Start();
            p.WaitForInputIdle();
            RefreshProcessInfo();
        }
        private void btnStop_Click(object sender, RoutedEventArgs e)
        {
            this.Cursor = Cursors.Wait;
            Process[] myprocesses;
            myprocesses = Process.GetProcessesByName(fileName);
            foreach (Process p in myprocesses)
            {
                using (p)
                {
                    p.CloseMainWindow();
                    Thread.Sleep(1000);
                    p.WaitForExit();
                }
            }
            fileIndex = 0;
            RefreshProcessInfo();
            this.Cursor = Cursors.Arrow;
        }
        private void RefreshProcessInfo()
        {
            dataGrid1.ItemsSource = null;
            list.Clear();
            Process[] processes = Process.GetProcessesByName(fileName);
            foreach (Process p in processes)
            {
                list.Add(new Data()
                {
                    Id = p.Id,
                    ProcessName = p.ProcessName,
                    TotalMemory = string.Format("{0,10:0} KB", p.WorkingSet64 / 1024d),
                    StartTime = p.StartTime.ToString("yyyy-M-d HH:mm:ss"),
                    FileName = p.MainModule.FileName
                });
            }
            dataGrid1.ItemsSource = list;
        }
    }
    public class Data
    {
        public int Id { get; set; }
        public string ProcessName { get; set; }
        public string TotalMemory { get; set; }
        public string StartTime { get; set; }
        public string FileName { get; set; }
    }
}
```

按<F5>键调试运行，单击几次【启动进程】按钮，观察打开的每个 Notepad 进程的相关信息，然后单击【停止进程】按钮，观察停止所有 Notepad 进程的情况。

这里需要说明一点，由于安装 Windows 操作系统后，Notepad.exe 就已经安装到系统文件夹下，而且在任何一个文件夹中均可以直接运行，所以在这个例子中，我们选择了调用 Notepad.exe 作为演示的例子。实际上，可以通过这种方法启动任何一个可执行文件（.exe 文件）或链接文件（如桌面快捷方式），并观察进程执行的效果。

3.1.3　线程管理（Thread 类）

System.Threading 命名空间下的 Thread 类用于管理单独的线程，包括创建线程、启动线程、终止线程、合并线程以及让线程休眠等。

利用 Thread 或 ThreadPool 可在一个进程中实现多线程并行执行。但是，在新的开发中，不建议直接用 Thread 或 ThreadPool 编写多线程应用程序，这是因为其实现细节控制复杂，本章介绍它的目的只是为了让读者了解传统的编程技术是如何实现多线程编程的，并阐释涉及的相关概念，为后续章节的学习打下基础。

1．主线程和辅助线程

无论是控制台应用程序、WinForm 应用程序、WPF 应用程序还是其他类型的应用程序，当将这些程序作为进程来运行时，系统都会为该进程创建一个默认的线程，该线程称为主线程。或者说，主线程用于执行 Main 方法中的代码，当 Main 方法返回时，主线程也自动终止。

在一个进程中，除了主线程之外的其他线程都称为辅助线程。

2．前台线程与后台线程

一个线程要么是前台线程，要么是后台线程。两者的区别是：后台线程不会影响进程的终止，而前台线程则会影响进程的终止。

只有当属于某个进程的所有前台线程都终止后，公共语言运行库才会结束该进程，而且所有属于该进程的后台线程也都会立即停止，而不管其后台工作是否完成。

具体来说，用 Thread 对象创建的线程默认都是前台线程，在托管线程池中执行的线程默认都是后台线程。另外，从非托管代码进入托管执行环境的所有线程也都被自动标记为后台线程。

● IsBackground 属性：获取或设置一个值，该值指示某个线程是否在后台执行。如果在后台执行则为 true；否则为 false。

● IsThreadPoolThread 属性：获取一个值，该值指示线程是否在托管线程池中执行。如果此线程在托管线程池中执行则为 true，否则为 false。

另外，为了使主线程能及时对用户操作的界面进行响应，也可以将辅助线程作为"后台"任务来执行，即将其设置为后台线程。比如用一个单独的线程监视某些活动，最好将其 IsBackground 属性设置为 true 使其成为后台线程，这样做的目的是为了不让该线程影响 UI 操作和进程的正常终止。

3．创建线程

通过 Thread 对象可创建一个单独的线程，常用形式为

```
Thread t = new Thread(<方法名>);
```

该语句的意思是创建一个线程 t，并自动通过相应的委托执行用"<方法名>"指定的方法。

下面的代码创建了 2 个线程。

```
Thread t1 = new Thread(Method1);
Thread t2 = new Thread(Method2);
......
public void Method1(){……}
public void Method2(object obj){……}
```

线程是通过委托来实现的，至于使用哪种委托，要看定义的方法是否带参数。如果定义的方法不带参数，就自动用 ThreadStart 类型的委托调用该方法；如果带参数，则自动用 ParameterizedThreadStart 类型的委托调用该方法。

上面这段代码和下面的代码是等价的：

```
Thread t1 = new Thread(new ThreadStart(Method1));
Thread t2 = new Thread(new ParameterizedThreadStart(Method2));
......
public void Method1(){......}
public void Method2(object obj){......}
```

用 Thread 创建的线程默认为前台线程，如果希望将其作为后台线程，可将线程对象的 IsBackground 属性设置为 true。例如：

```
Thread myThread = new Thread(Method1);
myThread.IsBackground = true;
```

创建线程并设置让其在前台运行还是后台运行后，即可对线程进行操作，包括启动、停止、休眠、合并等。

4. 启动线程

用 Thread 创建线程的实例后，即可调用该实例的 Start 方法启动该线程。例如：

```
t1.Start();   //调用不带参数的方法
t2.Start("MyString");  //调用带参数的方法
```

在当前线程中调用 Start 方法启动另一个线程后，当前线程会继续执行其后面的代码。

当将方法作为一个单独的线程执行时，如果方法带有参数，只能在启动线程时传递实参，而且定义该方法的参数只能是一个 Object 类型。如果希望传递多个参数，可以先将这些参数封装到一个类中，然后传递该类的实例，再在线程中通过该类的实例访问相应的数据。

5. 终止或取消线程的执行

线程启动后，当不需要某个线程继续执行的时候，有两种终止线程的方法。

第 1 种方法是先设置一个修饰符为 volatile 的布尔型的字段表示是否需要正常结束该线程，称为终止线程。例如：

```
public volatile bool shouldStop;
```

线程中可循环判断该布尔值，以确定是否退出当前的线程。在其他线程中，可通过修改该布尔值通知是否希望终止该线程。这是正常结束线程比较好的方法，实际应用中一般使用这种方法。

第 2 种方法是在其他线程中调用 Thread 实例的 Abort 方法终止当前线程，该方法的最终效果是强行终止该线程的执行，属于非正常终止的情况，称为取消线程的执行（不是指销毁线程）。但这种方式可能会导致某个工作执行到一半就结束了。

6. 休眠线程

在多线程应用程序中，有时候并不希望当前线程继续执行，而是希望其暂停一段时间。为了实现这个功能，可以调用 Thread 类提供的静态 Sleep 方法。该方法将当前线程暂停（实际是阻塞）指定的毫秒数。例如：

```
Thread.Sleep(1000);  //当前线程暂停 1s
```

注意该语句暂停的是当前线程，无法从一个线程中暂停其他的线程。

7. 获取或设置线程的优先级

每个线程都具有分配给它的优先级。当线程之间争夺 CPU 时间片时，CPU 是按照线程的优先级进行调度的。当应用程序的用户界面在前台和后台之间移动时，操作系统还可以动态调整线程的优先级。

创建线程时，默认优先级为 Normal。如果想让一些重要的线程优先执行，可以使用下面的方法为其赋予较高的优先级。

```
Thread t1 = new Thread(MethodName);
t1.priority = ThreadPriority.AboveNormal;
```

注意，当把某线程的优先级设置为最高时，在该线程结束前，其他所有线程都将无法获得执行的机会，这会导致界面看起来像"死机"一样，所以使用最高优先级时要特别小心。除非遇到必须马上处理的任务，否则不要使用最高优先级。

3.1.4 线程池（ThreadPool 类）

线程池是在后台执行任务的线程集合，它与 Thread 的主要区别是线程池中的线程是有关联的（如当某个线程无法进入线程池执行时先将其放入等待队列，自动决定用哪个处理器执行线程池中的某个线程，自动调节这些线程执行时的负载平衡问题等）。另外，线程池总是在后台异步处理请求的任务，而不会占用主线程，也不会延迟主线程中后续请求的处理。

System.Threading 命名空间下的 ThreadPool 类提供了对线程池的操作，如向线程池中发送工作项、处理异步 I/O、利用委托自动调度等待的线程、处理专用的计时行为等。

1. 线程池的基本特征

托管线程池有如下基本特征。

● 托管线程池中的线程都是后台线程。

● 添加到线程池中的任务不一定会立即执行。如果所有线程都繁忙，则新添加到线程池的任务将放入等待队列中，直到有线程可用时才能够得到处理。

● 线程池可自动重用已创建过的线程。一旦池中的某个线程完成任务，它将返回到等待线程队列中，等待被再次使用，而不是直接销毁它。这种重用技术使应用程序可避免为每个任务创建新线程引起的资源和时间消耗。

● 开发人员可设置线程池的最大线程数。从.NET 框架 4.0 开始，线程池的默认大小由虚拟地址空间的大小等多个因素决定。而早期版本的.NET 框架则是直接规定一个默认的最大线程数，无法充分利用线程池的执行效率。

● 从.NET 框架 4.0 开始，线程池中的线程都是利用多核处理技术来实现的。

2. 向线程池中添加工作项

在传统的编程模型中，开发人员一般是直接用 ThreadPool.QueueUserWorkItem 方法向线程池中添加工作项。例如：

```
ThreadPool.QueueUserWorkItem(new WaitCallback(Method1));
ThreadPool.QueueUserWorkItem(new WaitCallback(Method2));
```

ThreadPool 只提供了一些静态方法，不能通过创建该类的实例来使用线程池。

3.1.5　多线程编程中的资源同步

编写多线程并发程序时，需要解决多线程执行过程中的同步问题。

1.　同步执行和异步执行

CPU 在执行程序时有两种形式，一种是执行某语句时，在该语句完成之前不会执行其后面的代码，这种执行方式称为同步执行。另一种是执行某语句时，不管该语句是否完成，都会继续执行其后面的语句，这种执行方式称为异步执行。

2.　多线程执行过程中的资源同步问题

当在某个线程中启动另一个或多个线程后，这些线程会同时执行，称为并行。

当并行执行的多个线程同时访问某些资源时，必须考虑如何让多个线程保持同步。或者说，同步的目的是为了防止多个线程同时访问某些资源时出现死锁和争用情况。

3.　死锁和争用情况

死锁的典型例子是两个线程都停止响应，并且都在等待对方完成，从而导致任何一个线程都不能继续执行。

争用情况是当程序的结果取决于两个或多个线程中的哪一个先到达某一特定代码块时出现的一种错误（Bug）。当线程出现争用情况时，多次运行同一个程序可能会产生不同的结果，而且每次运行的结果都不可预知。例如，第 1 个线程正在读取字段，同时其他线程正在修改该字段，则第一个线程读取的值有可能不是该字段最新的值。

为了解决这些问题，C#和.NET 框架都提供了多种协调线程同步的方案。

4.　实现资源同步的常用方式

多线程中实现资源同步主要通过加锁或者原子操作来实现。

（1）用 volatile 修饰符锁定公共或私有字段。

为了适应单处理器或者多处理器对共享字段的高效访问，C#提供了一个 volatile 修饰符，利用该修饰符可直接访问内存中的字段，而不是将字段缓存在某个处理器的寄存器中。这样做的好处是所有处理器都可以访问该字段最新的值。例如：

```
private static volatile bool isStop = false;
public static bool IsStop
{
    get { return isStop; }
    set { isStop = value; }
}
```

（2）用 Interlocked 类提供的静态方法锁定局部变量。

System.Threading.Interlocked 类通过加锁和解锁提供了原子级别的静态操作方法，对并行执行过程中的某个局部变量进行操作时，可采用这种办法实现同步。例如：

```
int num = 0;
Interlocked.Increment(ref num);  //将 num 的值加 1
Interlocked.Decrement(ref num); //将 num 的值减 1
```

锁定局部变量的另一种实现方式是直接用 C#提供的 lock 语句将包含局部变量的代码块锁定，退出被锁定的代码块后会自动解锁。

（3）用 lock 语句锁定代码块。

为了在多线程应用程序中实现不同线程同时执行某个代码块的功能，C#提供了一个 lock 语句，该语句能确保当一个线程完成执行代码块之前，不会被其他线程中断。被锁定的代码块称为临界区。

lock 语句的实现原理是进入临界区之前先锁定某个私有对象（声明为 private 的对象），然后再执行临界区中的代码，当代码块中的语句执行完毕后，再自动解除该锁。例如：

```
private List<int> list = new List<int>( );
......
lock(list)
{
    ...... //对 list 进行操作
}
```

如果锁定的代码段中包含多个需要同步的字段或者多个局部变量，可先定义一个私有字段 lockedObj，通过一次性锁定该私有字段实现多个变量的同步操作。例如：

```
private Object lockedObj = new Object ( );
......
lock(lockedObj)
{
    ......
}
```

提供给 lock 的对象可以是任意类型的实例，但不允许锁定类型本身，也不允许锁定声明为 public 的对象，否则将会使 lock 语句无法控制，从而引发一系列问题。例如线程 a 将锁定的对象 obj1 声明为 public，线程 b 将锁定的对象 obj2 声明为 public，这样 a 就可以访问 obj2，b 也可以访问 obj1。当线程 a 和 b 同时分别锁定 obj1 和 obj2 时，由于每个线程都希望在锁定期间访问对方锁定的那个对象，则两个线程在得到对方对象的访问权之前都不会释放自己锁定的对象，从而产生死锁。

另外还要注意，使用 lock 语句时，临界区中的代码一般不宜太多，这是因为锁定一个私有对象之后，在解锁该对象之前，其他任何线程都不能执行 lock 语句所包含的代码块中的内容，如果在锁定和解锁期间处理的代码过多，则在某个线程执行临界区中的代码时，其他等待运行临界区中代码的线程都会处于阻塞状态，这样不但无法体现多线程的优点，反而会降低应用程序的性能。

如果开发人员使用的不是 C#语言（比如 C++等），则只能用.NET 框架提供的类来完成各种不同情况下的同步功能（例如 Monitor 类、Mutex 类、SpinLock 类、ReaderWriterLockSlim 类、Semaphore 类、WaitHandle 类、EventWaitHandle 类等），只是这些类分别适用于不同的情况，用起来没有 C#提供的 volatile 修饰符和 lock 语句简单而已。如果读者希望深入理解相关概念和原理（类似操作系统课程中介绍的生产者消费者问题），以及在不同情况下应该如何分别处理死锁和争用情况的细节，可参考这些类提供的实现方式。

3.1.6　WPF 中的多线程编程模型

这一节我们主要学习 WPF 应用程序中用传统的多线程编程模型实现多线程的一些基本用法，目的是为进一步学习新的基于任务的编程模型打下基础。

1. WPF 调度器（Dispatcher）

不论是 WPF 应用程序还是 WinForm 应用程序，默认情况下，.NET 框架都不允许在一个线程中直接访问另一个线程中的控件，这是因为如果有两个或多个线程同时访问某一控件，可能会使该控件进入一种不确定的状态，甚至可能出现死锁。

为了解决死锁以及异步执行过程中的同步问题，WPF 中的每个元素（包括根元素）都有一个 Dispatcher 属性，Dispatcher 会自动在线程池中按优先级对工作项进行排队和调度。通过该属性执行指定的委托，即可实现不同线程之间的交互而不会出现死锁问题。

要在后台线程中与用户界面交互，可以通过向 WPF 控件的 Dispatcher 注册工作项来完成。注册工作项的常用方法有两种：Invoke 方法和 InvokeAsync 方法。这两个方法均通过调度器执行指定的委托来实现。例如：

```
TextBlock1.Dispatcher.Invoke(...);
TextBlock1.Dispatcher.InvokeAsync(...);
```

Invoke 方法是同步调用，即直到在线程池中实际执行完该委托它才返回。InvokeAsync 方法是异步调用，调用该方法后将立即返回到调用的语句，然后继续执行该语句后面的代码。

Dispatcher.Invoke 方法的重载形式非常多，常用的重载形式有：

```
Invoke(Action)
Invoke(Action, DispatcherPriority)
Invoke(Action, DispatcherPriority, CancellationToken)
Invoke(Action, DispatcherPriority, CancellationToken, TimeSpan)
Invoke<TResult>(Func<TResult>)
Invoke<TResult>(Func<TResult>, DispatcherPriority)
Invoke<TResult>(Func<TResult>, DispatcherPriority, CancellationToken)
Invoke<TResult>(Func<TResult>, DispatcherPriority, CancellationToken, TimeSpan)
```

重载形式中的 TResult 表示任何类型（如 void、string、Task 等）。另外，Action、Func 以及 CancellationToken 的含义和用法本章后面还会专门介绍，这一节中我们只需要了解基本用法即可。

另外，Dispatcher 按优先级对其队列中的元素进行排序。向 Dispatcher 队列中添加元素时可指定 10 个优先级别。这些优先级用 DispatcherPriority 枚举来表示。学习 WPF 调度器的基本用法时，使用默认的调度优先级即可，只有当默认优先级不能满足需求时，才需要通过它指定优先级。

2. WPF 中 Thread 和 ThreadPool 的基本用法

下面通过例子说明传统的编程模型中如何启动和终止线程，如何在线程池中执行工作项，以及如何在不同的线程中向同一个控件中输出内容。

需要提醒的是，此示例的目的仅仅是为了让读者理解早期的实现办法。开发新的应用程序时，并不建议用这种办法来处理多线程（这种办法学会用容易，但编写高性能并发程序时，没有开发经验的程序员写出的程序往往漏洞百出），而应该使用后续章节介绍的基于任务的新的编程模型实现多线程并发执行。

【例 3-2】演示在 WPF 应用程序中 Thread 和 ThreadPool 的基本用法。要求线程中每隔 0.1s 输出一个指定的字符。程序运行效果如图 3-2 所示。

该例子的源程序在 ThreadAndThreadPool.xaml 及其代码隐藏类中。

在这个例子中，同时创建了 4 个线程，两个用 Thread 单独运行，另外两个在 ThreadPool 中运行。该例子也同时演示了如何向线程中传递参数。

图 3-2 例 3-2 的运行效果

ThreadAndThreadPool.xaml.cs 的主要代码如下。

```csharp
namespace ch03.Examples
{
    public partial class ThreadAndThreadPool : Page
    {
        public ThreadAndThreadPool()
        {
            InitializeComponent();
            Helps.ChangeState(btnStart, true, btnStop, false);
        }
        private void btnStart_Click(object sender, RoutedEventArgs e)
        {
            Helps.ChangeState(btnStart, false, btnStop, true);
            MyClass.IsStop = false;
            textBlock1.Text = "";
            MyClass c = new MyClass(textBlock1);
            MyData state = new MyData { Message = "a", Info = "\n线程1已终止" };
            Thread thread1 = new Thread(c.MyMethod);
            thread1.IsBackground = true;
            thread1.Start(state);
            state = new MyData { Message = "b", Info = "\n线程2已终止" };
            Thread thread2 = new Thread(c.MyMethod);
            thread2.IsBackground = true;
            thread2.Start(state);
            state = new MyData { Message = "c", Info = "\n线程3已终止" };
            ThreadPool.QueueUserWorkItem(new WaitCallback(c.MyMethod), state);
            state = new MyData { Message = "d", Info = "\n线程4已终止" };
            ThreadPool.QueueUserWorkItem(new WaitCallback(c.MyMethod), state);
        }
        private void btnStop_Click(object sender, RoutedEventArgs e)
        {
            MyClass.IsStop = true;
            Helps.ChangeState(btnStart, true, btnStop, false);
        }
    }
    public class MyClass
    {
        public static volatile bool IsStop;
        TextBlock textBlock1;
        public MyClass(TextBlock textBlock1)
```

```
        {
            this.textBlock1 = textBlock1;
        }
        public void MyMethod(Object obj)
        {
            MyData state = obj as MyData;
            while (IsStop == false)
            {
                AddMessage(state.Message);
                Thread.Sleep(100);    //当前线程休眠 100ms
            }
            AddMessage(state.Info);
        }
        private void AddMessage(string s)
        {
            textBlock1.Dispatcher.Invoke(() =>
            {
                textBlock1.Text += s;
            });
        }
    }
    public class MyData
    {
        public string Info { get; set; }
        public string Message { get; set; }
    }
}
```

3.2 应用程序域及其基本操作

应用程序域是一个 "轻量级" 的进程管理,是.NET 框架分隔不同应用程序边界的手段。开发人员通过编写代码,可以在一个主进程中动态创建和卸载一个或多个应用程序域。

每个应用程序域都用 System 命名空间下的一个 AppDomain 对象来管理。

在应用程序级别的管理中,利用应用程序域可在当前进程中动态加载或卸载一个或多个程序集组件(.exe 文件或者.dll 文件),并能通过反射查看和调用程序集中的字段、属性、方法等,同时还能有效隔离不同的程序集。或者说,利用应用程序域可以使程序员编写的应用程序具有很强的可伸缩性和可扩展性。

3.2.1 基本概念

在一个主进程中,可包含一个或多个 "子进程",每个 "子进程" 所占用的内存范围(或者叫边界)都称为一个应用程序域,由于这些应用程序域本质上是通过一个或多个具有边界限制的线程来管理,而不是用操作系统级别的多进程来实现的,因此我们将 "子进程" 用引号引起来。或者说,实际上并不存在 "子进程" 这个概念,正规的说法应该是:在一个主进程中,可包含一个或多个应用程序域。

1. 应用程序域与线程的关系
应用程序域与线程的关系如下。

（1）应用程序域为安全性、版本控制、可靠性和托管代码的卸载形成隔离边界，执行应用程序时，所有托管代码均加载到一个应用程序域中，由一个或多个托管线程来运行。

（2）应用程序域和线程之间不具有一对一的相关性。在任意给定的时刻，一个应用程序域中可以同时执行多个线程，另一方面，一个线程并不是只能在某个应用程序域内执行。或者说，线程可以自由跨越应用程序域边界，而不是每个应用程序域只对应一个线程；另外，应用程序域之间是相互隔离的，一个应用程序域无法直接访问另一个应用程序域的资源（但可以通过克隆来访问）。

2. 应用程序域与进程的关系

可将应用程序进程中的每个应用程序域都看作是一个"子进程"。或者说，一个进程既可以只包含一个应用程序域，也可以同时包含多个相互隔离的应用程序域。

多进程是在操作系统级别使用的功能，资源消耗较大，细节控制复杂（相当于自己去实现本来由操作系统应该做的事）；应用程序域是在应用程序级别使用的功能，比直接用多进程来实现进程管理时速度快、资源消耗少而且更安全，是为应用程序开发人员提供的轻量级的进程管理。

3. 什么时候使用应用程序域

如果希望在不停止当前应用程序进程的情况下动态加载或卸载一个或多个组件（.dll 文件或者.exe 文件），最好用应用程序域来实现而不是用多进程来实现。

利用应用程序域来加载和卸载其他程序中的模块比用多进程来实现具有以下优势。

（1）当需要动态扩展程序的功能时，可将其他进程（.dll 文件或者.exe 文件）中的全部或部分功能"嵌入"到当前应用程序进程界面中，使其看起来就像是同一个应用程序一样（多进程则无法做到这一点），而且这种实现方式比用多进程实现的运行速度快。

（2）在同一个进程内，实现不同域之间的通信比用多进程实现简单。

（3）在安全性方面，用应用程序域来实现比用多进程来实现更有保障。当进程中某个应用程序域出现错误，不会影响其他应用程序域的正常运行，而且不会引起整个操作系统瘫痪。而用多进程实现时，如果开发人员编程经验不足，有可能会导致这种情况。

3.2.2　程序集与反射

由于创建应用程序域是靠对程序集（.dll 或者.exe 文件）进行反射来实现的，因此我们需要先了解程序集和反射的基本概念，在此基础上，才能进一步掌握应用程序域的用法。

1. 程序集

程序集（Assembly）是.NET 框架应用程序的生成块，它为公共语言运行库（CLR）提供了识别和实现类型（class）所需要的信息。

通俗地说，程序集包含模块（Model），模块包含类型（class），类型又包含成员（属性、方法、字段等）。

严格地讲，程序集是为协同工作而生成的类型（class）和资源（如图像文件等）的集合，这些类型和资源共同构成了应用程序部署、版本控制、重复使用、激活范围控制和安全权限的基本逻辑功能单元。

2. 反射

反射提供了封装程序集、模块和类型的对象。可以使用反射动态地创建类的实例，将类绑定到现有对象，或从现有对象中获取类，并调用类的方法或访问其字段和属性。或者说，反射的用途是在程序集中查找有关信息（比如值类型、引用类型、接口等），或者从中读取元数据。

反射包含的大多数类都在 System.Reflection 命名空间中。

（1）Type 类。

System 命名空间下有一个 Type 类，该类对反射起着核心的作用。当反射请求加载的类型时，公共语言运行库（CLR）将为它创建一个 Type 对象。程序员可以用 Type 对象的方法、字段、属性和嵌套类来查找有关该类型的所有信息。

有两种获取程序集中指定类型的办法。

① 使用 C#提供的 typeof 关键字获取指定类型的 Type 对象，例如：

```
Type t = typeof(System.double);
```

② 调用 Type 类的 GetType 静态方法获取指定类型的 Type 对象，例如：

```
Type t = Type.GetType("System.Double")。
```

Type 类提供的大多数方法都可以获取指定数据类型的成员信息，如构造函数、属性、方法、事件等。下面的代码演示了如何利用 GetMethods 方法获取 MyClass 类提供的所有公共方法名。

```
Type t = typeof(MyClass);
System.Reflection.MethodInfo[] Methods = t.GetMethods();
foreach (var method in Methods)
{
    Console.WriteLine(method.Name);
}
```

（2）Assembly 类。

Assembly 类是在 System.Reflection 命名空间中定义的，利用它可访问给定程序集的元数据，并包含可以执行一个程序集（.dll 或者.exe）的方法。

元数据是一种二进制信息，用以对存储在公共语言运行库中可移植的可执行文件或存储在内存中的程序进行描述。

Assembly 类提供有一个静态的 Load 方法，利用该方法可加载程序集（.dll 文件或者.exe 文件）。

下面的代码将名为 Example.exe 或者 Example.dll 的程序集加载到当前应用程序域中，然后从该程序集获取名为 MyClass 的类型，再通过该类型获取名为 MethodA 的无参数方法，最后通过委托执行该方法。

```
System.Reflection.Assembly a = System.Reflection.Assembly.Load("Example");
Type myType = a.GetType("MyClass");
System.Reflection.MethodInfo myMethod = myType.GetMethod("MethodA");
object obj = Activator.CreateInstance(myType);
myMethod.Invoke(obj, null);
```

3. 基本用法示例

下面通过例子说明通过 Type 和 Assembly 实现对程序集进行反射的基本用法。

【例 3-3】演示 Type 和 Assembly 的基本用法。程序运行效果如图 3-3 所示。

该例子的源程序见 AssemblyPage.xaml 及其代码隐藏类。

主要设计步骤如下。

（1）在 ch03 解决方案中，分别添加项目名为 MyConsoleApp 的控制台应用程序项目和项目名为 MyClassLibrary 的类库项目。具体代码见源程序。

（2）用鼠标右键单击 ch03 项目，设置依赖项，让解决方案先生成 MyConsoleApp 项目和 MyClassLibrary 项目，再生成 ch03 项目。

（3）在 ch03 项目中添加对 MyConsoleApp 和 MyClassLibrary 这两个项目的引用，以便让其在

bin\Debug 下生成 MyConsoleApp.exe 和 MyClassLibrary.dll。

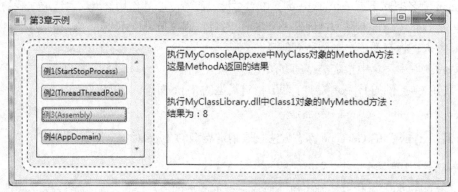

图 3-3　例 3-3 的运行效果

（4）在 ch03 项目中添加一个文件名为 AssemblyPage.xaml 的页文件。主要代码如下：

```csharp
public partial class AssemblyPage : Page
{
    public AssemblyPage()
    {
        InitializeComponent();
        StringBuilder sb = new StringBuilder();
        System.Reflection.Assembly a1 =
            System.Reflection.Assembly.Load("MyConsoleApp");
        Type t1 = a1.GetType("MyConsoleApp.MyClass");
        sb.AppendLine("执行 MyConsoleApp.exe 中 MyClass 对象的 MethodA 方法: ");
        System.Reflection.MethodInfo myMethodA = t1.GetMethod("MethodA");
        object obj = Activator.CreateInstance(t1);
        sb.AppendLine((string)myMethodA.Invoke(obj, null));
        sb.AppendLine();
        System.Reflection.Assembly a2 =
            System.Reflection.Assembly.Load("MyClassLibrary");
        Type t2 = a2.GetType("MyClassLibrary.Class1");
        sb.AppendLine("\n 执行 MyClassLibrary.dll 中 Class1 对象的 MyMethod 方法: ");
        System.Reflection.MethodInfo myMethod = t2.GetMethod("MyMethod");
        object obj1 = Activator.CreateInstance(t2);
        sb.AppendLine("结果为: " + myMethod.Invoke(obj1, new Object[] { 3, 5 }));
        textBlock1.Text = sb.ToString();
    }
}
```

（5）修改 MainWindow.xaml，让单击按钮导航到 AssemblyPage.xaml。

```xml
<Button Content="例3(Assembly)" Tag="Examples/AssemblyPage.xaml" />
```

（6）按<F5>键调试运行，观察结果。

通过这个例子，我们了解了程序集和反射的基本含义，不过，该例子中的这种用法并不常见，更常见的用法是利用 AppDomain 提供的静态方法来创建和卸载应用程序域。

3.2.3　创建和卸载应用程序域（AppDomain 类）

AppDomain 类是为应用程序域提供的编程接口，该类提供了多种属性和方法。这一节我们只学习最基本的用法。

1. 常用属性

AppDomain 类的常用属性如下。

（1）CurrentDomain 属性（静态属性）。该属性用于获取当前线程所在的应用程序域。例如：

```
var currentDomain = AppDomain.CurrentDomain;
```

如果当前线程是主线程，该属性获取的就是主线程所在的应用程序域；如果当前线程是辅助线程，该属性获取的就是该辅助线程所在的应用程序域。

（2）BaseDirectory 属性。该属性用于获取域所在的应用程序的基目录，即该应用程序的根目录。例如：

```
var currentDomain = AppDomain.CurrentDomain;
string exePath = currentDomain.BaseDirectory;
```

如果当前线程是主线程，所得到的 exePath 的值与使用 Environment.CurrentDirectory 属性得到的结果相同。

2. 常用方法

AppDomain 类提供了多种方法，利用这些方法可以创建和卸载域、创建域中各类型的实例以及注册各种通知（如卸载应用程序域）。

下面我们学习最常用的方法。

（1）CreateDomain 方法。该方法用于创建新的应用程序域。通过 AppDomainSetup 对象可设置新域加载的应用程序根目录。例如：

```
//设置 domain 加载的根路径
AppDomainSetup setup = new AppDomainSetup();
setup.ApplicationBase = @"E:\ls";
//创建 domain
AppDomain domain = AppDomain.CreateDomain("Domain1", null, setup);
```

代码中的 null 表示使用当前应用程序域的访问权限。

（2）ExecuteAssembly 方法。ExecuteAssembly 方法用于执行应用程序域中的程序集（从入口点开始执行），参数中可直接指定可执行的文件名。例如：

```
domain.ExecuteAssembly("MyConsoleApp.exe");
```

（3）Unload 方法。该方法用于卸载应用程序域，这是一个静态方法。例如：

```
AppDomain.Unload(domain);
```

默认情况下，只有应用程序域中正在运行的所有线程都已停止或域中不再有运行的线程之后，才卸载该应用程序域。

下面的代码演示了将以上几种方法综合在一起的用法。

```
//设置 domain 中要执行的应用程序根路径
AppDomainSetup setup = new AppDomainSetup();
setup.ApplicationBase = AppDomain.CurrentDomain.BaseDirectory;
//创建 domain
AppDomain domain = AppDomain.CreateDomain("Domain1", null, setup);
//在 domain 中执行应用程序
domain.ExecuteAssembly("MyConsoleApp.exe");
```

```
//卸载 domain
AppDomain.Unload(domain);
```

（4）CreateInstanceAndUnwrap 方法。该方法用于在应用程序域中创建指定类的实例，并返回一个代理（proxy）。使用此方法可避免将包含创建的程序集加载到调用程序集中。例如：

```
var c = AppDomain.CurrentDomain;
string exePath = @"E:\ls\ch01.exe";
string typeName = "ch01.MainWindow";
var mainWindow = (Window)c.CreateInstanceFromAndUnwrap(exePath, typeName);
frame1.Content = mainWindow.Content;
```

3. 用于 COM 互操作的 Load 方法

除了以上介绍的常用方法外，AppDomain 类也提供了一个通过实例访问的 Load 方法，使用它也可以加载程序集，但该方法主要用于为实现 COM 互操作性而提供的（通过它在应用程序域中调用 COM 对象）。或者说，该方法用于为 COM 对象提供对 AppDomain.CreateInstance 方法的版本无关的访问。

如果不是为了实现 COM 互操作，不要用该方法加载应用程序域。另外，也不应该使用 Load 方法将程序集加载到除从其调用该方法的应用程序域以外的其他应用程序域。

4. 基本用法示例

下面通过例子说明 AppDoman 的基本用法。

【例 3-4】演示 AppDoman 的基本用法。利用 AppDoman 将上一章介绍的 InkCanvasExample 项目生成的 EXE 文件的主界面嵌入到当前应用程序的主界面中，使其看起来好像是正在运行当前项目中的一部分功能一样。程序运行效果如图 3-4 所示。

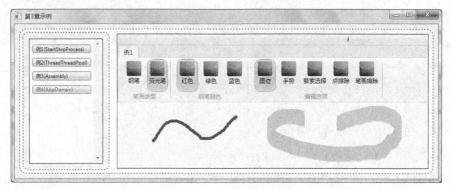

图 3-4　例 3-4 的运行效果

主要设计步骤如下。

（1）将 InkCanvasExample 项目 bin\Debug 文件夹下的 InkCanvasExample.exe 复制到当前项目的 bin\Debug 文件夹下。

（2）将 InkCanvasExample 项目 bin\Debug 文件夹下的 InkCanvasExample.exe 复制到当前项目文件夹下。

（3）修改 MainWindow.xaml.cs，相关代码如下。

```
private void button_Click(object sender, RoutedEventArgs e)
{
    Button btn = e.Source as Button;
    oldButton.Foreground = Brushes.Black;
```

```
btn.Foreground = Brushes.Red;
oldButton = btn;
if (btn.Tag.ToString() == "例4")
{
    var c = AppDomain.CurrentDomain;
    string exePath = c.BaseDirectory + @"\InkCanvasExample.exe";
    string typeName = "InkCanvasExample.MainWindow";
    var mainWindow = (Window)c.CreateInstanceFromAndUnwrap(exePath, typeName);
    frame1.Content = mainWindow.Content;
}
else
{
    frame1.Source = new Uri(btn.Tag.ToString(), UriKind.Relative);
}
}
```

（4）按<F5>键调试运行，观察效果。

习　　题

1. 简要回答下列问题。

（1）进程和线程有什么区别？为什么要用多线程？多线程适用于哪种场合？

（2）前台线程和后台线程有什么区别和联系？如何判断一个线程属于前台线程还是后台线程？如何将一个线程设置为后台线程？

2. 什么是同步？为什么需要同步？C#提供了什么语句可以简单地实现代码同步？

3. 什么是线程池？使用线程池有什么好处？

4. 应用程序域和进程有什么区别和联系？

第4章
数据流与数据的加密和解密

数据的编码、解码，数据流以及数据的加密解密和数字签名也是学习网络编程必须掌握的基础知识，这一章我们主要学习相关的基本概念和用法。

4.1 数据编码和解码

在网络通信中，很多情况下通信双方传达的都是字符信息。但是，字符信息并不能直接从网络的一端传递到另一端，这些字符信息首先需要被转换成一个字节序列，然后才能在网络中传输。

将字符序列转换为字节序列的过程称为编码。当这些字节传送到网络的接收方时，接收方再将字节序列转换为字符序列，这种过程称为解码。

对于 Unicode 字符来说，编码是指将一组 Unicode 字符转换为一个字节序列的过程，解码则是将一个字节序列转换为一组 Unicode 字符的过程。

4.1.1 常见的字符集编码方式

每个国家都有自己的字符编码方式，由于同一个数字可以被解释成不同的符号，因此，要想正确打开一个文件，必须知道它采用的是哪种编码方式，否则就可能会出现乱码。

这里我们仅介绍常见的字符集及其编码方式。

1. ASCII

ASCII 字符集由 128 个字符组成，包括大小写字母、数字 0～9、标点符号、非打印字符（换行符、制表符等 4 个）以及控制字符（退格、响铃等）。

2. Unicode

Unicode 是国际通用的编码方式，可以表示地球上绝大部分地区的文字。这种编码每个字符都占 2 字节，例如，一个英文字符占 2 字节，一个汉字也是 2 字节。

C#中的字符和字符串默认采用的都是 Unicode 编码。

3. UTF–8

UTF-8 是在因特网上使用最广泛的一种编码格式。它是 Unicode 的一种变长字符编码，用 1～4 字节表示一个 Unicode 字符。例如，每个英文字母都占 1 字节，每个汉字都占 4 字节。

4. GB2312 和 GB18030

对于简体中文来说，国家规定的编码标准（国标）有两种，一种是 GB2312（1980 年公布），另一种是 GB18030（2000 年公布）。

GB2312 每个汉字的编码长度都占 2 字节，这种编码方式最多支持 6 千多个汉字的编码；GB18030 编码长度为 1～4 字节，可支持两万多个汉字的编码。

4.1.2 利用 Encoding 类实现编码和解码

Encoding 类位于 System.Text 命名空间下，该类主要用于对字符集进行编码和解码以及将一种编码格式转换为另一种编码格式。表 4-1 列出了 Encoding 类提供的常用属性和方法。

表 4-1　　　　　　　　　　　Encoding 类提供的常用属性和方法

名　称	说　　　明
Default 属性	获取系统的当前 ANSI 代码页的编码
BodyName 属性	获取可与邮件正文标记一起使用的编码名称。如果当前 Encoding 无法使用，则为空字符串
HeaderName 属性	获取可与邮件标题标记一起使用的编码名称。如果当前 Encoding 无法使用，则为空字符串
Unicode 属性	获取 Unicode 格式的编码（UTF-16）
UTF8 属性	获取 Unicode 格式的编码（UTF-8）
ASCII 属性	获取 ASCII 字符集的编码
Convert 方法	将字节数组从一种编码转换为另一种编码
GetBytes 方法	将一组字符编码为一个字节序列
GetString 方法	将一个字节序列解码为一个字符串
GetEncoding 方法	返回指定格式的编码

下面简单介绍 Encoding 类的基本用法。

1．获取所有编码名称及其描述信息

使用 Encoding 类静态的 GetEncodings 方法可得到一个包含所有编码的 EncodingInfo 类型的数组。EncodingInfo 类同位于 System.Text 命名空间下，提供有关编码的基本信息。例如：

```
foreach (EncodingInfo ei in Encoding.GetEncodings( ))
{
    Encoding en = ei.GetEncoding( );
    Console.WriteLine("编码名称: {0,-18}，编码描述: {1}", ei.Name, en.EncodingName);
}
```

从这段代码的运行结果中可以看到，"gb2312" 的编码描述为 "简体中文（GB2312）"，"GB18030" 的编码描述为 "简体中文（GB18030）"。

2．获取指定编码名称及其描述信息

Encoding 类提供了 UTF8、ASCII、Unicode 等属性，通过这些属性可以获取某个字符集编码。也可以利用 Encoding 类静态的 GetEndcoing 方法来获取，例如：

```
Encoding ascii = Encoding.ASCII;
Encoding gb2312 = Encoding.GetEncoding("GB2312");
Encoding gb18030 = Encoding.GetEncoding("GB18030");
```

得到 Encoding 对象后，即可利用 HeaderName 属性获取编码名称，利用 EncodingName 属性获取编码描述，例如：

```
string s1 = "GB2312 的编码名称为:" + gb2312.HeaderName;
string s2 = "GB2312 的编码描述为:" + gb2312.EncodingName;
```

3. 不同编码之间的转换

利用 Encoding 类的 Convert 方法可将字节数组从一种编码转换为另一种编码,转换结果为一个 byte 类型的数组。语法为

```
public static byte[] Convert(
    Encoding srcEncoding,  //源编码
    Encoding dstEncoding,  //目标编码
    byte[] bytes  //待转换的字节数组
)
```

下面的代码演示了如何将 Unicode 字符串转换为 UTF8 字符串。

```
string s = "abcd";
Encoding unicode = Encoding.Unicode;
Encoding utf8 = Encoding.UTF8;
byte[] b = Encoding.Convert(unicode, utf8, unicode.GetBytes(s));
string s1 = utf8.GetString(b);
```

4. 利用 Encoding 类实现字符串的编码和解码

可以直接用 Encoding 类实现字符串的编码和解码,例如:

```
Encoding en = Encoding.GetEncoding("GB2312");
//编码
byte[] bytes = en.GetBytes("abcd123");
//按字节显示编码后的数据
textBlock1.Text = BitConverter.ToString(bytes);
//解码
textBlock2.Text = en.GetString(bytes);
```

下面通过例子说明 Encoding 类的基本用法。

【例 4-1】演示 Encoding 类的基本用法,运行效果如图 4-1 所示。

图 4-1 例 4-1 的运行效果

该例子的源程序见 EncodingExample.xaml 及其代码隐藏类,主要代码如下。

```
StringBuilder sb;
private void btn1_Click(object sender, RoutedEventArgs e)
{
    sb = new StringBuilder();
    foreach (EncodingInfo ei in Encoding.GetEncodings())
    {
        Encoding en = ei.GetEncoding();
        sb.AppendFormat("编码名称: {0}, 说明: {1}\n", ei.Name, en.EncodingName);
    }
```

```
    textBlock1.Text = sb.ToString();
}
private void btn2_Click(object sender, RoutedEventArgs e)
{
    sb = new StringBuilder();
    string s = "ab,12,软件";
    textBlock1.Text = string.Format("被编码的字符串：{0}\n", s);
    EncodeDecode(s, Encoding.ASCII);
    EncodeDecode(s, Encoding.UTF8);
    EncodeDecode(s, Encoding.Unicode);
    EncodeDecode(s, Encoding.GetEncoding("GB2312"));
    EncodeDecode(s, Encoding.GetEncoding("GB18030"));
    textBlock1.Text += sb.ToString();
}
private void EncodeDecode(string s, Encoding encoding)
{
    //将字符串编码为字节数组
    byte[] bytes = encoding.GetBytes(s);
    //将字节数组解码为字符串
    string str = encoding.GetString(bytes);
    //显示结果
    string encodeResult = BitConverter.ToString(bytes);
    sb.AppendFormat("编码为：{0}，编码结果：{1}\n", encoding.EncodingName, encodeResult);
    sb.AppendFormat("解码结果：{0}\n", str);
}
```

从解码结果中可以看出，中文字符不能使用 ASCII 编码。

4.2　数据流

数据流（Stream）是对串行传输数据的一种抽象表示，当希望通过网络逐字节串行传输数据，或者对文件逐字节进行操作时，首先需要将数据转化为数据流。

System.IO 命名空间下的 Stream 类是所有数据流的基类。

数据流一般和某个外部数据源相关，数据源可以是硬盘上的文件、外部设备（如 I/O 卡的端口）、内存、网络套接字等。根据不同的数据源，可分别使用从 Stream 类派生的类对数据流进行操作，包括 FileStream 类、MemoryStream 类、NetworkStream 类、CryptoStream 类，以及用于文本读/写的 StreamReader 和 StreamWriter 类、用于二进制读/写的 BinaryReader 和 BinaryWriter 类等。

对数据流的操作有 3 种：逐字节顺序写入（将数据从内存缓冲区传输到外部源）、逐字节顺序读取（将数据从外部源传输到内存缓冲区）和随机读/写（从某个位置开始逐字节顺序读/写）。

4.2.1　文件流（FileStream）

System.IO 命名空间下的 FileStream 类继承于 Stream 类，利用 FileStream 类可以对各种类型的文件进行读/写，例如文本文件、可执行文件、图像文件、视频文件等。

1. 创建 FileStream 对象

常用的创建 FileStream 对象的办法有两种。

（1）利用构造函数创建 FileStream 对象。

第 1 种办法是利用 FileStream 类的构造函数创建 FileStream 对象，语法为

```
FileStream(string path,FileMode mode,FileAccess access)
```

参数中的 path 指定文件路径，mode 指定文件操作方式，access 控制文件访问权限。

表 4-2 列出了 FileMode 枚举的可选值。

表 4-2   FileMode 枚举

枚 举 成 员	说　　明
CreateNew	指定操作系统应创建新文件，如果文件已存在，则将引发 IOException
Create	指定操作系统应创建新文件。如果文件已存在，它将被覆盖
Open	指定操作系统应打开现有文件。如果该文件不存在，则引发 FileNotFoundException
OpenOrCreate	指定操作系统应打开文件（如果文件存在）；否则，应创建新文件
Truncate	指定操作系统应打开现有文件。文件一旦打开，就将被截断为零字节大小
Append	打开现有文件并查找到文件尾，或创建新文件。FileMode.Append 只能同 FileAccess.Write 一起使用

FileAccess 枚举的可选值有：Read（打开文件用于只读）、Write（打开文件用于只写）、ReadWrite（打开文件用于读和写）。

（2）利用 File 类创建 FileStream 对象。

第 2 种办法是利用 System.IO 命名空间下的 File 类创建 FileStream 对象。如利用 OpenRead 方法创建仅读取的文件流，利用 OpenWrite 方法创建仅写入的文件流。下面的代码演示了如何以仅读取的方式打开 File1.txt 文件。

```
FileStream fs= File.OpenRead(@"D:\ls\File1.txt");
```

2. 读/写文件

得到 FileStream 对象后，即可以利用该对象的 Read 方法读取文件数据到字节数组中，利用 Write 方法将字节数组中的数据写入文件。

（1）Read 方法。

FileStream 对象的 Read 方法用于将文件中的数据读到字节数组中，语法如下：

```
public override int Read(
    byte[] array,        //保存从文件流中实际读取的数据
    int offset,          // 向 array 数组中写入数据的起始位置，一般为 0
    int count            //希望从文件流中读取的字节数
)
```

该方法返回从 FileStream 中实际读取的字节数。

（2）Write 方法。

FileStream 对象的 Write 方法用于将字节数组写入到文件中，语法如下：

```
public override void Write(
    byte[] buffer,       //要写入到文件流中的数据
    int offset,          //从 buffer 中读取的起始位置
    int size             //写入到流中的字节数
)
```

下面通过例子说明 FileStream 类的基本用法。

【例 4-2】演示 FileStream 类的基本用法，运行效果如图 4-2 所示。

该例子的源程序在 FileStreamExample.xaml 及其代码隐藏类中，主要代码如下。

图 4-2　例 4-2 的运行效果

```csharp
public partial class FileStreamExample :
Page
{
    private string path;
    public FileStreamExample()
    {
        InitializeComponent();
        path = System.IO.Path.Combine(
                AppDomain.CurrentDomain.BaseDirectory, "File1.txt");
    }
    private void btnRead_Click(object sender, RoutedEventArgs e)
    {
        if (!File.Exists(path))
        {
            File.WriteAllText(path, "Hello, 你好! \r\n", Encoding.UTF8);
        }
        ReadFromFile(path);
    }
    private void btnWrite_Click(object sender, RoutedEventArgs e)
    {
        AppendToFile(path, "HelloWorld!\r\n");
    }
    private void ReadFromFile(string path)
    {
        textBlock1.Text = "";
        using (FileStream fs = File.OpenRead(path))
        {
            byte[] bytes = new byte[1024];    //每次读取的缓存大小
            int num = fs.Read(bytes, 0, bytes.Length);
            while (num>0)
            {
                textBlock1.Text += Encoding.UTF8.GetString(bytes, 0, num);
                num = fs.Read(bytes, 0, bytes.Length);
            }
        }
    }
    private void AppendToFile(string path, string str)
    {
        using (FileStream fs = File.OpenWrite(path))
        {
            Byte[] bytes = Encoding.UTF8.GetBytes(str);
            fs.Position = fs.Length;            //设置写入位置
            fs.Write(bytes, 0, bytes.Length); //写入
        }
        textBlock1.Text = "写入完毕。";
    }
}
```

4.2.2 内存流（MemoryStream）

利用 System.IO 命名空间下的 MemoryStream 类，可以按内存流的方式对保存在内存中的字节数组进行操作。即利用 MemoryStream 类的 Write 方法将字节数组写入到内存流中，利用 Read 方法将内存流中的数据读取到字节数组中。

MemoryStream 的用法与文件流的用法相似，支持对数据流的查找和随机访问，该对象的 CanSeek 属性值默认为 true，程序中可通过 Position 属性获取内存流的当前位置。

由于内存流的容量可自动增长，因此在数据加密以及对长度不定的数据进行缓存等场合，使用内存流比较方便。

下面通过例子说明 MemoryStream 的基本用法。

【例 4-3】演示 MemoryStream 的基本用法，运行效果如图 4-3 所示。

图 4-3　例 4-3 的运行效果

该例子的源程序在 MemoryStreamExample.xaml 及其代码隐藏类中，主要代码如下。

```
private void btn1_Click(object sender, RoutedEventArgs e)
{
    string str = "abcd、中国";
    textBlock1.Text = string.Format("写入的数据：{0}\n", str);
    Byte[] data = Encoding.UTF8.GetBytes(str);
    using (MemoryStream ms = new MemoryStream())
    {
        //将字节数组写入内存流
        ms.Write(data, 0, data.Length);
        //将当前内存流中的数据读取到字节数组中
        byte[] bytes = new byte[data.Length];
        ms.Position = 0;  //设置开始读取的位置
        int n = ms.Read(bytes, 0, bytes.Length);//读到 bytes 中
        string s = Encoding.UTF8.GetString(bytes, 0, n);
        textBlock1.Text += string.Format("读出的数据：{0}\n", s);
    }
}
```

4.2.3 网络流（NetworkStream）

System.Net.Sockets 命名空间下的 NetworkStream 类也是从 Stream 类继承而来的，利用它可以通过网络发送或接收数据。

可以将 NetworkStream 看作在数据源和接收端之间架设了一个数据通道，这样一来，读取和写入数据就可以针对这个通道来进行。注意，NetworkStream 类仅支持面向连接的套接字。

对于 NetworkStream 流，写入操作是指从来源端内存缓冲区到网络上的数据传输；读取操作是从网络上到接收端内存缓冲区（如字节数组）的数据传输，如图 4-4 所示。

图 4-4　NetworkStream 流的数据传输

一旦构造了 NetworkStream 对象，就可以使用它通过网络发送和接收数据。

图 4-5 所示为利用网络流发送及接收 TCP 数据的流程。其中，Write 方法负责将字节数组从进程缓冲区发送到本机的 TCP 发送缓冲区，然后 TCP/IP 协议栈再通过网络适配器把数据真正发送到网络上，最终到达接收方的 TCP 接收缓冲区。

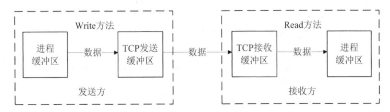

图 4-5　NetworkStream 流发送和接收数据的流程

使用 NetworkStream 对象时，需要注意以下几点。

● 通过 DataAvailable 属性，可查看缓冲区中是否有数据等待读出。

● 网络流没有当前位置的概念，不支持对数据流的查找和随机访问，NetworkStream 对象的 CanSeek 属性始终返回 false，读取 Position 属性和调用 Seek 方法时，都会引发 NotSupportedException 异常。

下面简单介绍其基本的实现思路，在本书的 "TCP 应用编程" 一章中，我们还会学习具体的代码实现办法。

1. 获取 NetworkStream 对象

有两种获取 NetworkStream 对象的办法。

（1）利用 TcpClient 对象的 GetStream 方法得到网络流对象。例如：

```
TcpClient tcpClient=new TcpClient( );
tcpClient.Connect("www.abcd.com", 51888);
NetworkStream networkStream = client.GetStream( );
```

（2）利用 Socket 得到网络流对象。例如：

```
NetworkStream myNetworkStream = new NetworkStream(mySocket);
```

2. 发送数据

NetworkStream 类的 Write、Read 方法的语法格式和文件流相同，这里不再详述。

由于 Write 方法为同步方法，所以再将数据写入到网络流之前，Write 方法将一直处于阻塞状态，直到发送成功或者返回异常为止。

下面的代码检查 NetworkStream 是否可写。如果可写，则使用 Write 写入一条消息。

```
if (myNetworkStream.CanWrite)
{
    byte[] writeBuffer = Encoding.UTF8.GetBytes("Hello");
    myNetworkStream.Write(writeBuffer, 0, writeBuffer.Length);
}
else
{
```

```
    ......
}
```

3. 接收数据

接收方通过调用 Read 方法将数据从接收缓冲区读取到进程缓冲区，完成读取操作。

下面的代码使用 DataAvailable 来确定是否有数据可供读取。当有可用数据时，该示例将从 NetworkStream 读取数据。

```
if(myNetworkStream.CanRead)
{
    byte[] readBuffer = new byte[1024]; //设置缓冲区大小
    int numberOfBytesRead = 0;
    // 准备接收的信息有可能会大于 1024，所以要用循环
    do{
        numberOfBytesRead = myNetworkStream.Read(readBuffer, 0, readBuffer.Length);
        ...... //处理接收到数据
    }while(myNetworkStream.DataAvailable);
}
else
{
    ......
}
```

4.2.4　加密流（CryptoStream）

在 System.Security.Cryptography 命名空间下，有一个 CryptoStream 类，该类可按加密流的方式加密或者解密数据，而且只能用于对称加密。

实现 CryptoStream 的任何被加密的对象都可以和实现 Stream 的任何对象链接起来，因此一个对象的流式处理输出可以馈送到另一个对象的输入，而不需要分别存储中间结果。

调用构造函数创建 CryptoStream 对象时，需用目标数据流、要使用的转换和流的模式初始化 CryptoStream 类的新实例。加密时为写访问模式，解密时为读访问模式。

CryptoStream 类的构造函数语法如下。

```
public CryptoStream(
    Stream stream,               //对其执行加密转换的流
    ICryptoTransform transform,  //要对流执行的加密转换
    CryptoStreamMode mode        //CryptoStreamMode 枚举，有 Read 和 Write 两种
)
```

使用 CryptoStream 对象时，一般还要借助其他流进行处理。比如使用 FileStream 作为目标数据流，再根据创建的 CryptoStream 对象生成 StreamWriter 对象，然后调用 WriteLine 方法，通过 CryptoStream 将加密后的数据写入 FileStream，写入完成后，关闭创建的对象。此时在文件中保存的就是加密后的数据。

解密时，使用和加密时相同的密钥创建 CryptoStream 实例，并在创建该实例时将构造函数的 mode 参数改为读模式，再将 StreamWriter 替换成 StreamReader，即可将解密后的数据读取出来。

但是，这里还存在以下几个问题没有解决。

- 使用哪种加密算法来加密数据？
- 加密流只能用于对称加密，而对称加密是什么意思？

● 如何加密和解密数据？

在数据加密与数字签名一节的例子中，我们再来解决这些问题。

4.2.5　StreamReader 和 StreamWriter 类

NetworkStream、MemoryStream 和 FileStream 类都提供了以字节为基本单位的读/写方法，其实现思路都是先将待写入的数据转化为字节序列，然后再进行读/写，这对文本数据来说用起来很不方便。因此，操作文本数据时，一般用 StreamReader 和 StreamWriter 类来实现。

1．创建 StreamReader 和 StreamWriter 的实例

如果数据来源是文件流、内存流或者网络流，可以利用 StreamReader 和 StreamWriter 对象的构造函数得到读/写流。例如：

```
NetworkStream networkStream = client.GetStream( );
StremReader sr = new StremReader (networkStream);
......
StreamWriter sw = new StreamWriter (networkStream);
......
```

如果需要处理的是文件流，还可以直接利用文件路径创建 StreamWriter 对象。例如：

```
StreamWriter sw= new StreamWriter ("C:\\file1.txt");
```

与该方法等价的有 File 及 FileInfo 类提供的 CreateText 方法。例如：

```
StreamWriter sw = File.CreateText ("C:\\file1.txt");
```

2．读/写文本数据

利用 StreamWriter 类，可以用类似 Console.Write 和 Console.WriteLine 的办法写入文本数据，用类似 Console.Read 和 Console.ReadLine 的办法读取文本数据。

读/写完成后，不要忘记用 Close 方法关闭流，或者用 using 语句让系统自动关闭它。

4.2.6　BinaryReader 和 BinaryWriter 类

为了更方便地对图像文件、压缩文件等二进制数据进行操作，System.IO 命名空间还提供了 BinaryReader 和 BinaryWriter 类以二进制模式读/写流。对于 BinaryReader 中的每个读方法，在 BinaryWriter 中都有一个与之对应的写方法，比如 BinaryReader 提供了 ReadByte、ReadBoolean、ReadInt、ReadInt16、ReadDouble、ReadString 等方法，与之对应 BinaryWriter 则提供了多个重载的 Write 方法分别与之对应。

例如，当 Write 方法传递的参数为 Int32 类型时，利用 BinaryWriter 类的 Write 方法可以将 Int32 类型数据转化为长度为 4 的字节数组，并将字节流传递给一个 Stream 对象。

在 TCP 应用编程一章中，我们还会学习 BinaryReader 和 BinaryWriter 的具体用法，这里不再进行过多介绍。

4.3　数据加密与数字签名

数据在网络传输过程中的保密性是网络安全中重点要考虑的问题之一。由于网络数据是在不安全的信道上传输的，因此发送方要确保接收方接收的信息没有在传输期间被其他人修改，最好

的办法就是在传输数据前对数据进行加密，接收方接收到加密的数据后，再对其进行解密处理，从而保证数据的完整性和安全性。另外，即使不是通过网络传输加密后的数据，我们也会经常对字符串、文件以及数据库中的数据等信息进行加密，比如登录时要求输入登录密码等。

在 System.Security.Cryptography 命名空间下，.NET 框架为开发人员提供了多种加密、解密数据的类，涉及多种加密算法。

这些加密算法主要分为两大类：对称加密和不对称加密。

4.3.1　对称加密

对称加密也称为私钥加密，采用私钥算法，加密和解密数据使用的是同一个密钥。由于具有密钥的任意一方都可以使用该密钥解密数据，因此必须保证该密钥不能被攻击者获取，否则就失去了加密的意义。

私钥算法以块为单位加密数据，一次加密一个数据块，所以也称为块密码。私钥加密算法与公钥算法相比速度非常快，当加密数据流时，私钥加密是最理想的方式。

1. 常见的对称加密算法

常见的对称加密(私钥加密)算法有多种。由于本书的重点在于介绍如何利用这些算法和.NET框架提供的类实现加密和解密，因此我们不准备介绍这些算法的实现原理，只介绍这些算法的基本特点，以便让读者知道为什么建议使用 AES 算法来实现数据的加密和解密。

（1）DES 和 TripleDES 加密算法。

DES 是美国 1977 年公布的一种数据加密标准，DES 算法当时在各超市零售业、银行自动取款机、磁卡及 IC 卡、加油站、高速公路收费站等领域被广泛应用。例如，信用卡持卡人的 PIN 的加密传输，IC 卡的认证、金融交易数据包的 MAC 校验等，那个时候大部分使用的都是 DES 算法。但是，该算法目前已经有多种破解方法，因此已被淘汰。

TripleDES 算法（也叫 3DES 算法）是美国国家标准技术协会（NIST）1999 年提出的数据加密标准。该算法是 DES 的一个变形，使用 DES 算法的 3 次连续迭代，支持 128 位和 192 位的密钥长度，其安全性比 DES 算法高。

（2）RC2 加密算法。

RC2 算法是 Ron Rivest 在 1987 年设计的一个块密码算法。该算法密钥长度为 40～128 位，以 8 位递增。

（3）SHA-1 加密算法。

SHA-1（安全哈希算法，也称为安全哈希标准）是由美国政府发布的一种加密哈希算法。它可以根据任意长度的字符串生成 160 位的哈希值。HMACSHA1 接受任何大小的密钥，并产生长度为 160 位的哈希序列。

（4）AES 加密算法。

1997 年，美国国家标准技术协会（NIST）开始向全世界公开征集新的高级加密标准（Advanced Encryption Standard，AES）。经过反复筛选后，在 2000 年召开的 AES 评选会议上公布了 5 个候选算法，并从中挑选出 Rijndael 算法作为新的对称加密算法标准。

Rijndael 算法是由 Vincent Rijmen 和 Joan Daemen 两人提出的加密算法。该算法作为新一代的数据加密标准，汇聚了强安全性、高性能、高效率、易用和灵活等优点。算法支持 128 位（16 字节）、192 位（24 字节）和 256 位（32 字节）的密钥长度，与 DES 算法相比，Rijndael 的 128 位密钥比 DES 的 56 位密钥强 1021 倍。

由于 Rijndael 加密算法是 AES 选中的唯一算法，因此将其简称为 AES 算法。

2．对称加密的实现原理

所有对称加密（私钥加密）算法都是通过加密将 n 字节的输入块转换为加密字节的输出块。或者说，加密和解密字节序列都必须逐块进行，而且读入的数据块必须符合私钥算法要求的块的大小，如果不符合应该填充至使其符合要求。例如，RC2、DES 和 TripleDES 每块均为 8 字节，AES 为 16 字节（默认）、24 字节或 32 字节。如果被加密的数据块大于 n，则逐块加密，即一次加密一个块。如果被加密的数据块小于 n，则先将其扩展为 n 字节后再进行加密处理。

（1）用于加密的块密码模式。

块密码加密模式可以根据需要通过 CipherMode 枚举来选择，例如：

```
using (Aes aes = Aes.Create())
{
    aes.Mode = CipherMode.CBC;
    ......
}
```

CipherMode 枚举提供的可选值有 CBC、CFB、CTS、ECB、OFB，如果不设置，默认为 CBC 模式。这些枚举值的含义如下。

CBC：密码块链模式。在该模式中，每个纯文本块在加密前，都和前一个块进行按位"异或"操作。这样可确保即使纯文本包含许多相同的块，这些块中的每一个也会加密为不同的密码文本块。在加密块之前，初始化向量（IV）通过按位"异或"操作与第一个纯文本块结合。如果密码文本块中有一个位出错，相应的纯文本块也将出错。此外，后面的块中与原出错位的位置相同的位也将出错。

CFB：密码反馈模式。该模式将少量递增的纯文本处理成密码文本，而不是一次处理整个块。这种模式将一个块分为几部分，每部分都用移位寄存器对其进行处理。例如，如果块大小为 8 字节，移位寄存器每次处理一字节，则该块将被分为 8 个部分。如果密码文本中有一个位出错，则将导致接下来若干次递增的纯文本也出错，直到出错位从移位寄存器中移出为止。默认反馈大小可以根据算法而变，但通常是 8 位或块大小的位数。支持 CFB 的算法可使用 FeedbackSize 属性设置反馈位数。

CTS：密码文本窃用模式。该模式可处理任何长度的纯文本并产生长度与纯文本长度相匹配的密码文本。除了最后两个纯文本块外，对于所有其他块，此模式与 CBC 模式的行为相同。

ECB：电子密码本模式。该模式分别加密每个块。任何纯文本块只要相同并且在同一消息中，或者在使用相同的密钥加密的不同消息中，都将被转换成同样的密码文本块。需要特别注意的是，由于该模式存在多个安全隐患，不建议使用此模式。这是因为如果要加密的纯文本包含大量重复的块，则逐块破解密码文本是可行的。另外，攻击者还可以对块进行分析来确定加密密钥。此外，随时准备攻击的对手甚至可能会在密文发送过程中悄悄插入、替代或交换个别的块，从而导致结果与预想的情况大相径庭。

OFB：输出反馈模式。该模式将少量递增的纯文本处理成密码文本，而不是一次处理整个块。此模式与 CFB 相似，这两种模式的唯一差别是移位寄存器的填充方式不同。如果密码文本中有一个位出错，纯文本中相应的位也将出错。但是，如果密码文本中有多余或者缺少的位，则那个位之后的纯文本都将出错。

（2）密钥 Key 和初始化向量 IV。

.NET 类库中提供的块密码加密模式默认使用 CBC 模式。该模式通过一个密钥 Key 和一个初始化向量（Initialization Vector，IV）对数据执行加密转换。或者说，必须知道这个密钥和初始化向量才能加密和解密数据。

　　既然有了密钥 Key, 为什么还要再使用一个初始化向量 IV 呢？这是因为初始化向量默认是一个随机生成的字符集，使用它可以确保任何两个原始数据块都不会生成相同的加密后的数据块，从而可以尽可能防范穷举搜索而进行的攻击。例如，对于给定的私钥 Key, 如果不用初始化向量 IV, 那么相同的明文输入块就会加密为同样的密文输出块。显然，如果在明文流中有重复的块，那么在密文流中也会存在重复的块。对于攻击者来说，就可以对这些重复的块进行分析或者通过穷举来发现密钥。为了解决这个问题，加密时先使用初始化向量 IV 加密第一个纯文本块，然后每个后续纯文本块都会在加密前与前一个密码文本块进行按位"异或"（XOR）运算。因此，每个密码文本块都依赖于它前面的块。这样一来，两个相同的明文块的输出就会不同，从而使数据的安全系数大大提高。

3. 对称加密的优缺点

　　对称加密的优点是加密、解密速度快，适合大量数据的加密和解密处理；缺点是由于加密和解密使用的是同一个密钥，解密方必须知道密钥才能解密，如果攻击者得到了密钥，也就等于知道了如何解密数据。因此，在实际的网络应用编程中，如何安全保存密钥以及在网络传输中如何将密钥传递给对方是解决对称加密问题的关键。

4. 利用 AES 算法加密解密字符串

　　加密和解密数据时，有两种实现思路，一种是程序根据用户提供的密码，用某种对称加密算法实现加密和解密，这种方式适用于让用户去记忆密码的情况。另一种是随机生成对称加密的密钥，然后用它加密和解密数据，这种方式适用于对本机中的重要数据或者对通过网络传输的数据进行加密和解密的场合。

　　在 System.Security.Cryptography 命名空间下，有一个 Aes 类，该类是高级加密标准（AES）的所有实现都必须从中继承的抽象基类，利用它可直接实现基于 AES 算法的加密和解密。

　　（1）利用用户提供的密码和 AES 算法加密解密数据。

　　下面通过例子说明利用 Aes 类提供的 AES 算法实现加密和解密字符串的基本用法。

　　【例 4-4】演示利用 AES 算法加密解密字符串的基本用法，运行效果如图 4-6 所示。

图 4-6　例 4-4 的运行效果

　　该例子的源程序在 AesHelp.cs、AesExample1.xaml 及其代码隐藏类中。

　　AesHelp.cs 文件的主要代码如下。

```
public class AesHelp
{
```

```csharp
/// <summary>使用 AES 算法加密字符串</summary>
public static byte[] EncryptString(string str, byte[] key, byte[] iv)
{
    byte[] encrypted;
    using (Aes aesAlg = Aes.Create())
    {
        ICryptoTransform encryptor = aesAlg.CreateEncryptor(key, iv);
        MemoryStream ms = new MemoryStream();
        CryptoStream cs = new CryptoStream(ms, encryptor, CryptoStreamMode.Write);
        using (StreamWriter sw = new StreamWriter(cs))
        {
            sw.Write(str);
        }
        encrypted = ms.ToArray();
        cs.Close();
        ms.Close();
    }
    return encrypted;
}
/// <summary>使用 AES 算法解密字符串</summary>
public static string DescrptString(byte[] data, byte[] key, byte[] iv)
{
    string str = null;
    using (Aes aesAlg = Aes.Create())
    {
        ICryptoTransform decryptor = aesAlg.CreateDecryptor(key, iv);
        MemoryStream ms = new MemoryStream(data);
        CryptoStream cs = new CryptoStream(ms, decryptor, CryptoStreamMode.Read);
        using (StreamReader sr = new StreamReader(cs))
        {
            str = sr.ReadToEnd();
        }
        cs.Close();
        ms.Close();
    }
    return str;
}
/// <summary>根据提供的密码生成 Key 和 IV</summary>
public static void GenKeyIV(string password, out byte[] key, out byte[] iv)
{
    using (Aes aes = Aes.Create())
    {
        key = new byte[aes.Key.Length];
        byte[] pwdBytes = Encoding.UTF8.GetBytes(password);
        for (int i = 0; i < pwdBytes.Length; i++)
        {
            key[i] = pwdBytes[i];
        }
        iv = new byte[aes.IV.Length];
        for (int i = 0; i < pwdBytes.Length; i++)
        {
            iv[i] = pwdBytes[i];
        }
    }
}
```

```
/// <summary>随机生成 Key 和 IV</summary>
public static void GenKeyIV(out byte[] key, out byte[] iv)
{
    using (Aes aes = Aes.Create())
    {
        key = aes.Key;
        iv = aes.IV;
    }
}
```

AesExample1.xaml.cs 文件的主要代码如下。

```
private void btn1_Click(object sender, RoutedEventArgs e)
{
    if (pwdBox1.Password.Length < 5)
    {
        MessageBox.Show("密码不能低于 5 位");
        return;
    }
    byte[] key, iv;
    AesHelp.GenKeyIV(pwdBox1.Password, out key, out iv);
    textBlock1.Text = "原始字符串: " + textBox1.Text;
    //加密
    byte[] data1 = AesHelp.EncryptString(textBox1.Text, key, iv);
    string encryptedString = Convert.ToBase64String(data1);
    textBlock1.Text += "\n 加密后的字符串: " + encryptedString;
    //解密
    byte[] data2 = Convert.FromBase64String(encryptedString);
    string s = AesHelp.DescrptString(data2, key, iv);
    textBlock1.Text += "\n 解密后的字符串: " + s;
}
```

当然，利用 AES 算法不仅仅能加密解密字符串，还可以用它加密解密各种数据，包括对文件进行加密和解密等，唯一的要求是都需要先将被加密或解密的数据转换为字节数组，然后对字节数组进行处理。

（2）利用随机产生的密钥和 AES 算法加密解密数据

下面通过例子说明如何利用随机产生的密钥加密和解密数据。

【例 4-5】演示利用随机产生的密钥加密和解密字符串的基本用法，运行效果如图 4-7 所示。

图 4-7 例 4-5 的运行效果

该例子的源程序在 AesHelp.cs 和 AesExample2.xaml 及其代码隐藏类中。AesHelp.cs 的代码见上一个例子。

AesExample2.xaml.cs 文件的主要代码如下。

```
private void btn1_Click(object sender, RoutedEventArgs e)
{
    byte[] key, iv;
    AesHelp.GenKeyIV(out key, out iv);
    textBlock1.Text = "原始字符串: " + textBox1.Text;
    //加密
    byte[] data1 = AesHelp.EncryptString(textBox1.Text, key, iv);
    string encryptedString = Convert.ToBase64String(data1);
    textBlock1.Text += "\n加密后的字符串: " + encryptedString;
    //解密
    byte[] data2 = Convert.FromBase64String(encryptedString);
    string s = AesHelp.DescrptString(data2, key, iv);
    textBlock1.Text += "\n解密后的字符串: " + s;
}
```

在这个例子中，我们并没有要求用户记忆密码，而是利用随机产生的密钥对字符串进行加密和解密。那么，如何安全地保存密钥，并保证在网络传输中密钥不被攻击者截获并破译呢？这就需要用到接下来将要介绍的不对称加密和密钥容器等技术。

4.3.2　不对称加密

不对称加密也叫公钥加密，这种技术使用不同的加密密钥与解密密钥，是一种"由已知加密密钥推导出解密密钥在计算上是不可行的"密码体制。不对称加密产生的主要原因有两个，一是为了解决对称加密的密钥管理问题，二是数字签名需要用不对称加密来实现。

1. 不对称加密的实现原理

不对称加密使用一个需要保密的私钥和一个可以对外公开的公钥，即使用"公钥/私钥"对来加密和解密数据。公钥和私钥都在数学上相关联，用公钥加密的数据只能用私钥解密，反之，用私钥加密的数据只能用公钥解密。两个密钥对于通信会话都是唯一的。公钥加密算法也称为不对称算法，原因是需要用一个密钥加密数据而需要用另一个密钥来解密数据。

对称加密算法使用长度可变的缓冲区，而不对称加密算法使用固定大小的缓冲区，无法像私钥算法那样将数据链接起来成为流，这是编写程序时必须注意的问题。

不对称加密之所以不容易被攻击，关键在于对私钥的管理上。在对称加密中，发送方必须先将解密密钥传递给接收方，接收方才能解密。如果能通过某种处理，避免通过网络传递私钥，就可以解决这个问题，不对称加密的关键就在于此。

使用不对称加密算法加密数据后，私钥不是发送方传递给接收方的，而是接收方先生成一个公钥/私钥对，在接收被加密的数据前，先将该公钥传递给发送方；由于从公钥推导出私钥是不可能的，所以不怕通过网络传递时被攻击者截获公钥从而推导出私钥（但是无法避免攻击者假冒，后面我们还要介绍解决这个问题的办法）。发送方得到此公钥后，使用此公钥加密数据，再将加密后的数据通过网络传递给接收方；接收方收到加密后的数据后，再用私钥进行解密。由于没有直接传递私钥，从而保证了数据的安全性。

2. 常用的不对称加密算法

.NET 框架提供了多种实现不对称加密算法的类，支持的不对称加密算法如下。

（1）RSA 算法

RSA 加密算法是一种非对称加密算法，1977 年由当时在麻省理工学院的罗纳德·李维斯特（Ron Rivest）、阿迪·萨莫尔（Adi Shamir）和伦纳德·阿德曼（Leonard Adleman）一起提出，RSA 就是他们三人姓氏开头字母拼在一起组成的。

1983 年，麻省理工学院在美国为 RSA 算法申请了专利，该专利 2000 年 9 月 21 日已经失效。但是，由于 RSA 算法在申请专利前就已经公开发表了，所以世界上大多数国家或地区并没有承认这个专利权。实际上，从 1978 年开始，该算法在公钥加密标准和电子商业中就已经被广泛使用。另外，由于 RSA 算法进行的都是大数计算，这使得 RSA 的速度与具有同样安全级别的对称密码算法相比大概要慢 1000 倍左右。即使在 RSA 最快的情况下，也比用于对称加密的 DES 算法慢上好几倍，无论是软件还是硬件实现都是如此。换言之，由于速度一直是 RSA 的缺陷，所以该算法一般只适用于少量数据的加密。

截止到 2008 年为止，世界上还没有任何可靠的攻击 RSA 算法的方式。只要其密钥的长度足够长，用 RSA 加密的信息就被认为是不能被破解的。但在分布式计算和量子计算机理论日趋成熟的今天，RSA 加密安全性受到了挑战。

在.NET 框架中，System.Security.Cryptography 命名空间下的 RSACryptoServiceProvider 类提供了 RSA 算法的实现，利用它可实现不对称加密、解密以及数字签名。

（2）ECC 算法

ECC（Elliptic Curves Cryptography，椭圆曲线算法）是一种公钥加密算法，与 RSA 算法相比，ECC 算法可以使较短的密钥达到相同的安全程度。近年来，人们对 ECC 的认识已经不再处于研究阶段，而是开始进入实际应用，如国家密码管理局 2010 年 12 月 14 日颁布的 SM2 算法标准就是基于 ECC 算法的，对该算法有兴趣的读者可参考下面的网站：

http://www.oscca.gov.cn/News/201012/News_1197.htm

与 ECC 相关的算法包括 ECDSA 算法、ECDH 算法等。该网站还详细介绍了 ECC 基本的算法描述、数字签名、密钥交换协议以及公钥加密算法等。

在.NET 框架中，System.Security.Cryptography 命名空间下的 ECDiffieHellmanCng 类提供了椭圆曲线 ECDSA 算法（也叫 Diffie-Hellman 算法）的下一代加密技术（CNG）的加密实现，利用该类可直接用 ECDSA 算法实现不对称加密和解密。

4.3.3 密钥容器

不论是对称加密还是非对称加密，都有如何保存密钥的问题。比如我们常见的让用户自己记忆密码的办法，如果攻击者也知道了该密码，那么攻击者也一样可以用它来进入系统或者利用它来解密数据，这样一来，加密也就失去了意义。所以，网络传输中一般不使用让用户记忆密码的办法，而是自动产生密钥，同时还必须有一种办法，来确保密钥存储的安全性，这就是密钥容器的用途。

1. 用密钥容器保存不对称加密的密钥

密钥容器最直接的用途是保存不对称加密的密钥，为了区分是哪一个密钥容器，还需要给每个密钥容器起一个名称。在 System.Security.Cryptography 命名空间中，有一个 CspParameters 类，可以通过该类提供的属性设置获取密钥容器的名称。

下面的方法演示了如何保存 RSA 不对称加密的密钥到密钥容器中，以及如何从密钥容器中获取密钥信息。注意，保存密钥信息和获取密钥信息使用的是同一段代码。

```
public static RSACryptoServiceProvider GenRSAFromContainer (string ContainerName)
{
    // 创建 CspParameters 对象，指定密钥容器的名称，用于保存公钥/私钥对
    CspParameters cp = new CspParameters( );
    //如果不存在名为 containerName 的密钥容器，则创建它，并初始化 cp
    //如果存在，则直接根据它原来保存的内容初始化 cp
    cp.KeyContainerName = ContainerName;
    //使用 CspParameters 对象创建 RSACryptoServiceProvider 的实例
    RSACryptoServiceProvider rsa = new RSACryptoServiceProvider(cp);
    return rsa;
}
```

使用密钥容器保存密钥信息的优点是安全性高，这是因为一旦将密钥信息保存在密钥容器中，它就会永久保存，而且攻击者很难获取该信息。当然，不需要该密钥信息时，也可以通过程序将其删除。

采用密钥容器保存密钥信息时，需要注意一个问题，即当操作系统被破坏时，比如硬盘损坏或者被病毒感染，密钥信息也会随之丢失。为了防止丢失密钥信息而导致原来被加密的数据无法解密，生成密钥信息后，最好先将其导出为 XML 文件保存到某个安全的地方，或者保存到某个数据库中，作为备用。当出现密钥信息丢失的情况时，再将 XML 文件保存的密钥信息导入到密钥容器中即可。这种保护措施和要求必须提供数据库数据备份功能的保护措施类似。

可以用以下方法之一导出密钥信息。

（1）ToXMLString 方法：返回密钥信息的 XML 表示形式。

（2）ExportParameters 方法：返回保存密钥信息的 RSAParameters 结构。

（3）ExportCspBlob 方法：返回密钥信息的字节数组。

这 3 个方法都有一个布尔类型的参数，表示导出时是否包含私钥信息。

当需要导入密钥信息时，可以使用 FromXMLString 方法或者 ImportParameters 方法初始化不对称加密类的实例。

但是要注意，用单独的文件保存密钥信息，优点是方便灵活；缺点是没有密钥容器安全，因为一旦攻击者获取了该信息，被加密的数据也就无任何安全保障了。

2. 用密钥容器保存对称加密的密钥

解决了不对称加密中密钥的保存问题，对称密钥的处理就容易了，只需要用不对称加密的密钥加密对称加密的密钥，然后将不对称加密的密钥保存到密钥容器中。解密时，先从密钥容器中得到不对称加密的密钥，然后利用它解密的结果得到对称加密的密钥，最后再利用对称加密的密钥解密数据。

4.3.4　数字签名

通过 Internet 下载文件后，怎样知道下载的文件是否和原始文件完全相同呢？或者说，发送方通过 Internet 发送数据后，接收方如何验证接收的数据在网络传输过程中是否被修改过？这就是数字签名的用途。换言之，如果通信双方希望确保信息是来自对方而不是来自第三方，需要使用数字签名进行身份验证。另外，数字签名还可以防止特定一方否认曾发送过的信息。

1. 常用的数字签名算法

.NET 框架包含的类提供了以下实现数字签名的算法。

（1）RSA 算法

介绍不对称加密算法时，我们已经了解了 RSA 算法不仅可用于不对称加密和解密，还能用来实现数字签名，此处不再过多介绍。

（2）DSA 算法

DSA（Digital Signature Algorithm）是 Schnorr 和 ElGamal 签名算法的变种，被美国 NIST 作为数字签名算法标准。

在.NET 框架中，System.Security.Cryptography 命名空间下的 DSACryptoServiceProvider 类提供了 DSA 算法的数字签名实现。注意该算法只能用于数字签名，即只能利用它验证发送方发送的数据完整性以及发送者的身份。

DSA 算法的安全性与 RSA 相比差不多，但 DSA 的算法执行速度要比 RSA 快很多。

（3）ECDSA 算法

介绍不对称加密算法时，我们已经简单介绍了 ECC 算法中使用的椭圆曲线数字签名算法（ECDSA），此处不再过多介绍。

在.NET 框架中，System.Security.Cryptography 命名空间下的 ECDsaCng 类提供了基于 ECDSA（也叫 Diffie-Hellman 算法）的下一代加密技术（CNG）实现，利用该类可直接实现数字签名。

2. 数字签名的实现原理

数字签名是利用私钥加密必须用公钥解密这个原理来实现的。

在应用程序中，可以利用数字签名实现数据身份验证和数据完整性验证。数据身份验证是为了验证数据是不是持有私钥的人发送的，数据完整性验证则用于验证数据在传输过程中是否被修改过。

实现数字签名的基本思路是：发送方先将发送的消息使用数字签名算法创建消息摘要，然后用私钥对消息摘要进行加密，以创建发送方的个人签名。接收方收到消息和签名后，再使用发送方的提供的公钥解密该签名，以恢复消息摘要，并使用发送方所用的同一算法对该消息进行运算。如果接收方计算的消息摘要与收到的消息摘要完全匹配，则接收方可以确保消息在传输过程中没有修改。注意，因为公钥不是保密的，所以任何人都可以用它来验证数字签名。

验证数据完整性的实现思路是：发送方先使用某个数字签名算法对数据进行运算得到验证值，然后将数据和验证值一起发送给接收方；接收方接收到数据和验证值后，对接收的数据进行和发送方相同的运算，然后将计算得到的值和接收的验证值进行比较，如果二者一致，说明收到的数据肯定与发送方发送的原始数据相同，从而说明数据是完整的。

总之，设计一个实际的网络应用软件时，应该根据安全第一、性能第二的原则来选择实现的技术，而不要仅仅片面最求性能而忽略了安全性要求。

习　　题

1. 什么是编码？什么是解码？为什么要对字符进行编码和解码？.NET 框架提供了哪些用于字符编码和解码的类？

2. .NET 提供的从 Stream 类继承的数据流都有哪些？

3. 简述对称加密和不对称加密的特点及实现原理。

4. 什么是数字签名？数字签名有什么用途？

第5章
异步编程

异步编程是基于任务的网络应用编程必备的技术，也是学习本书后续章节的基础，希望读者能很好地理解和掌握。

5.1 并行和异步编程预备知识

使用传统的技术实现并行和异步功能时，如果程序员开发经验不足，编写的多线程并行和异步程序往往效率不高，特别是处理异步或并行执行过程中的同步问题时，可能还会带来很多漏洞。为了降低多线程编程的复杂度，在.NET 框架 4.0 及更高版本中开发新的多线程应用程序时，不建议使用早期版本提供的传统技术，而是建议使用新的并行和异步编程模型。新的编程模型涉及的主要内容有：

- System.Threading.Tasks 命名空间下的 Task 类和 Task<TResult>类。
- System.Threading.Tasks 命名空间下的 Parallel 类。
- System.Collections.Concurrent 命名空间下的并发集合类。
- System.Linq.ParallelEnumerable 类。
- C# 5.0 提供的 async 和 await 关键字以及.NET 框架 4.5 提供的 Task.Run 方法。

在多核处理器以及 GPU 快速发展的今天，使用这些新技术可极大地简化并行和异步编程的难度。

在基于任务的并行和异步编程模型中，会大量使用 Lambda 表达式、Action 委托、Func 委托以及元组等。因此，学习这些技术之前，我们需要先学习与此相关的一些基本知识。

5.1.1 任务（Task 类、Task<TResult>类）

在基于任务的编程模型中，并行和异步都是通过任务来实现的。在多任务编程中，要么异步执行一个或多个任务，要么并行执行多个任务。

从技术实现的角度来看，并行（Parallelism）是利用多线程来实现的，异步是利用委托来实现的，并发数据（Concurrency Data）是用专门的并发集合来实现的。

任务用 System.Threading.Tasks 命名空间下的 Task 类或者 Task<TResult>类来描述。

1. Task 类

Task 类表示没有返回值的任务。

2. Task<TResult>类

Task<TResult>类表示有返回值的任务。

3. Task.Delay 方法

任务都是异步的，Task.Delay 方法用于延时执行任务。该方法的重载形式有：

```
Delay(Int32)  //延时指定的毫秒数
Delay(TimeSpan)  //延时指定的时间（年、月、日、时、分、秒、毫秒等）
Delay(Int32, CancellationToken)  //延时指定的毫秒数后取消任务操作
Delay(TimeSpan, CancellationToken)  //延时指定的时间后取消任务操作
```

当某个任务启动后，利用该方法也可以延迟一段时间后再执行。例如：

```
Task.Delay(TimeSpan.FromMilliseconds(1500));
Task.Delay(1500);
```

这两条语句的功能完全相同，但前者更容易阅读和理解。

Task.Delay 方法方法和 Thread.Sleep 方法的主要区别是：Task.Delay 方法只能用于异步等待任务，等待过程中不会影响 UI 操作，仍能保持界面操作流畅；而 Thread.Sleep 方法如果不通过异步方式来执行，会影响 UI 操作，休眠期间界面有停顿现象。

5.1.2　Lambda 表达式

Lambda 表达式主要用于简化委托的代码编写形式。当函数语句较少，而又需要用委托来调用时，使用 Lambda 表达式比较方便。另外，在 LINQ 中，使用 Lambda 表达式也可以使编写的代码更加简洁高效。

1. 基本用法

Lambda 表达式是一个可用于创建委托或表达式树类型的匿名函数。语法为

（*输入参数列表*）=> {*表达式或语句块*}

所有 Lambda 表达式都使用 Lambda 运算符（=>）来描述，该运算符读作"goes to"。

运算符左侧的输入参数可以是零个，也可以是多个。如果有多个参数，各参数间用逗号分隔；如果输入参数只有一个，可省略小括号，其他情况都必须用小括号括起来。

右侧可以是表达式，也可以是语句块。如果是表达式或者只有一条语句，可不加大括号，否则必须用大括号括起来。

下面表达式的含义为：输入参数是 x，返回的结果为 x*x 的值。

```
x => x * x
```

下面的表达式表示输入参数是 x 和 y，如果 x 等于 y，返回的结果为 true，否则为 false。

```
(x, y) => x == y
```

当编译器无法推断输入参数的类型时，可以按下面的形式显式指定类型：

```
(int x, string s) => s.Length > x
```

如果没有输入参数，可以用空的小括号指定零个输入参数：

```
() => SomeMethod()
```

2. 在 LINQ to Objects 中使用 Lambda 表达式

也可以用 Lambda 表达式实现类似于 LINQ 的功能，下面的代码演示了如何在 LINQ to Objects 中使用 Lambda 表达式查询 List<T>泛型列表。

```
List<int> numberList = new List<int> { 5, 4, 1, 3, 9, 8, 6, 7, 2, 0 };
```

```
var q1 = numberList.Where(i => i < 4);
```

这段代码和下面的代码是等价的。

```
List<int> numberList = new List<int> { 5, 4, 1, 3, 9, 8, 6, 7, 2, 0 };
var q2 = from i in numberList
         where i < 4
         select i;
```

实际上，凡是能使用匿名委托的地方，都可以用 Lambda 表达式来实现。

3. 示例

下面通过例子演示 Lambda 表达式的基本用法。

【例 5-1】演示 Lambda 表达式的基本用法，程序运行结果如图 5-1 所示。

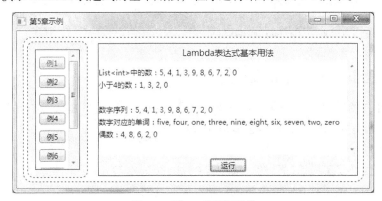

图 5-1　例 5-1 的运行效果

该例子的源程序在 LambdaExamplePage.xaml 及其代码隐藏类中。

LambdaExamplePage.xaml 文件的代码如下。

```xml
<DockPanel>
   <Border DockPanel.Dock="Top" Style="{StaticResource BorderStyle}">
      <TextBlock Text="Lambda 表达式基本用法" Style="{StaticResource TitleStyle}"/>
   </Border>
   <Border DockPanel.Dock="Bottom" Style="{StaticResource BorderStyle}">
      <Button Name="btn" Width="60" VerticalAlignment="Center"
          Content="运行" Click="btn_Click"/>
   </Border>
   <ScrollViewer>
      <StackPanel Background="White" TextBlock.LineHeight="20">
         <TextBlock x:Name="textBlock1" Margin="0 10 0 0" TextWrapping="Wrap"/>
      </StackPanel>
   </ScrollViewer>
</DockPanel>
```

LambdaExamplePage.xaml.cs 的主要代码如下。

```csharp
private void btn_Click(object sender, RoutedEventArgs e)
{
   StringBuilder sb = new StringBuilder();
   //查询泛型列表（找出小于 4 的数）
   List<int> n1 = new List<int> { 5, 4, 1, 3, 9, 8, 6, 7, 2, 0 };
   sb.AppendFormat("List<int>中的数：{0}", string.Join(", ", n1.ToArray()));
   var q1 = n1.Where(i => i < 4);
```

```
    sb.AppendFormat("\n 小于 4 的数：{0}", string.Join(", ", q1.ToArray()));
    sb.AppendLine("\n");
    //查询数组（找出每个数字对应的英文单词）
    int[] n2 = { 5, 4, 1, 3, 9, 8, 6, 7, 2, 0 };
    sb.AppendFormat("数字序列：{0}", string.Join(", ", n2));
    string[] strings =
{ "zero", "one", "two", "three", "four", "five", "six", "seven", "eight", "nine" };
    var q2 = n2.Select((n) => strings[n]);
    sb.AppendFormat("\n 数字对应的单词：{0}", string.Join(", ", q2.ToArray()));
    //查询数组（找出所有偶数）
    var q3 = n2.Where((n) => n % 2 == 0);
    sb.AppendFormat("\n 偶数：{0}", string.Join(", ", q3.ToArray()));
    sb.AppendLine();
    textBlock1.Text = sb.ToString();
}
```

5.1.3　Action 和 Func 委托

为了简化委托的用法，System 命名空间下提供了 Action 委托和 Func 委托。由于这两种委托在本书的学习中使用非常频繁，所以这里单独对其进行介绍。

1．一般形式

Action 委托封装了不带返回值的方法（有 0～16 个输入参数，返回类型为 void），Func 委托封装了带返回值的方法（有 0～16 个输入参数，返回类型为 TResult）。

一般形式为：

```
Action<[T1,T2,……,T16]>
Func<[T1,T2,……,T16,] TResult>
```

这是一种参数为泛型的委托表示方法，其中 T1，T2，T3，T4，…，T16 表示输入参数的类型，TResult 表示返回参数的类型。在实际调用时，Tn（n=1,2,…,16）和 TResult 可以替换为任何类型。

Action 和 Func 的用法非常相似，唯一的区别就是 Action 没有返回值，Func 有返回值。

Action<T1, T2>相当于

```
public delegate void Action<in T1, in T2>(T1 arg1, T2 arg2)
```

Func<T1, T2, TResult>相当于

```
public delegate TResult Func<in T1, in T2, out TResult>(T1 arg1, T2 arg2)
```

注意，在 Action 和 Func 的参数中不能使用 out 和 ref，如果需要返回多个类型，将其包含在 TResult 中即可（即先创建一个类包含多个参数，然后传递该类的实例）。

2．基本用法

下面的代码演示了 Action<T>的基本用法。

```
class Program
{
    static void Main(string[] args)
    {
        Action<string> a = ShowMessage;
        a("OK");
```

```
        Console.ReadKey();
    }
    private static void ShowMessage(string message)
    {
        Console.WriteLine(message);
    }
}
```

如果方法中的代码较少，更常见的做法是用匿名方法来实现，即将其与 Lambda 表达式一起使用。例如：

```
class Program
{
    static void Main(string[] args)
    {
        Action a = () => Console.WriteLine("OK");
        //或者
        Action<string> b = (s) => Console.WriteLine(s);
        b("OK");
        Console.ReadKey();
    }
}
```

3. 示例

下面通过例子说明在 WPF 应用程序中 Action 委托和 Func 委托的基本用法，同时演示如何在 Action 和 Func 中使用 Lambda 表达式。

【例 5-2】演示 Action 和 Func 的基本用法，程序运行结果如图 5-2 所示。

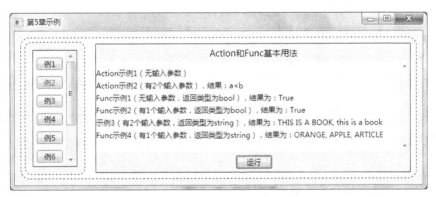

图 5-2　例 5-2 的运行效果

该例子的源程序在 ActionAndFunc.xaml 及其代码隐藏类中。

ActionAndFunc.xaml 的代码如下。

```
<DockPanel>
    <Border DockPanel.Dock="Top" Style="{StaticResource BorderStyle}">
        <TextBlock Text="Action 和 Func 基本用法" Style="{StaticResource TitleStyle}"/>
    </Border>
    <Border DockPanel.Dock="Bottom" Style="{StaticResource BorderStyle}">
        <Button Name="btn" Width="60" VerticalAlignment="Center"
            Content="运行" Click="btn_Click"/>
    </Border>
    <ScrollViewer>
```

```
    <StackPanel Background="White" TextBlock.LineHeight="20">
        <TextBlock x:Name="textBlock1" Margin="0 10 0 0" TextWrapping="Wrap"/>
    </StackPanel>
  </ScrollViewer>
</DockPanel>
```

ActionAndFunc.xaml.cs 的主要代码如下。

```
private void btn_Click(object sender, RoutedEventArgs e)
{
    StringBuilder sb = new StringBuilder();
    Action a1 = () => sb.AppendLine("Action 示例1（无输入参数）");
    a1();
    Action<int, int> a2 = (a, b) =>
    {
        sb.AppendFormat("Action 示例2（有2个输入参数），");
        if (a > b) sb.AppendLine("结果: a>b");
        else if (a == b) sb.AppendLine("结果: a==b");
        else sb.AppendLine("结果: a<b");
    };
    a2(3, 5);
    Func<bool> f1 = () => 3 <= 5;
    sb.AppendFormat("Func 示例1（无输入参数，返回类型为bool），结果为: {0}\n", f1());
    Func<int, bool> f2 = n => { return n < 5; };
    sb.AppendFormat("Func 示例2（有1个输入参数，返回类型为bool），结果为: {0}\n", f2(3));
    Func<string, bool, string> f3 = (s, b) =>
    {
        if (b == false) return s.ToLower();
        else return s.ToUpper();
    };
    sb.AppendFormat("示例3（有2个输入参数，返回类型为string），结果为: {0}, {1}\n",
        f3("This is a Book", true), f3("This is a Book", false));
    string[] words = { "orange", "apple", "Article" };
    var q = words.Select(a => a.ToUpper());
    sb.AppendFormat("Func 示例4（有1个输入参数，返回类型为string），结果为: {0}",
        string.Join(", ", q.ToArray()));
    textBlock1.Text = sb.ToString();
}
```

5.1.4　元组（Tuple 类）

System 命名空间下有一个 Tuple 类，该类用于创建元组对象。元组是一种数据结构，其中的元素具有固定的数目和序列，例如 3 元组有 3 个元素（序列分别为 1，2，3），4 元组有 4 个元素（序列分别为 1，2，3，4）等。

在.NET 框架中，可通过 Tuple.Create 方法直接创建具有 1～7 个元素的元组，另外，还可以通过嵌套的元组创建具有更多元素的对象。

元组中的元素可通过 Tuple 对象的 ItemN（N=1,2,3,…,7）属性得到，例如 3 元组中元素对应的属性分别为 Item1、Item2、Item3，4 元组中元素对应的属性分别为 Item1、Item2、Item3、Item4。

假如用 3 元组分别保存学生的姓名、年龄和成绩，并将元组中每个元素在控制台显示出来，可用下面的代码来实现。

```
var t = Tuple.Create("张三", 20, 90);
Console.WriteLine(t.ToString());
Tuple<string, int, int>[] students =
{
    Tuple.Create("李四", 22, 80),
    Tuple.Create("王五", 21, 85)
};
foreach (var v in students)
{
    Console.WriteLine("{0,-10}{1,10}{2,10}", v.Item1, v.Item2, v.Item3);
}
```

元组通常有 4 种不同的使用方式：

● 表示一组数据。如表示一条数据库记录时，用每个元素表示该记录的一个字段。

● 提供对数据集的轻松访问和操作。

● 在方法的参数传递中不使用 out 修饰符就可以返回多个值。例如 Task<TResult>的 TResult 如果包含 3 个需要返回的值，就可以用 Tuple<T1, T2, T3>对象来实现。

● 用 1 个参数就可以将多个值传递给某个方法。例如 Thread.Start(Object)方法只能传递一个参数，如果需要传递 3 个参数，可以用 Tuple<T1, T2, T3>对象来实现。

在早期的实现办法中，要传递多个参数或返回多个值，一般都是单独创建一个类，在类中分别定义不同的字段和属性，然后再创建该类的实例得到一个对象。而用多元组来实现，就可以大大简化这个工作，而且在创建多元组时不必明确指定每个元组分量的类型。

5.2　异步编程基本技术

目前流行的多线程编程模型基本上都是通过异步模式和并行编程模型来实现的。

异步模式的最大优势是不会阻止对用户界面操作的响应。换言之，在异步执行的同时，用户仍可以流畅地对界面进行移动、最大化、最小化以及关闭窗口等操作。

这一节我们先学习创建任务的不同方式及其适用的情况，以便选择合适的任务调度方案，然后再学习与任务相关的更多基本用法。为了不让学习过程变得过于复杂，读者可在这一节重点关注"一个任务"的执行情况，等我们掌握了如何创建和启动异步执行的任务后，再学习如何处理多个并发执行的任务（任务并行库和 PLINQ），这样理解起来就会变得相对容易些。

这里需要注意一点，虽然本章后面的例子都是用 WPF 应用程序来实现的，但是，例子中的基本实现思路同样适用于其他类型的应用程序，包括控制台应用程序、WinForm 应用程序、WCF 应用程序以及只能在 Windows 8 上运行的 Windows 应用商店应用程序等。另外，这种实现方式也和传统的 WPF 多线程编程模型完全不同（传统的 WPF 多线程编程模型只能在 WPF 应用程序中使用，无法适用于其他类型的应用程序）。

5.2.1　异步编程的实现方式和异步操作关键字

任务是通过方法（命名方法、匿名方法）来定义的，定义后再通过 Task 类或者 Task<TResult>类用委托（Action、Func）去调用。另外，定义方法时，以及在调用任务的线程中，都可以利用 C#内置的 async 和 await 关键字实现异步执行。

1. 异步编程的实现方式

对于初学者而言，在掌握如何编写异步程序之前，首先应该了解异步编程模型有哪些实现模式，这样可避免将过时的技术作为新技术来学习。

（1）传统的异步编程模型（APM）

传统的异步编程模型（APM）是微软推出.NET 框架 1.0 时提供的模型，该模型也称为 IAsyncResult 模式。在这种设计模式中，异步操作要求通过以 Begin 为前缀的方法和以 End 为前缀的方法来"配对"实现异步（例如 FileStream 实例的 BeginWrite 方法和 EndWrite 方法）。调用 Begin 为前缀的方法后，应用程序可以继续执行其后面的代码，同时异步操作在另一个线程上执行。当异步操作完成后，它会自动调用 End 为前缀的方法处理异步操作的结果。

该模式已经是过时的技术，对于新的开发工作不再建议采用此模式。

（2）基于事件的异步编程设计模式（EAP）

基于事件的异步编程设计模式（EAP）是微软推出.NET 框架 2.0 时引入的异步编程模式。在 EAP 模式中，异步操作至少需要一个以 Async 为后缀的方法和一个以 Completed 为后缀的事件来"配对"共同表示（例如 WebClient 类提供的 DownloadStringAsync 方法和 DownloadStringCompleted 事件）。当以 Async 为后缀的异步方法完成工作后，它会自动引发以 Completed 为后缀的事件，开发人员可在异步方法中定义异步操作，在该事件中处理异步操作的结果。

该模式已经是过时的技术，对于新的开发工作不再建议采用此模式。

（3）基于任务的异步模式（TAP）

基于任务的异步模式（Task-based Asynchronous Pattern，TAP）是.NET 框架 4.0 引入的设计模式，这种模式是基于任务驱动（Task 和 Task<TResult>类）来实现的，该模式仅用一个方法就可以表示异步操作的启动和完成，而且可用它表示任意的异步操作任务。

刚推出.NET 框架 4.0 时，异步编程建议的首选方式是 TAP。

（4）改进的基于任务的异步模式（async、await、Task.Run 和 TAP）

从.NET 框架 4.5 开始，C#语言提供了 async、await 关键字以及 Task.Run 方法。无论是在性能提升还是在编程的易用性方面，C#本身提供的 async、await 关键字都比.NET 框架 4.0 提供的 TAP 更优秀，而且这种内置的实现方式适用于用 C#编写的各种应用程序（如 WPF 应用程序、WCF 应用程序、ASP.NET 应用程序、控制台应用程序以及 WinForm 应用程序等）。

将.NET 框架 4.5 提供的 async 和 await 关键字以及 Task.Run 方法与 TAP 结合使用，就是在 VS2012 中建议的基于任务的异步编程模型。

2. 异步操作关键字

async 和 await 是 C# 5.0 和.NET 框架 4.5 提供的功能。async 和 await 关键字进一步简化了 TAP 的使用，在 VS2012 中用 C#语言和.NET 框架 4.5 开发异步程序时，建议尽量用 async 和 await 来实现，而不是用.NET 框架 4.0 提供的 TAP 来实现。

（1）异步方法和异步事件处理程序

为方便介绍和区分，本书将带有 async 修饰符的普通方法称为异步方法，将带有 async 修饰符的事件处理程序称为异步事件处理程序。实际上，两者除了签名的形式不同以外，其他用法都相同。另外，由于事件本身就是一种特殊的方法（特殊之处在于它是通过委托来调用的），因此有时候（不需要区分两者区别的时候）也将普通方法和事件处理程序统称为异步方法。

（2）async 修饰符

async 是一个修饰符，只能用在方法或者事件处理程序的签名中。

对于普通的方法，有两种情况。

- 如果方法没有返回值，则用 async 和 Task 共同签名。
- 如果方法有返回值，则用 async 和 Task<int>共同签名。

例如：

```
private void Method1(){......}  //普通方法
private async Task Method1Async(){......}  //异步方法
private int Method2(){......}  //普通方法
private async Task<int> Method2Async (){......}  //异步方法
```

对于事件处理程序，则用 async 和 void 共同签名。例如：

```
private void BtnOK_Click(…){......}   //普通的事件处理程序
private async void ButtonOK_Click(…){......}   //异步事件处理程序
```

（3）await 运算符

await 是一个运算符，可将其用在表达式中，该运算符表示等待异步执行的结果。换言之，await 运算符实际上是对方法的返回值（Task 实例的 Result 属性）进行操作，而不是对方法本身进行操作。另外，包含 await 运算符的代码必须放在异步方法的内部。例如：

```
private async void ButtonOK_Click(…)
{
    Task a = Method1Async();  //创建任务 a
    ......//此处可继续执行其他的代码
    await a;  //等待任务 a 完成，任务完成前不会执行该语句后面的代码，但也不会影响界面操作
    Task b = Method2Async();  //创建任务 b
    ......//此处可继续执行其他的代码
    int x = await b;  //等待任务 b 完成，任务完成前不会执行该语句后面的代码，也不会影响界面操作
}
private Task Method1Async(){......}
private Task<int> Method2Async{......}
```

await 运算符和同步编程的最大区别是：异步等待任务完成时，既不会继续执行其后面的代码，也不会影响用户对 UI 界面的操作，这一点非常重要，也是开发人员采用早期的异步编程模型一直都无法用最简单的方式顺利解决而倍感头痛的问题。

如果在创建任务 b 和等待任务 b 完成之前没有其他可执行的代码，也可以直接用简写的形式来表示。例如：

```
private async void ButtonOK_Click(...)
{
    await Method1Async();
    int x1 = await Method2Async();
}
private Task Method1Async(){......}
private Task<int> Method2Async{......}
```

（4）异步方法的命名约定

在.NET 框架 4.5 提供的类中，异步方法名全部约定用 Async 作为后缀（异步事件处理程序除外），这样做的目的是为了让开发人员能明确看出该方法是一个同步方法还是一个异步方法。例如

System.IO.Stream 类提供的 CopyTo 方法、Read 方法和 Write 方法都是同步方法，而 CopyToAsync 方法、ReadAsync 方法和 WriteAsync 方法都是异步方法。

自定义异步方法时，建议也按照这种约定指定方法名。

还有一种特殊情况，如果自定义的类继承自传统的异步编程模型（APM），或者继承自基于事件的异步编程设计模式（EAP），由于 APM 和 EAP 异步方法的后缀可能也是 Async，为了和这些旧模型本身提供的方法区分，可将基于任务的异步方法名后缀改为 TaskAsync。但是，由于需要这样继承来实现的情况非常少，所以读者只需要对其了解即可。

5.2.2　创建任务

这一节我们先学习创建任务有哪些途径及其适用的情况，以便选择合适的任务调度方式。然后再学习与任务相关的更多基本用法。

1. 定义任务执行的方法

编写任务将要执行的某个方法时，既可以用普通方法实现，也可以用异步方法实现。或者说，不论是普通方法还是异步方法，都可以将其作为任务来执行。

（1）用普通方法定义任务

下面的代码演示了如何在异步按钮事件中将普通方法作为任务来执行：

```
private async void btnStart_Click(...)
{
    await Task.Run(() => Method1());
    int result = await Task.Run(() => Method2());
}
public void Method1(){......}
public int Method2(){......}
```

代码中的 Task.Run 方法表示使用默认的任务调度程序在线程池中执行指定的任务。

（2）用异步方法定义任务

如果用异步方法来实现，必须用 async 和 Task 共同表示没有返回值的任务，用 async 和 Task<TResult>共同表示返回值为 TResult 类型的任务，其中，TResult 可以是任何类型。

下面的代码演示了如何在异步按钮事件中将异步方法作为任务来执行。

```
private async void btnStart_Click(...)
{
    await Method1Async());
    int result = await Method2Async());
}
public async Task Method1Async(){......}
public async Task<int> Method2Async{......}
```

（3）用匿名方法定义任务

不论是普通方法还是异步方法，当方法内的语句较少时，都可以改为直接用匿名方法通过 Lambda 表达式来实现。例如：

```
private async void btnStart_Click(...)
{
    await Task.Run(() =>{ ...... });
    await Task.Run(async ()=>{ ...... });
}
```

2. 利用 Task.Run 方法隐式创建和执行任务

Task 类的静态 Run 方法表示使用默认的任务调度程序在线程池中通过后台执行指定的任务。如果不需要自定义调度程序，使用该方法最方便。

早期版本的.NET 框架用 BackgroundWorker 组件（.NET 框架 2.0 提供的功能）来实现后台异步执行的工作，但是，无论是在 I/O 操作还是在异步功能的处理上，BackgroundWorker 都没有 Task.Run 方法好。另外，Task.Run 方法也是任务工厂的替代品（任务工厂是通过 Task.Factory.StartNew 方法来实现的，下一章介绍任务并行时，我们再学习其基本用法）。或者说，如果在后台线程池中执行不需要更多细节控制的任务，建议使用 Task.Run 方法而不是 Task.Factory.StartNew 方法。

Task.Run 方法常用的重载形式有：

```
Run(Func<Task>)  //用默认调度程序在线程池中执行不带返回值的任务
Run<TResult>(Func<Task<TResult>>) //用默认调度程序在线程池中执行带返回值的任务
Run(Func<Task>, CancellationToken)  //执行任务过程中可侦听取消通知
Run<TResult>(Func<Task<TResult>>, CancellationToken) //执行任务过程中可侦听取消通知
```

这里需要说明一点，调试应用程序时，或者演示某些类的基本用法示例时，为了方便读者随时观察后台线程处理的情况，以帮助理解内部的执行过程，我们往往在后台线程中通过 WPF 控件的调度器，用异步调用委托的办法与用户界面交互，例如：

```
public async Task MyMethodAsync(string s)
{
    textBlock1.Dispatcher.InvokeAsync(() => textBlock1.Text += s);
    await Task.Delay(TimeSpan.FromMilliseconds(100));
}
```

但是，需要特别提醒的是，编写实际的应用程序时，应该尽量避免这样做，等后台线程返回结果后，再在创建任务的线程中处理与界面的交互，比如将结果在界面中显示出来等。之所以这样要求，是因为在线程中频繁与界面交互会大大降低程序执行的效率。

【例 5-3】演示 Task.Run 方法的基本用法，结果如图 5-3 所示。

图 5-3　例 5-3 的运行效果

该例子的源程序见 TaskRunExamplePage.xaml 及其代码隐藏类以及 MyTasks.cs 文件。TaskRunExamplePage.xaml.cs 文件的主要代码如下。

```
public partial class TaskRunExamplePage : Page
{
```

```
        private System.Threading.CancellationTokenSource cts;
        private MyTasks t = new MyTasks();
        public TaskRunExamplePage()
        {
            InitializeComponent();
            MyHelps.ChangeState(btnStart, true, btnStop, false);
        }
        private async void btnStart_Click(object sender, RoutedEventArgs e)
        {
            MyHelps.ChangeState(btnStart, false, btnStop, true);
            cts = new System.Threading.CancellationTokenSource();
            textBlock1.Text = "开始执行任务......";
            try
            {
                await Task.Run(() => t.Method1(), cts.Token);
                textBlock1.Text += "\n 任务 1 执行完毕";
                var sum = await Task.Run(() => t.Method2(), cts.Token);
                textBlock1.Text += "\n 任务 2（计算 1 到 1000 的和）结果为: " + sum;
                var a = await Task.Run(() => t.Method3(39, 8), cts.Token);
                textBlock1.Text += string.Format(
                    "\n 任务 3（求 39 除以 8 的商和余数）结果为: {0},{1}\n", a.Item1, a.Item2);
                while (true)
                {
                    textBlock1.Text += await Task.Run(() => t.Method1("a"), cts.Token);
                    textBlock1.Text += await Task.Run(() => t.Method1("b"), cts.Token);
                }
            }
            catch (OperationCanceledException)
            {
                textBlock1.Text += "\n 任务被取消";
            }
        }
        private void btnStop_Click(object sender, RoutedEventArgs e)
        {
            cts.Cancel();
            MyHelps.ChangeState(btnStart, true, btnStop, false);
        }
    }
```

MyTasks.cs 文件的主要代码如下。

```
public class MyTasks
{
        /// <summary>用休眠 100 毫秒模拟处理过程</summary>
        public void Method1()
        {
            System.Threading.Thread.Sleep(100);
        }
        /// <summary>用休眠 100 毫秒模拟处理字符串的过程，并返回处理后的结果</summary>
        public string Method1(string s)
        {
            System.Threading.Thread.Sleep(100);
            return s;
        }
```

```csharp
/// <summary>计算 1 到 1000 的和</summary>
public int Method2()
{
    var range = Enumerable.Range(1, 1000);
    int n = range.Sum();
    return n;
}
/// <summary>计算 n1 除以 n2 的商和余数</summary>
public Tuple<int, int> Method3(int n1, int n2)
{
    var result = Tuple.Create(n1 / n2, n1 % n2);
    System.Threading.Thread.Sleep(100);
    return result;
}
/// <summary>用延迟 500 毫秒模拟异步处理过程</summary>
public async Task Method1Async()
{
    await Task.Delay(500);
}
/// <summary>用延迟 100 毫秒模拟异步处理字符串的过程，并返回处理后的结果</summary>
public async Task<string> Method1Async(string s)
{
    await Task.Delay(100);
    return s;
}
/// <summary>异步计算 1 到 1000 的和</summary>
public async Task<int> Method2Async()
{
    var range = Enumerable.Range(1, 1000);
    int n = range.Sum();
    await Task.Delay(0);
    return n;
}
/// <summary>异步计算 n1 除以 n2 的商和余数</summary>
public async Task<Tuple<int, int>> Method3Async(int n1, int n2)
{
    var result = Tuple.Create(n1 / n2, n1 % n2);
    await Task.Delay(0);
    return result;
}
/// <summary>
/// 随机产生数组中每个元素的值，并返回其平均值
/// </summary>
/// <param name="arrayLength">数组元素个数</param>
public async Task<double> GetAverageAsync(int arrayLength)
{
    Random r = new Random();
    int[] nums = new int[arrayLength];
    for (int i = 0; i < nums.Length; i++)
    {
        nums[i] = r.Next();
    }
    await Task.Delay(0);
    return nums.Average();
```

```
        }
    }
```

3. 利用 async 和 await 关键字隐式创建异步任务

隐式调用 Task 或 Task<TResult>构造函数的方式有多种,其中最常用的方式是用 async 和 await 来实现。另外,不管用那种方式创建任务,当需要任务与界面交互时,都可以利用 async 和 await 关键字、通过异步执行任务的办法来避免出现界面停顿的情况。

默认情况下,仅包含 async 和 await 关键字的异步方法不会创建新线程,它只是表示在当前线程中异步执行指定的任务。如果希望在线程池中用单独的线程同时执行多个任务,可以用 Task.Run 方法来实现。

下面通过例子说明 async 和 await 的基本用法。

【例 5-4】演示 async 和 await 的基本用法,结果如图 5-4 所示。

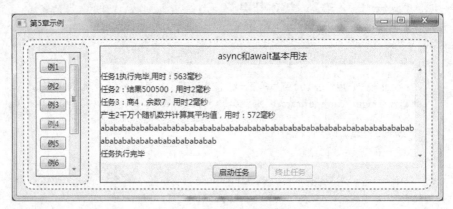

图 5-4　例 5-4 的运行效果

该例子的源程序在 async_awaitExamplePage.xaml 及其代码隐藏类中,主要代码如下。

```
private async void btnStart_Click(object sender, RoutedEventArgs e)
{
    MyHelps.ChangeState(btnStart, false, btnStop, true);
    textBlock1.Text = "开始执行任务......";
    isStop = false;
    System.Diagnostics.Stopwatch st = new System.Diagnostics.Stopwatch();
    st.Start();
    await t.Method1Async();
    long x = st.ElapsedMilliseconds;
    textBlock1.Text = "任务 1 执行完毕,用时: " + x + "毫秒";
    st.Restart();
    var sum = await t.Method2Async();
    x = st.ElapsedMilliseconds;
    textBlock1.Text += string.Format("\n 任务2: 结果{0},用时{1}毫秒", sum, x);
    st.Restart();
    var a1 = await t.Method3Async(39, 8);
    x = st.ElapsedMilliseconds;
    textBlock1.Text += string.Format("\n 任务 3: 商{0},余数{1},用时{2}毫秒",
                        a1.Item1, a1.Item2, x);
    st.Restart();
    var a2 = await t.GetAverageAsync(20000000);
    x = st.ElapsedMilliseconds;
```

```
textBlock1.Text += "\n产生 2 千万个随机数并计算其平均值，用时: " + x + "毫秒\n";
st.Stop();
while (isStop == false)
{
    textBlock1.Text += await t.Method1Async("a");
    textBlock1.Text += await t.Method1Async("b");
}
textBlock1.Text += "\n任务执行完毕";
}
```

4. 利用 WPF 控件的调度器隐式创建和执行任务

由于 WPF 的每个控件（包括 Page、Window 等根元素）都有一个对应的调度器（UI 线程），因此也可以通过调度器的 InvokeAsync 方法在当前 UI 线程中通过委托异步执行指定的任务。例如：

```
private void btnStart_Click(......)
{
    this.Dispatcher.InvokeAsync(() => MyMethodAsync("a"));
}
private async Task MyMethodAsync(string s){......}
```

这段代码和下面的代码实现的功能相同。

```
private void btnStart_Click(......)
{
    Func<Task> t = () => Method1Async();
    this.Dispatcher.InvokeAsync(t);
}
private async Task MyMethodAsync(string s){......}
```

这种方式的缺点是只能在 WPF 应用程序中使用它，而且实现异步过程中的同步比较困难，在 WPF 应用程序中同时独立执行多个没有关联的异步任务时，可以采用这种方式。

下面通过例子简单演示这种方式的用法。在介绍"取消或终止任务执行"的内容中，我们再学习更通用的建议用法。

【例 5-5】演示 WPF 应用程序中 Dispatcher.InvokeAsync 方法的基本用法，运行效果如图 5-5 所示。

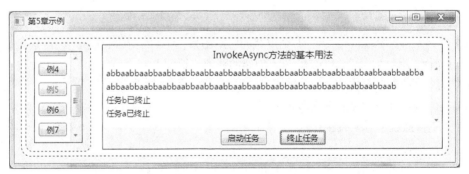

图 5-5　例 5-5 的运行效果

该例子的源程序在 InvokeAsyncExamplePage.xaml 及其代码隐藏类中，主要代码如下。

```
public partial class InvokeAsyncExamplePage : Page
{
    private volatile bool isStop;
    public InvokeAsyncExamplePage()
```

```
    {
        InitializeComponent();
    }
    private void btnStart_Click(object sender, RoutedEventArgs e)
    {
        isStop = false;
        textBlock1.Text = "";
        this.Dispatcher.InvokeAsync(() => MyMethodAsync("a"));
        this.Dispatcher.InvokeAsync(() => MyMethodAsync("b"));
    }
    private void btnStop_Click(object sender, RoutedEventArgs e)
    {
        isStop = true;
    }
    private async Task MyMethodAsync(string s)
    {
        while (isStop == false)
        {
            textBlock1.Text += s;
            await Task.Delay(100);
        }
        textBlock1.Text += "\n任务" + s + "已终止";
    }
}
```

5. 通过显式调用 Task 或 Task<TResult>的构造函数创建任务

当需要用单独的线程执行任务时，可通过显式调用 Task 或者 Task<TResult>的构造函数创建任务对象，再通过 Start 方法启动该对象。这种方式和直接用 Thread 创建线程的用法相似。例如：

```
var taskA = new Task(() => Console.WriteLine("Hello from taskA."));
taskA.Start();
Console.WriteLine("Hello from the calling thread.");
```

这段代码将输出以下结果。

```
Hello from the calling thread.
Hello from taskA.
```

Task 类和 Task<TResult>类都有 8 个重载的构造函数，两者的用法非常相似，区别仅是用 Task 创建的任务没有返回值，用 Task<TResult>创建的任务有返回值。

（1）Task 类的构造函数

Task 类的构造函数主要的重载形式有两个。

一个是不传递数据对象的任务。

```
public Task(
    Action action,      //要执行的不带返回值的任务
    CancellationToken cancellationToken,  //新任务将观察的取消操作
    TaskCreationOptions creationOptions  //自定义任务行为的可选项
)
```

另一个是传递数据对象的任务。

```
public Task(
    Action<Object> action,  //要执行的不带返回值的任务，任务包含一个输入参数
```

```
    Object state,   //该操作使用的数据的对象，类似于为线程池传递的 state 对象
    CancellationToken cancellationToken,   //新任务将观察的取消操作
    TaskCreationOptions creationOptions   //自定义任务行为的可选项
)
```

其他重载都是这两个重载的简化形式，包括：

```
Task(Action)
Task(Action, CancellationToken)
Task(Action, TaskCreationOptions)
Task(Action<Object>, Object)
Task(Action<Object>, Object, CancellationToken)
Task(Action<Object>, Object, TaskCreationOptions)
```

在这些重载的构造函数中，如果不指定 CancellationToken，表示创建的是不可取消的任务；如果不指定 TaskCreationOptions，表示使用默认行为。

（2）Task<TResult>类的构造函数

Task<TResult>类也有 8 个重载的构造函数，其形式与 Task 类的构造函数相似，重载形式有：

```
Task<TResult>(Func<TResult>)
Task<TResult>(Func<TResult>, CancellationToken)
Task<TResult>(Func<TResult>, TaskCreationOptions)
Task<TResult>(Func<TResult>, CancellationToken, TaskCreationOptions)
Task<TResult>(Func<Object, TResult>, Object)
Task<TResult>(Func<Object, TResult>, Object, CancellationToken)
Task<TResult>(Func<Object, TResult>, Object, TaskCreationOptions)
Task<TResult>(Func<Object, TResult>, Object, CancellationToken, TaskCreationOptions)
```

关于 TaskCreationOptions 枚举和 CancellationToken 的含义及用法，后面还会有详细的介绍，这里只需要读者了解通过构造函数可设置这些参数即可。

不过，由于.NET 框架 4.0 对线程池可同时执行的线程数和执行性能经过了极大改进，所以在实际应用程序中，通过显式调用构造函数来创建任务的情况并不多，或者说，一般都是通过隐式调用构造函数来实现。另外，除了直接创建任务实例这种方式是显式调用构造函数外，其他方式都是通过隐式调用构造函数来实现的。

5.2.3　取消或终止任务的执行

在多个任务同时执行的过程中，有两种情况需要取消操作：一种是可能只取消某一个任务的操作，另一种是可能需要取消所有任务的操作，而不管这些任务分别执行到什么状态。

注意，这里所说的"取消操作"是指告诉任务它应该尽快终止自己的执行，而不是直接销毁任务实例。

1. 基本概念

无论是单任务还是多任务，无论这些任务是并行执行还是异步执行，或者在并行执行中的每个任务中异步执行的子任务，都有可能会取消任务执行。

多任务就好比派多人出差，每个人出差的目的地各不相同，此时有的人可能在出差前被要求接到通知立即返回，有的人被要求不管什么情况都要到达目的地。但是，先不说执行者能否真正到达目的地，对于"接到通知立即返回"这个问题来说，一个出差人就有多种情况（还没有出发、已经出发但还没到火车站、在火车站或中转站、正在火车上、已经到达目的地等），而对于多个出差人，这些情况都有可能，那么安排任务的人如何一次性地通知某些出差人呢？一种可行的方案

是，让"监听取消通知"的出差人随时看手机短信通知，安排任务的人员只需要群发一条短信"立即取消行程"，这样一来，凡是加入到短信群的人看到短信就可以安排立即返回。而不需要取消行程的出差人员，就不需要加入这个短信群。

.NET 框架引入的 CancellationTokenSource 类和 CancellationToken 结构用于协同实现多个线程、线程池工作项或 Task 对象的取消操作，其处理模式与派多人出差这个问题相似。对于 Task 或者 Task<TResult>任务对象来说，创建的这个"短信群"就是 CancellationTokenSource 对象，对于出差人员来说，手机接收到的实际是发送者群发的通知，即 CancellationToken 对象。

2. CancellationTokenSource 类和 CancellationToken 结构

System.Threading.CancellationTokenSource 用于创建取消通知，称为取消源。

System.Threading.CancellationToken 结构用于传播应取消操作的通知，称为取消令牌。

调用任务的代码在分配任务前，可先用 CancellationTokenSource 对象创建一个取消标记。例如：

```
CancellationTokenSource cts = new CancellationTokenSource();
```

如果希望在 30 秒后自动发出取消通知，可以用下面的代码实现。

```
var cts = new CancellationTokenSource(TimeSpan.FromSeconds(30));
var ct = cts.Token;
```

在调用任务的代码中，可通过 cts 对象的 Cancel 方法发出取消通知，该方法会将取消标记 ct 的每个副本上的 IsCancellationRequested 属性都设置为 true。

执行任务的方法接收到取消通知后，可以用以下方式之一终止操作。

（1）在任务代码中，简单地从委托中返回。这种实现方式类似于在调用任务的代码中用一个布尔型的字段表示取消通知，任务接收到通知后直接返回的情况。大多数情况下，这样做就可以了。但是，采用这种方式取消的任务状态返回值为 TaskStatus.RanToCompletion 枚举值（表示任务正常完成），而不是 TaskStatus.Canceled 枚举值。

在调用任务的代码中，可通过任务的 Status 属性获取任务状态。例如：

```
if(taskA.Status == TaskStatus.RanToCompletion){......}
```

（2）在任务代码中，引发 OperationCanceledException 异常，并将其传递到在其上请求了取消的标记。采用这种方式取消的任务状态会转换为用 Canceled 枚举值表示的状态。调用任务的代码可使用该状态来验证任务是否响应了取消请求。

完成此操作的首选方式是在任务代码的内部调用 ThrowIfCancellationRequested 方法。例如：

```
ct.ThrowIfCancellationRequested();
```

这种实现方式类似于 Thread 类提供的 Abort 方法，但是，在早期的实现中，调用 Abort 方法时可能又会出现异常，虽然利用 try-catch 可以捕获该异常，由于在异常处理的代码中又可能会导致新的异常，因此实际上真正在项目中编写代码的时候非常棘手，如果处理不好就可能会出现"假死机"现象。

CancellationTokenSource 和 CancellationToken 就是为了解决这些问题而引入的。

3. 基本用法

下面的代码演示了 CancellationTokenSource 和 CancellationToken 的基本用法。在这个例子中，提前使用了获取任务状态的代码，后面我们还会学习与任务状态相关以及取消操作的更多内容，这里只需要先通过该例子理解其简单用法即可。

【例 5-6】演示 CancellationTokenSource 和 CancellationToken 的基本用法。运行效果如图 5-6

所示。

图 5-6　例 5-6 的运行效果

该例子的源程序在 CancellationTokenPage.xaml 及其代码隐藏类中，主要代码如下。

```
public partial class CancellationTokenPage : Page
{
    private CancellationTokenSource cts;
    public CancellationTokenPage()
    {
        InitializeComponent();
        MyHelps.ChangeState(btnStart, true, btnCancel, false);
    }
    private async Task MyMethodAsync(string s, CancellationToken ct)
    {
        ProgressBar p = new ProgressBar
        {
            Height = 10,
            Margin = new Thickness(2),
            Background = Brushes.AliceBlue
        };
        progressStackPanel.Children.Add(p);
        for (int i = 0; i < 50; i++)
        {
            if (ct.IsCancellationRequested) break;
            p.Value += 2;
            textBlock1.Text += s;
            await Task.Delay(100);
        }
        ct.ThrowIfCancellationRequested();
        textBlock1.Text += string.Format("\n 任务{0}完成", s);
    }
    private async void btnStart_Click(object sender, RoutedEventArgs e)
    {
        progressStackPanel.Children.Clear();
        textBlock1.Text = "";
        cts = new CancellationTokenSource();
        MyHelps.ChangeState(btnStart, false, btnCancel, true);
        var a = MyMethodAsync("a", cts.Token);
        var b = MyMethodAsync("b", cts.Token);
        try
        {
            await a;
```

```
            await b;
        }
        catch
        {
            if (a.IsCanceled) textBlock1.Text += "\n 任务 a 已取消";
            if (b.IsCanceled) textBlock1.Text += "\n 任务 b 已取消";
        }
        cts = null;
        MyHelps.ChangeState(btnStart, true, btnCancel, false);
    }
    private void btnCancel_Click(object sender, RoutedEventArgs e)
    {
        cts.Cancel();
    }
}
```

5.2.4　获取任务执行的状态

在任务的生命周期内，可通过任务的 Status 属性获取任务执行的状态，当任务完成后，还可以通过任务属性获取任务完成的情况。

1. 冷任务和热状态

用 Task 类或者 Task<TResult>类的构造函数显式创建的任务称为冷任务（Cold Task），冷任务必须通过 Start 方法来启动。例如：

```
Task t1 = new Task(......);
t1.Start();
```

任务启动后（显式创建是在调用 Start 方法后启动，隐式创建是创建后默认启动），才开始其生命周期，此周期一直持续到释放任务占用的资源为止。

任务在生命周期内的执行情况称为热状态。

2. Status 属性和 TaskStatus 枚举

在任务的生命周期内，可利用任务实例的 Status 属性获取任务执行的状态。任务执行的状态用 TaskStatus 枚举表示。TaskStatus 的枚举值有：

- Created：该任务已初始化，但尚未进入调度计划。
- WaitingForActivation：该任务已进入调度计划，正在等待被调度程序激活。
- WaitingToRun：该任务已被调度程序激活，但尚未开始执行。
- Running：该任务正在运行，但尚未完成。
- RanToCompletion：该任务已成功完成。
- Canceled：该任务由于被取消而完成（任务自身引发 OperationCanceledException 异常，或者在该任务执行之前调用方已向该任务的 CancellationToken 发出了信号）。
- Faulted：该任务因为出现未经处理的异常而完成。
- WaitingForChildrenToComplete：该任务本身已完成，正等待附加的子任务完成。

3. 任务完成情况相关的属性

当一个任务完成后，可直接通过任务实例获取任务完成的情况。

（1）IsCompleted 属性

该属性表示任务是否完成。如果完成则为 true，否则为 false。注意该属性仅表示这个任务完成了，但是，该任务可能是正常完成，可能是因为被取消而完成，也可能是因为出现异常而完成。只有当任务的 Status 属性为 TaskStatus.RanToCompletion 枚举值时，才表示任务成功完成。

（2）IsCanceled 属性

该属性表示任务是否因为被取消而完成。如果是则为 true，否则为 false。例如：

```
Task t1 = Method1Async();
while (t1.IsCompleted == false)
{
    await Task.Delay(100);
    textBlock1.Text += ".";
}
await t1;
```

（3）IsFaulted 属性

任务是否因为出现未经处理的异常而完成，如果是则为 true，否则为 false。

当 IsFaulted 属性为 true 时，程序中可进一步通过 Exception 属性获取是什么异常导致任务完成。例如：

```
if (t1.IsFaulted == true)
{
    MessageBox.Show("任务因出现异常而完成，异常为: " + t1.Exception.Message);
}
```

（4）取消和完成之间的关系

取消（也叫终止）和完成之间关系是：取消是向任务传递一种信号，表示希望任务尽快结束。或者说，它表示的是希望任务立即停止，而不管该任务执行到什么情况。在任务代码中，可通过判断该信号决定是否结束正在执行的工作。但是，是否能正常结束任务，执行过程中是否出现异常，还要由代码的执行情况来决定。

完成是指该任务执行结束了，但是，因为什么情况而结束的，还要由任务执行的状态来决定。

4. 示例

下面通过例子演示获取任务执行状态的基本用法。

【例 5-7】演示获取任务执行状态的基本用法，结果如图 5-7 所示。

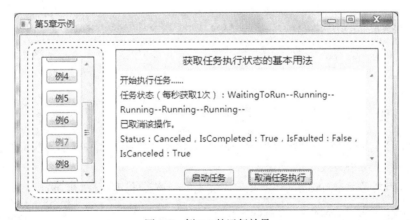

图 5-7　例 5-7 的运行效果

该例子的源程序在 TaskStatusExamplePage.xaml 及其代码隐藏类中，主要代码如下。

```
public partial class TaskStatusExamplePage : Page
```

```
{
    CancellationTokenSource cts;
    public TaskStatusExamplePage()
    {
        InitializeComponent();
    }
    private void MyMethod(CancellationTokenSource cts)
    {
        var ct = cts.Token;
        while (ct.IsCancellationRequested == false)
        {
            //模拟长时间运行的工作，实际过程可能会引发其他类型的异常
            System.Threading.Thread.Sleep(100);
        }
        //如果接收到取消通知，引发 OperationCanceledException 类型的异常
        ct.ThrowIfCancellationRequested();
    }
    private async void btnStart_Click(object sender, RoutedEventArgs e)
    {
        textBlock1.Text = "开始执行任务......";
        cts = new CancellationTokenSource();
        //第2个参数 cts.Token 向该任注册发送取消通知，这样才能确保获取的任务状态是正确的
        var t1 = Task.Run(() => MyMethod(cts), cts.Token);
        textBlock1.Text += "\n 任务状态（每秒获取1次）: ";
        while (t1.IsCompleted == false)
        {
            textBlock1.Text += t1.Status + "--";
            await Task.Delay(TimeSpan.FromSeconds(1));
        }
        //由于任务执行过程中可能会出现各种异常，所以实际开发中需要用 try-catch 等待任务执行
        try { await t1; }
        catch (Exception ex) { textBlock1.Text += "\n" + ex.Message; }
        textBlock1.Text += string.Format(
            "\nStatus: {0}, IsCompleted: {1}, IsFaulted: {2}, IsCanceled: {3}",
            t1.Status, t1.IsCompleted, t1.IsFaulted, t1.IsCanceled);
    }
    private void btnCancel_Click(object sender, RoutedEventArgs e)
    {
        cts.Cancel();
    }
}
```

5.2.5　报告任务执行的进度

有时候我们可能希望让某些异步操作提供进度通知，以便在界面中显示异步操作执行的进度，这种情况下，可以用 Progress<T>类报告任务执行的进度。

Progress<T>类是通过 IProgress<T>接口来实现的，该类的声明方式如下：

```
public class Progress<T> : IProgress<T>
{
    public Progress();
    public Progress(Action<T> handler);
    protected virtual void OnReport(T value);
```

```
        public event EventHandler<T> ProgressChanged;
    }
```

可以看出，Progress<T>的实例公开了一个 ProgressChanged 事件，利用该事件即可获取异步
操作报告的进度。下面通过例子说明具体用法。

【例 5-8】演示获取和报告任务执行进度的基本用法，运行效果如图 5-8 所示。

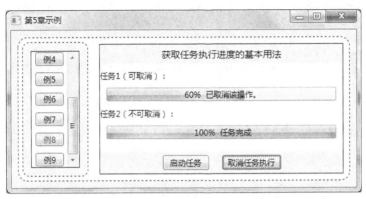

图 5-8　例 5-8 的运行效果

该例子的源程序在 IProgressExamplePage.xaml 及其代码隐藏类中，主要代码如下。

```
public partial class IProgressExamplePage : Page
{
    private CancellationTokenSource cts;
    public IProgressExamplePage()
    {
        InitializeComponent();
    }
    private void MyMethod(IProgress<int> progress, CancellationToken ct, int delay)
    {
        int p = 0; //进度
        while (p < 100 && ct.IsCancellationRequested == false)
        {
            System.Threading.Thread.Sleep(delay);
            p += 10;
            progress.Report(p);
        }
        ct.ThrowIfCancellationRequested();
    }
    private async void btnStart_Click(object sender, RoutedEventArgs e)
    {
        cts = new CancellationTokenSource();
        CancellationToken ct = cts.Token;
        textBlock1.Text = "";
        var p1 = new Progress<int>();
        p1.ProgressChanged += (s, n) =>
        {
            progressBar1.Value = n;
            textBlock1.Text = " " + n.ToString() + "%";
        };
        var p2 = new Progress<int>();
        p2.ProgressChanged += (s, n) =>
        {
```

```
        progressBar2.Value = n;
        textBlock2.Text = " " + n.ToString() + "%";
    };
    //传递 cts.Token 表示该任务接收取消通知
    var t1 = Task.Run(() => MyMethod(p1, cts.Token, 500), cts.Token);
    //传递 CancellationToken.None 表示该任务不可取消
    var t2 = Task.Run(() => MyMethod(p2, CancellationToken.None, 800));
    try
    {
        await t1;
        if (t1.Exception == null) textBlock1.Text += " 任务完成";
    }
    catch (Exception ex)
    {
        textBlock1.Text += " " + ex.Message;
    }
    await t2;
    if (t2.Exception == null) textBlock2.Text += " 任务完成";
    else textBlock1.Text += t2.Exception.Message;
}
private void btnCancel_Click(object sender, RoutedEventArgs e)
{
    cts.Cancel();
}
```

5.2.6　定时执行某些任务

编写 C/S 应用程序时，有两种情况需要定时执行，一种是在服务器端定时执行某些任务，另一种是在客户端定时执行某些任务。

1．System.Timers.Timer 类

System.Timers.Timer 类可与可视化设计器一同使用，该类可以引发事件，但它默认是在线程池线程中引发事件，而不是在当前线程中引发事件。

在不需要人工干预的情况下，服务器实现定时执行的情况非常多，例如每星期自动处理一次数据，每月自动汇总一次数据，每季度自动执行一次数据迁移等。在服务器端定时执行这些任务时，最简单的方式是使用 System.Timers.Timer 类来实现。

在客户端应用程序中，也可利用该类在线程池中定时执行某些任务。比如某台服务器需要每周 7×24 小时不间断正常运行，此时可在系统管理员专用的客户端应用程序中定时检查该服务器的运行情况和运行日志情况，如果服务器在规定时间内多次连接都没有响应，则立即通过声音和界面进行报警。

System.Timers.Timer 类的常用属性和方法如下。

● AutoReset 属性：获取或设置一个布尔型的值，该值为 true 表示每次间隔结束时都引发一次 Elapsed 事件，false 表示仅在首次间隔结束时引发一次该事件。

● Interval 属性：获取或设置两次 Elapsed 事件的间隔时间（以毫秒为单位）。该值必须大于零并小于或等于 Int32.MaxValue，默认值为 100 毫秒。

● Start 方法：启动定时器。

● Stop 方法：停止计时器。

2. System.Windows.Threading.DispatcherTimer 类

在客户端 WPF 应用程序中，对于需要与用户界面交互的任务，最简单的方式是使用 System.Windows.Threading 命名空间下的 DispatcherTimer 类来实现。这种定时器也是用时间模型来实现的，但它是在与当前线程关联的线程中定时执行任务，因此利用这种定时器可以直接获取或修改界面控件的属性。另外，该对象的定时效果没有 System.Timers.Timer 的定时精确，所以最好不要将其用于针对服务器的定时操作。

3. System.Threading.Timer 类

System.Threading.Timer 类也是在线程池中定时执行任务，它与其他两种计时器的区别是该类不使用事件模型，而是直接通过调用 TimerCallback 类型的委托来实现。

该类的构造函数语法为

```
public Timer(
    TimerCallback callback,  //一个 TimerCallback 类型的委托，表示要执行的方法
    Object state,    //一个包含回调方法要使用的信息的对象，可以为 null
    TimeSpan dueTime,  //首次调用回调方法之前延迟的时间量
    TimeSpan period    //每次调用回调方法的时间间隔。-1 表示禁用定期终止
)
```

利用该构造函数创建对象后，首次到达 dueTime 延时时间时会自动调用一次 callback 委托，以后每隔 period 时间间隔，都会自动调用一次 callback 委托。

4. 用法示例

下面通过例子说明在 WPF 应用程序中 3 种定时器的基本用法。

【例 5-9】演示在 WPF 应用程序中 3 种定时器的基本用法，运行效果如图 5-9 所示。

该例子的源程序在 TimersPage.xaml 及其代码隐藏类中，主要代码如下。

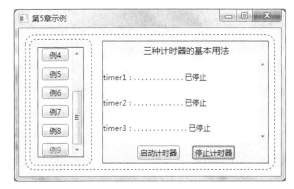

图 5-9 例 5-9 的运行效果

```
public partial class TimersPage : Page
{
    private System.Timers.Timer timer1;
    private System.Windows.Threading.DispatcherTimer timer2;
    private System.Threading.Timer timer3;
    public TimersPage()
    {
        InitializeComponent();
    }
    private void btnStart_Click(object sender, RoutedEventArgs e)
    {
        timer1 = new System.Timers.Timer(500);
        //AutoReset 为 false 表示仅引发一次事件，true 表示每到间隔时间都引发一次事件
        timer1.AutoReset = true;
        timer1.Elapsed += (obj, args) =>
        {
            textBlock1.Dispatcher.InvokeAsync(() => textBlock1.Text += ". ");
        };
```

```
        textBlock1.Text = "timer1: ";
        timer1.Start();
        timer2 = new System.Windows.Threading.DispatcherTimer();
        timer2.Interval = TimeSpan.FromMilliseconds(500);
        timer2.Tick += (obj, args) =>
        {
            textBlock2.Text += ". ";
        };
        textBlock2.Text = "timer2: ";
        timer2.Start();
        var callback = new System.Threading.TimerCallback((obj) =>
        {
            textBlock3.Dispatcher.InvokeAsync(() => textBlock3.Text += ". ");
        });
        TimeSpan delayTime = new TimeSpan(0, 0, 0);
        TimeSpan intervalTime = new TimeSpan(0, 0, 0, 0, 500);
        textBlock3.Text = "timer3: ";
        timer3 = new System.Threading.Timer(callback, null, delayTime, intervalTime);
    }
    private void btnStop_Click(object sender, RoutedEventArgs e)
    {
        timer1.Stop();
        timer2.Stop();
        timer3.Dispose();//只能通过调用 Dispose 停止这种类型的定时器
        textBlock1.Text += "已停止";
        textBlock2.Text += "已停止";
        textBlock3.Text += "已停止";
    }
}
```

至此，我们学习了基于任务的异步编程的各种最基本的用法，在下一章的并行编程以及后续章节的 WCF 编程中，我们还会学习更多的用法。

习 题

1. 仅包含 async 和 await 关键字的异步方法与用 Task.Run 调用的异步方法有何不同？
2. 把普通方法和异步方法作为任务来执行时，调用方法有何不同？
3. Action 和 Func 委托有什么不同？
4. 有几种创建任务的方式？
5. 在 WPF 应用程序中有几种可用的定时器？
6. 简述实现任务的取消功能的机制。

第 6 章
并行编程

这一章我们主要学习如何利用基于任务的并行编程模型并行执行指定的任务。

6.1　基本概念

并行是指同时执行多个工作任务。对于单台计算机来说，并行就是在多个内核（即多个处理器）上真正地同时执行，这与传统的单处理器通过轮询时间片实现"宏观并行"的传统多线程处理方式完全不同。

编写并发执行的多个任务时，从大的需求来说，起码应该支持以下基本功能。

- 能立即创建并启动一个任务。
- 能在一个任务内创建并行执行的多个子任务。
- 能在某些任务完成后再创建并执行后续的任务。
- 能并发执行多个任务。
- 能定时执行某些任务。
- 能监视某些任务的执行进度。
- 能让紧急的任务迅速得到处理。
- 能根据情况取消某些任务的执行。
- 能处理任务执行过程中可能出现的各种异常。

可见，一个完善的多任务处理程序实际上实现起来非常复杂，如果再考虑这些任务同时执行时可能引起的各种冲突等问题，而且处处都从底层去实现，其工作量是相当惊人的。因此，我们必须借助一些优秀的架构来简化并行编程的工作量。

6.1.1　并行编程的实现方式

从不同的角度来看并行策略，其分类的形式也不尽相同。流行的分类主要有两种：一种是以要处理的业务为中心，另一种是以运行时所依赖的硬件为中心。

1. 从业务实现的角度看并行策略

从业务实现的角度来看，并行编程模型分为数据并行与任务并行。换言之，对于某个业务来说，要么以要处理的数据为核心（数据并行），要么以要做的事为核心（任务并行）。但不管属于哪一种，其本质都是利用硬件和操作系统的底层支持，快速完成多个并发执行的工作。或者说，对于客户端来说，都是为了在确保用户操作界面流畅的前提下高性能并行完成多个工作；对于服务器来说，都是为了快速并行处理客户端请求的多个任务。

在 Windows 7 和 Windows 8 操作系统中，由于操作系统本身已经封装了对多核和多 GPU 的处理，并将其作为核心实现来提供底层支持，避免了程序员直接对某个型号的硬件进行编程而导致的兼容性和复杂性问题（不同厂家生产的 CPU、GPU 以及显卡存在兼容性问题，同一厂家不同的型号存在功能和性能差别问题）。针对大量不同的硬件分别去实现工作量太大，而且硬件更新后，且不说能否发挥新硬件的性能优势，原来的程序能否在新的设备上继续正常运行就是一个大问题。因此，编写并行程序时，利用操作系统底层的支持，就不需要程序员再考虑硬件差别，只需要重点关注数据并行与任务并行中的业务逻辑即可。

当然，将软件和硬件型号紧密绑定也是商家的一种营销策略，例如很多只能与硬件型号配套的软件就是这种方式。可是，更新计算机时要求用户重新购买或者重新设计各种配套的软件是任何企事业单位都难以承受和容忍的，这就是为什么软件开发要求以业务需求为核心来实现，而不是以硬件为核心来实现。

2. 从硬件实现的角度看并行策略

从硬件实现的角度来看，并行又分为单机多核并行和多机多核并行。

传统的编程技术由于没有包括对多核并行的处理，因此已逐渐被淘汰。这一章我们主要学习单机多核并行。

相对于单机多核并行来说，多机多核并行的实现更为复杂。早期的技术一般用网格来构建基于单机单核的多机并行计算模型和海量数据存储模型，随着单机多核和多 GPU 技术的发展，各家公司又陆续推出了新的存储架构和新的并行计算策略以及多机多核负载平衡技术，例如目前流行的"云"技术就是其中的一种。由于多机多核并行的实现已经超出了本书的范围，因此我们不再进行过多阐述。

6.1.2 任务并行库（TPL）及其分类

任务并行库（TPL）是基于任务的并行编程模型，该编程模型是从业务角度实现的并行模型，主要靠 System.Threading.Tasks 命名空间下的 Parallel 类来实现，其优点是不需要程序员考虑不同的硬件差异，只需要重点关注所实现的任务即可。

任务并行库（TPL）的核心是 Parallel 类和 PLINQ，这是编写并行程序的首选方案。

1. TPL 的分类

任务并行库（TPL）主要包括两种类别：一种是数据并行，另一种是任务并行。另外，不论是数据并行还是任务并行，都可以用并行查询（PLINQ）提高数据查询的效率。

（1）数据并行

数据并行是指对源集合或数组中的元素同时执行相同操作的情况。

数据并行主要靠 System.Threading.Tasks 命名空间下的 Parallel 类提供的静态 For 方法和静态 ForEach 方法来实现。通过这两个方法，可以并行处理 Func 和 Action 委托。

（2）任务并行

任务并行主要靠 Parallel 类提供的静态 Invoke 方法来实现。

（3）并行查询

并行查询是指并行实现 LINQ to Objects 查询，简称 PLINQ。

PLINQ 与 LINQ 的主要区别是 PLINQ 尝试充分利用系统中的所有处理器（多核）来实现查询，其具体做法是：先将数据源分成多个片段，然后同时在多个处理器上对单独工作线程上的每个片段并行执行查询。在很多情况下，通过这种方式可显著提高查询的速度。

由于 PLINQ 超出了本书介绍的范围，因此不再阐述其用法。

2．TPL 与传统多线程编程模型相比的优势

利用任务并行库（TPL）实现并行编程有以下优点。

（1）TPL 编程模型使用 CLR 线程池执行多个任务，并能自动处理工作分区、线程调度和取消、状态管理以及其他低级别的细节操作。

（2）TPL 还会动态地按比例调节并发程度，从而最有效地使用所有可用的处理器。

（3）TPL 比 Thread 更具智能性，当它通过试探法来预判任务集不会从并行运行中获得性能优势时，还会自动选择按顺序运行。

总之，利用 TPL，程序员不必考虑线程或线程池中执行的细节，开发人员只需要重点处理"做什么"即可。而在传统的多线程编程模型中，不但让开发人员处理"做什么"，而且还需要让开发人员自己去处理"如何做"时所涉及到的各种资源冲突和负载平衡等细节，此时如果开发人员经验不足，用传统的多线程模型编写出来的并行程序往往效率不高，而利用 TPL 来实现并行编程，既可以快速完成项目任务，又可以确保执行的效率。

在.NET 框架 4.5 中，TPL 的用法与.NET 框架 4.0 的用法相同，但是.NET 框架 4.5 中的并行计算性能比.NET 框架 4.0 提高了很多。即使在不改变任何并行代码的情况下，在.NET 框架 4.5 中运行也比在.NET 框架 4.0 中运行执行效率高得多。

3．并行编程建议的做法

当然，并非所有的任务都适合并行。例如，如果某个循环在每次迭代时只执行少量工作，或者它在很多次迭代时都不运行，那么并行化的开销可能导致代码运行更慢。在这种情况下，应该用顺序运行或者用基于任务的异步模式来实现而不是用 TPL 来实现。

这里特别强调的是，不论是数据并行、任务并行还是并行查询，在实际项目中都不应该在并行循环的内部频繁地和界面交互，这是因为频繁地调用共享资源（如界面控件、控制台或文件系统）会大幅降低并行循环的性能。尤其是在衡量并行执行的性能时，应该绝对避免在循环内和界面交互，如果确有必要，也应该一次性输出循环执行的结果。可是，作为例子，我们有时可能会这样做，但此时这些例子的目的只是为了让读者重点理解或观察并行执行的过程，而不是让读者在这些例子中去关注并行执行的速度。

6.1.3　并行编程中的分区（Partitioner）

在数据并行或者并行查询中，对源集合进行分区用 System.Collections.Concurrent 命名空间中提供的 Partitioner 类来实现，即将源集合分为可由多个线程同时访问的多个部分，将其分为多个部分后，多个线程就能够同时操作不同的片段。

PLINQ 和任务并行库（TPL）都提供了默认的分区程序，当用 PLINQ 编写并行查询或者用 ForEach 方法执行数据并行时，默认的分区程序将以透明方式工作，即对开发人员不可见。

对于开发人员来说，一般情况下，使用默认的分区程序就足够满足要求了。如果希望自己控制分区，还可以自定义分区程序，但前提是开发人员要能确保自定义分区比默认的分区程序执行效率高。

有以下几种分区方式。

1．按范围分区

按范围分区适用于已经知道长度的数据源。比如数组和其他已建立索引的源（如预先知道长度的 IList 集合）等，此时多个线程将协同并行处理原始源序列的不同片段，即每个线程都接收唯一的开始和结束索引，并行处理时不会覆盖其他线程或被其他线程覆盖。

按范围分区中涉及的唯一内存开销是创建范围的初始工作，之后不再需要其他同步。因此，只要平均划分工作负载，它就能够提供很好的性能。

按范围分区的缺点是：如果一个线程提前完成，而其他线程尚未完成，该线程也无法帮助这些未完成的线程加快完成它们的工作。

2. 按区块分区

对于长度未知的链接列表或其他集合，可以使用按区块分区。

在按区块分区中，并行循环或查询中的每个线程或任务都对一个区块中一定数量的源元素进行处理，然后返回检索其他元素。分区程序可确保分发所有元素，并且没有重复项。区块可为任意大小。只要区块不是太大，这种分区在本质上是负载平衡的，原因是为线程分配元素的操作不是预先确定的。但是，每次线程需要获取另一个区块时，分区程序都会产生同步开销。在这些情况下产生的同步量与区块的大小成反比。

一般情况下，按区块分区的速度在大多数情况下都比按范围分区速度快。只有当委托的执行时间较短或者中等，处理的数据源具有大量的元素，并且每个分区的总工作量大致相等时，按范围分区的速度才会较快。对于元素数量很少或者委托执行时间较长的源，则按区块分区和按范围分区的性能大致相等。

3. 动态分区

TPL 分区程序还支持动态数量的分区，即可以随时创建分区。比如当 ForEach 循环生成新任务时的情况即是如此。此功能使分区程序能够随循环本身一起缩放。

动态分区程序在本质上也是负载平衡的。当创建自定义分区程序时，必须支持可从 ForEach 循环中使用动态分区。

4. 自定义分区程序

在某些情况下，可能值得或者甚至要求实现自定义的分区程序。例如有这样一个自定义集合类，根据对该类的内部结构的了解，确认能够采用比默认分区程序更有效的方式对其进行分区。或者，根据对在源集合中的不同位置处理元素所花费时间的了解，可能需要创建大小不同的范围分区。

若要创建自定义分区程序，可从 System.Collections.Concurrent.Partitioner<TSource>派生一个类并重写虚方法。

由于这部分比较复杂，我们不再进行过多介绍，有兴趣的读者可参考相关资料。

6.2　Parallel 类及其帮助器类

这一节我们简单介绍并行编程时使用的类以及涉及到的数据结构，这些内容是用 TPL 编写单机多核并行程序的基础。

6.2.1　Parallel 类

数据并行和任务并行都是利用 System.Threading.Tasks.Parallel 类来实现的。Parallel.For 和 Parallel.ForEach 方法用于数据并行，Parallel.Invoke 方法用于任务并行。

1. Parallel.For 方法

实现数据并行的途径之一是利用 Parallel 类的静态 For 方法来实现。

Parallel.For 方法用于并行执行 for 循环。静态的 For 方法有 12 种重载形式（6 种 32 位重载，6 种 64 位重载），一般形式如下。

```
Parallel.For(<开始索引>,<结束索引>,<每次迭代执行的委托>)
```

在每次循环迭代中，都自动分配一个内核执行指定的 Action<T>委托。例如：

```
Parallel.For(0,20,(i)=>Method(i));
```

该语句的含义为：共迭代执行 20 次（0 到 19），每次都在某个内核线程中分区执行一次 Action 委托。它和下面的代码是等价的。

```
Action a = (i)=> Method(i);
Parallel.For(0,20,a);
```

（1）32 位重载形式

下面是 Parallel 类静态的 For 方法 32 位重载的形式。

```
For(Int32, Int32, Action<Int32>)
For(Int32, Int32, ParallelOptions, Action<Int32>)
For(Int32, Int32, Action<Int32, ParallelLoopState>)
For(Int32, Int32, ParallelOptions, Action<Int32, ParallelLoopState>)
For<TLocal>(Int32, Int32, Func<TLocal>, Func<Int32, ParallelLoopState, TLocal,
TLocal>, Action<TLocal>)
For<TLocal>(Int32, Int32, ParallelOptions, Func<TLocal>, Func<Int32, ParallelLoopState,
TLocal, TLocal>, Action<TLocal>)
```

下面是 For(Int32, Int32, Action<Int32>)的语法。

```
public static ParallelLoopResult For(
    int fromInclusive,  //开始索引（包含）
    int toExclusive,  //结束索引（不包含）
    Action<int> body  //每次迭代执行的 Action<T>委托
)
```

下面的代码演示了如何使用该语法并行执行 5 次（0 到 4）迭代。

```
Parallel.For(0, 5, (i)=>{Console.WriteLine(i);});
```

下面的代码是不采用并行时的 for 循环语句实现。

```
for(int i=0; i<5; i++){ Console.WriteLine(i);}
```

（2）64 位重载形式

如果将 6 种 32 位重载中的 int 都改为 long，就是 6 种 64 位的重载形式。

在 64 位计算机上并行的代码无法在 32 位机器上运行。而在 32 位计算机上并行的代码虽然也可以在 64 位机器上运行，但效率没有 64 位重载形式高。

2. Parallel.ForEach 方法

实现数据并行的途径之二是利用 Parallel 类的静态 ForEach 方法来实现。

Parallel.ForEach 方法用于并行执行 foreach 循环。并行的情况不同，进行并行迭代的形式也不同。

（1）在 IEnumerable 上并行

IEnumerable 是指可枚举的集合。下面的重载形式在 IEnumerable 上可能会并行迭代。

```
ForEach<TSource>(IEnumerable<TSource>, Action<TSource>)
ForEach<TSource>(IEnumerable<TSource>, Action<TSource, ParallelLoopState>)
ForEach<TSource>(IEnumerable<TSource>, Action<TSource, ParallelLoopState, Int64>)
```

```
ForEach<TSource>(IEnumerable<TSource>, ParallelOptions, Action<TSource>)
ForEach<TSource>(IEnumerable<TSource>, ParallelOptions, Action<TSource, ParallelLoopState>)
ForEach<TSource>(IEnumerable<TSource>, ParallelOptions, Action<TSource, ParallelLoopState,
Int64>)
```

这些重载形式都采用默认的分区程序，这是最常用的实现数据并行的方式。下面的代码演示了一个简单的并行实现。

```
Parallel.ForEach(sourceCollection, item => Process(item));
```

下面是与该行代码等效的顺序实现的 foreach 循环。

```
foreach (var item in sourceCollection)
{
    Process(item);
}
```

（2）在 Partitioner 中并行

如果开发人员能确认自定义分区的执行效率比系统默认的分区程序执行效率高，也可以通过 System.Collections.Concurrent 命名空间下的.Partitioner 类自己指定分区方式。

下面的重载形式在 Partitioner 中可能会并行运行迭代。

```
ForEach<TSource>(Partitioner<TSource>, Action<TSource>)
ForEach<TSource>(Partitioner<TSource>, Action<TSource, ParallelLoopState>)
ForEach<TSource>(Partitioner<TSource>, ParallelOptions, Action<TSource>)
ForEach<TSource>(Partitioner<TSource>, ParallelOptions, Action<TSource, ParallelLoopState>)
```

用这种方式进行数据并行时，TPL 将按指定的分区方式对数据源进行分区。此时调度程序会根据系统资源和工作负荷自动对任务进行分区。如有可能，调度程序还会在工作负荷变得不平衡的情况下在多个线程和处理器之间重新分配工作。

（3）在 OrderablePartitioner 中并行

OrderablePartitioner 是指具有排序的分区。

下面的重载形式在 OrderablePartitioner<TSource>中可能会并行运行迭代。

```
ForEach<TSource>(OrderablePartitioner<TSource>, Action<TSource, ParallelLoopState,
Int64>)
ForEach<TSource>(OrderablePartitioner<TSource>, ParallelOptions, Action<TSource,
ParallelLoopState, Int64>)
```

（4）具有线程本地数据的并行

对于 IEnumerable、Partitioner 以及 OrderablePartitioner，在并行循环中还可以包含线程本地数据，以便通过内部缓存提高并行执行的效率。重载形式有：

```
ForEach<TSource, TLocal>(IEnumerable<TSource>, Func<TLocal>,
        Func<TSource, ParallelLoopState, TLocal, TLocal>, Action<TLocal>)
ForEach<TSource, TLocal>(IEnumerable<TSource>, Func<TLocal>,
        Func<TSource, ParallelLoopState, Int64, TLocal, TLocal>, Action<TLocal>)
ForEach<TSource, TLocal>(IEnumerable<TSource>, ParallelOptions, Func<TLocal>,
        Func<TSource, ParallelLoopState, TLocal, TLocal>, Action<TLocal>)
ForEach<TSource, TLocal>(IEnumerable<TSource>, ParallelOptions, Func<TLocal>,
        Func<TSource, ParallelLoopState, Int64, TLocal, TLocal>, Action<TLocal>)
ForEach<TSource, TLocal>(Partitioner<TSource>, ParallelOptions, Func<TLocal>,
        Func<TSource, ParallelLoopState, TLocal, TLocal>, Action<TLocal>)
ForEach<TSource, TLocal>(Partitioner<TSource>, Func<TLocal>,
        Func<TSource, ParallelLoopState, TLocal, TLocal>, Action<TLocal>)
ForEach<TSource, TLocal>(OrderablePartitioner<TSource>, Func<TLocal>,
```

```
            Func<TSource, ParallelLoopState, Int64, TLocal, TLocal>, Action<TLocal>)
ForEach<TSource, TLocal>(OrderablePartitioner<TSource>, ParallelOptions,
        Func<TLocal>, Func<TSource, ParallelLoopState, Int64, TLocal, TLocal>,
        Action<TLocal>)
```

3. Parallel.Invoke 方法

Parallel.Invoke 方法用于任务并行。重载形式有：

```
Invoke(Action[])
Invoke(ParallelOptions, Action[])
```

这两种方式都是尽可能并行执行提供的操作，采用第二种重载形式还可以取消操作。

6.2.2　Parallel 帮助器类

在 Parallel.For 和 Parallel.ForEach 方法的重载形式中，可以停止或中断循环执行、监视其他线程上循环的状态、维护线程本地状态、完成线程本地对象以及控制并发程度等。与这些功能相关的帮助器类包括 ParallelOptions、ParallelLoopState、ParallelLoopResult、CancellationToken 和 CancellationTokenSource。

1. ParallelOptions 类

ParallelOptions 类用于为 Parallel 类的方法提供操作选项，常用属性如下。

● CancellationToken：获取或设置与此 ParallelOptions 实例关联的 CancellationToken。

● MaxDegreeOfParallelism：获取或设置此 ParallelOptions 实例所允许的最大并行度，即限制将使用多少并发任务。其中，–1 表示对同时运行的操作数量没有限制。一般在高级应用中才需要设置它。例如，如果所使用的算法用不到很多的内核处理器，即可通过设置该属性避免内核浪费。或者，如果同时运行多个算法，并需要手动分区，此时也可以使用它设置每个分区的 MaxDegreeOfParallelism 的值。对于某些工作量，线程池的试探法可能无法确定线程的正确数目，并可能导致插入许多线程。例如，在长时间运行的循环体迭代中，线程池不能为合理的进度之间的差异而还原已添加的线程提高性能。在这种情况下，可设置 MaxDegreeOfParallelism 值确保不使用更多的线程。

● TaskScheduler：获取或设置与此 ParallelOptions 实例关联的任务调度策略，null 表示应使用当前调度程序。

2. ParallelLoopState 类

ParallelLoopState 类用于将 Parallel 循环的迭代与其他迭代交互。该类的实例由 Parallel 类来提供给每个循环，而不是在代码中直接创建该类的实例。

常用属性和方法如下。

● IsExceptional 属性：获取循环过程中某个迭代是否出现了未处理的异常。

● IsStopped 属性：获取循环过程中某个迭代是否已调用了 Stop 方法。

● Break 方法：告知 Parallel 循环应尽早停止执行当前迭代之外的迭代。

● Stop 方法：告知 Parallel 循环应尽早停止执行。

3. ParallelLoopResult 类

ParallelLoopResult 类用于提供 Parallel 循环的完成状态，常用属性如下。

● IsCompleted：获取该循环是否已运行完成（即该循环的所有迭代均已执行，并且该循环没有收到提前结束的请求）。

● LowestBreakIteration：获取从中调用 Break 的最低迭代的索引。

如果 IsCompleted 返回 true，则表示所有迭代都完成。如果 IsCompleted 返回 false，并且

LowestBreakIteration 返回非 null 值，表示用 Stop 提前结束了循环。如果 IsCompleted 返回 false，并且 LowestBreakIteration 返回非 null 整数值，表示用 Break 提前结束了循环。

4．CancellationToken 类和 CancellationTokenSource 类

该类的含义及用法在基于任务的异步编程中已经介绍过，此处不再重复。

6.2.3　用于线程全局变量的数据结构

编写并行程序时，有两种形式的变量，一种是线程全局变量，即所有线程都共享的变量，使用这些变量时，需要解决资源争用和死锁问题；另一种是线程局部变量，即某个线程内的临时变量，由于其他线程无法访问这些临时变量，因此使用这些变量时，不存在资源争用和死锁问题。

1．基本概念

线程全局变量、线程局部变量、字段、局部变量之间的区别和联系如下。

● 线程全局变量可能是字段，也可能是局部变量，但字段和局部变量不一定是线程全局变量。只有当变量所在的代码段通过 Parallel 类在线程池中运行并可供多个并发的线程共享时，这些变量才称为线程全局变量。

● 线程局部变量肯定是局部变量，但局部变量不一定是线程局部变量。只有在并行迭代循环体内定义的局部变量才称为线程局部变量。

使用线程局部变量的目的是为了提高并行的效率。

由于线程全局变量存在资源争用和死锁问题，所以必须选择合适的数据结构去解决。

2．用 volatile 关键字或者原子操作实现

对于单个数据（如 int、double、string 等类型的数据），当将其作为线程全局变量使用时，可利用 volatile 关键字将其作为字段来解决同步和冲突问题，或者利用原子操作（Interlocked 类提供的静态方法）来解决。

3．用并发集合类实现

对于集合，当需要高效地多任务并发访问时，建议用 System.Collections.Concurrent 命名空间中的并发集合类来实现，而不是用一般的集合或者泛型集合来实现。

从.NET 框架 4.0 开始，在 System.Collections.Concurrent 命名空间下，增加了用于多线程协同的并发集合类，这些并发集合类自动解决了可能会导致的各种冲突问题，不需要开发人员再使用"锁"去处理。常用的并发集合类有以下几种。

（1）ConcurrentBag<T>

System.Collections.Concurrent 命名空间下的 ConcurrentBag<T>表示可供多个线程同时安全访问的无序包，包（Bag）和数学上的集（Set）的区别是"包"中可包含重复的元素，而"集"中没有重复的元素。

当多任务并发访问某个无序列表时，建议尽量使用不需要锁的 ConcurrentBag<T>来实现，而不是用 System.Collections.Generic 命名空间下的泛型列表 List<T>来实现。例如：

```
long N = 100000;
var data = new System.Collections.Concurrent.ConcurrentBag<Data>();
Parallel.For(0, N, (i) =>
{
    data.Add(new Data() { Name = i.ToString(), Number = i });
});
......
public class Data
```

```
{
    public string Name { get; set; }
    public double Number { get; set; }
}
```

（2）队列、堆栈和字典

当有多个任务同时并发访问队列、堆栈或者字典时，应该尽量用以下不需要锁的并发集合类来实现。

对于队列（FIFO，先进先出），应该用 ConcurrentQueue<T>而不是 Queue。

对于堆栈（LIFO，后进先出），应该用 ConcurrentStack<T>而不是 Stack。

对于字典，应该用 ConcurrentDictionary<TKey, TValue>而不是 Dictionary<TKey, TValue>。

6.3　数据并行

数据并行是指对源集合或数组中的元素同时（即并行）执行相同操作的情况。在数据并行操作中，Parallel 类的静态 For 方法或 ForEach 方法会自动对源集合进行分区，以便多个线程能够同时对不同的片段进行操作。另外，其循环逻辑与用 for 语句或者 foreach 语句编写顺序循环类似，开发人员不必创建线程或线程池中的工作项，在基本的循环中，也不必采用锁。这是因为 TPL 会自动处理所有低级别的工作。

这里需要再次强调，在多重循环中，一般只对外部循环进行并行化，如果内部循环执行的工作用时较少，此时将内循环也并行反而会降低整体运行的性能。

总之，仅并行化外部循环是在大多数系统上最大程度地发挥并发优势的最佳方式。

6.3.1　利用 Parallel.For 方法实现数据并行

如果不需要取消或中断迭代，或者不需要保持线程本地状态，此时用 Parallel.For 方法来实现最简单。

1. 简单的 Parallel.For 循环

Parallel.For 方法最简单的重载形式如下。

```
For(Int32, Int32, Action<Int32>)
```

下面通过例子说明其基本用法。

【例 6-1】演示 Parallel.For 方法的基本用法，运行效果如图 6-1 所示。

图 6-1　例 6-1 的运行效果

该例子的源程序在 ParallelForExample1.xaml 及其代码隐藏类中，主要代码如下。

```csharp
public partial class ParallelForExample1 : Page
{
    public ParallelForExample1()
    {
        InitializeComponent();
    }
    private void btnStart_Click(object sender, RoutedEventArgs e)
    {
        textBlock1.Text = "";
        int n = 20;
        AddInfo("计算两个数组的和。");
        int[] a = Enumerable.Range(1, n).ToArray();
        int[] b = Enumerable.Range(1, n).ToArray();
        int[] c = new int[n];
        Action<int> action = (i) =>
        {
            c[i] = a[i] + b[i];
        };
        Stopwatch sw = Stopwatch.StartNew();
        Parallel.For(0, n, action);
        sw.Stop();
        AddInfo("并行用时: {0}ms, 结果: {1}",
            sw.ElapsedMilliseconds, string.Join(",", c));
        sw.Restart();
        for (int i = 0; i < n; i++)
        {
            c[i] = a[i] + b[i];
        }
        sw.Stop();
        AddInfo("非并行用时: {0}ms, 结果: {1}",
            sw.ElapsedMilliseconds, string.Join(",", c));
    }
    private void AddInfo(string format, params object[] args)
    {
        textBlock1.Text += string.Format(format, args) + "\n";
    }
}
```

2. 带并行选项的 Parallel.For 循环

有时候，可能需要指定并行选项以获得最佳的性能，此时可以用下面的重载形式。

```csharp
For(Int32, Int32, ParallelOptions, Action<Int32>)
```

其完整的语法如下：

```csharp
public static ParallelLoopResult For(
    int fromInclusive,                //开始索引（包含）
    int toExclusive,                  //结束索引（不包含）
    ParallelOptions parallelOptions,  //并行选项
    Action<int> body                  //每个迭代调用的委托
)
```

下面通过例子说明其基本用法。

【例 6-2】演示带并行选项的 Parallel.For 方法的基本用法，运行效果如图 6-2 所示。

图 6-2　例 6-2 的运行效果

该例子的源程序在 ParallelForExample2.xaml 及其代码隐藏类中，主要代码如下。

```
public partial class ParallelForExample2 : Page
{
    public ParallelForExample2()
    {
        InitializeComponent();
    }
    private void btnStart_Click(object sender, RoutedEventArgs e)
    {
        textBlock1.Text = "";
        int n = int.Parse(textBox1.Text); //这里省略了异常处理
        Stopwatch sw = new Stopwatch();
        AddInfo("向集合中添加 {0} 个对象（请多次单击按钮观察）", n);
        Action<int> action1 = NewAction();
        sw.Restart();
        Parallel.For(0, n, action1);
        sw.Stop();
        AddInfo("使用默认的并行选项，用时：{0}ms ", sw.ElapsedMilliseconds);
        Action<int> action2 = NewAction();
        ParallelOptions option = new ParallelOptions();
        option.MaxDegreeOfParallelism = 4 * Environment.ProcessorCount;
        sw.Restart();
        Parallel.For(0, n, option, action2);
        sw.Stop();
        AddInfo("自定义并行选项，用时：{0}ms，最大并行度：{1} ",
            sw.ElapsedMilliseconds,option.MaxDegreeOfParallelism);
        List<Data> data = new List<Data>();
        sw.Restart();
        for (int i = 0; i < n; i++)
        {
            data.Add(new Data() { Name = "A" + i.ToString(), Number = i });
        }
        sw.Stop();
        AddInfo("非并行用时：{0}ms ", sw.ElapsedMilliseconds);
    }
    private void AddInfo(string format, params object[] args)
```

```
    {
        textBlock1.Text += string.Format(format, args) + "\n";
    }
    private Action<int> NewAction()
    {
        var cb = new ConcurrentBag<Data>();
        Action<int> action = (i) =>
        {
            cb.Add(new Data() { Name = "A" + i.ToString(), Number = i });
        };
        return action;
    }
}
```

从这个例子中可以看出，并不是并行度（即同时创建的线程数）越大，效率就越高。这要看循环体执行的是什么操作，以及能否重复利用循环体缓存的结果。在实际的项目开发中，可经过多次测试后，再对其设置一个合适的并行度。

3. 带并行循环状态的 Parallel.For 循环

如果希望监视或控制并行循环的状态，可以用下面的 32 位重载形式。

```
For(Int32, Int32, Action<Int32, ParallelLoopState>)
```

其完整的语法如下：

```
public static ParallelLoopResult For(
    int fromInclusive,                  //开始索引（包含）
    int toExclusive,                    //结束索引（不包含）
    Action<int, ParallelLoopState> body //每个迭代调用的委托
)
```

下面通过例子说明其基本用法。

【例 6-3】 演示带并行循环状态的 Parallel.For 方法的基本用法，运行效果如图 6-3 所示。

图 6-3　例 6-3 的运行效果

该例子的源程序在 ParallelForExample3.xaml 及其代码隐藏类中，主要代码如下。

```
public partial class ParallelForExample3 : Page
{
    public ParallelForExample3()
    {
        InitializeComponent();
    }
    private void btnStart_Click(object sender, RoutedEventArgs e)
    {
        textBlock1.Text = "";
```

```
    int n = int.Parse(textBox1.Text);
    AddInfo("向集合中添加 {0} 个对象（请多次单击按钮观察）\n", n);
    var cb = new ConcurrentBag<Data>();
    Action<int, ParallelLoopState> action = (i, loopState) =>
    {
        Data data = new Data() { Name = "A" + i.ToString(), Number = i };
        cb.Add(data);
        AddInfo("{0}\t", i);
        if (i == 10) loopState.Break();
    };
    try
    {
        var result = Parallel.For(0, n, action);
        AddInfo("\n 任务是否全部正常完成：{0}", result.IsCompleted);
    }
    catch (Exception ex)
    {
        MessageBox.Show(ex.ToString());
    }
}
private void AddInfo(string format, params object[] args)
{
    textBlock1.Dispatcher.InvokeAsync(() =>
    {
        textBlock1.Text += string.Format(format, args);
    });
}
```

在这个例子中，调用了 ParallelLoopState 对象的 Break 方法，该方法告知 Parallel 循环应尽早停止执行当前迭代之外的迭代。但是，由于迭代是在线程池中并行执行的，所以其他正在执行的迭代不一定会马上停止。

4. 带线程局部变量的 Parallel.For 循环

线程局部变量是指某个线程内的局部变量，其他线程无法访问。线程局部变量保存的数据称为线程本地数据。

当要在多个线程中调用线程局部变量，比如每个线程都通过某种运算得到一个数，而并行的目的是将这些数累加在一起，此时可以使用下面的重载。

```
For<TLocal>(Int32, Int32, Func<TLocal>, Func<Int32, ParallelLoopState, TLocal,
TLocal>, Action<TLocal>)
```

该重载的语法如下：

```
public static ParallelLoopResult For<TLocal>(
    int fromInclusive,                      //开始索引（包含）
    int toExclusive,                        //结束索引（不包含）
    Func<TLocal> localInit,                 //返回每个任务初始化的状态
    Func<int, ParallelLoopState, TLocal, TLocal> body, //每个迭代调用一次
    Action<TLocal> localFinally             //对每个任务执行一个最终操作
)
```

下面通过例子说明其基本用法。

【例 6-4】演示带线程局部变量的 Parallel.For 方法的基本用法，要求并行初始化每个 Data 对

象，并计算所有 Data 对象中 Number 的和。程序运行效果如图 6-4 所示。

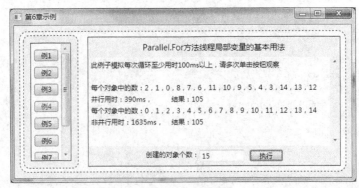

图 6-4 例 6-4 的运行效果

该例子的源程序在 ParallelForExample4.xaml 及其代码隐藏类中，主要代码如下。

```csharp
public partial class ParallelForExample4 : Page
{
    public ParallelForExample4()
    {
        InitializeComponent();
    }
    private async void btnStart_Click(object sender, RoutedEventArgs e)
    {
        this.Cursor = Cursors.Wait;
        Stopwatch sw = new Stopwatch();
        textBlock1.Text = "";
        int n = int.Parse(textBox1.Text);
        AddInfo("此例子模拟每次循环至少用时 100ms 以上，请多次单击按钮观察\n");
        await ParaSumAsync(n);
        await SumAsync(n);
        this.Cursor = Cursors.Arrow;
    }
    private async Task ParaSumAsync(int n)
    {
        await Task.Delay(0);
        int total = 0;
        var cb = new ConcurrentBag<Data>();
        Func<int> subInit = () => 0;
        Func<int, ParallelLoopState, int, int> body = (i, loopState, subTotal) =>
        {
            Data data = new Data() { Name = "A" + i.ToString(), Number = i };
            cb.Add(data);
            subTotal += data.Number;
            //模拟每次循环至少用时 100 毫秒以上，因为该例子每次用时很少，体现不出并行的优势
            Thread.Sleep(TimeSpan.FromMilliseconds(100));
            return subTotal;
        };
        Action<int> action = (subTotal) =>
        {
            //由于 total 是线程全局变量，因此需要通过原子操作解决资源争用问题
            total = Interlocked.Add(ref total, subTotal);
        };
```

```
        Stopwatch sw = Stopwatch.StartNew();
        Parallel.For(0, n, subInit, body, action);
        sw.Stop();
        string s = "";
        foreach (var v in cb)
        {
            s += v.Number.ToString() + ", ";
        }
        AddInfo("每个对象中的数：{0}", s.TrimEnd(', '));
        AddInfo("并行用时：{0}ms, \t 结果：{1}", sw.ElapsedMilliseconds, total);
    }
    private async Task SumAsync(int n)
    {
        int sum = 0;
        string s = "";
        var list = new List<Data>();
        Stopwatch sw = Stopwatch.StartNew();
        for (int i = 0; i < n; i++)
        {
            Data data = new Data() { Name = "A" + i.ToString(), Number = i };
            list.Add(data);
            sum += list[i].Number;
            s += list[i].Number.ToString() + ", ";
            //模拟每次循环至少用时 100 毫秒以上
            await Task.Delay(TimeSpan.FromMilliseconds(100));
        }
        sw.Stop();
        AddInfo("每个对象中的数：{0}", s.TrimEnd(', '));
        AddInfo("非并行用时：{0}ms, \t 结果：{1}", sw.ElapsedMilliseconds, sum);
    }
    private void AddInfo(string format, params object[] args)
    {
        textBlock1.Text += string.Format(format, args) + "\n";
    }
}
```

通过使用线程本地数据，可避免将大量的访问同步为共享状态所导致的额外开销。其基本思路是，在所有迭代完成之前计算和存储值，而不是在每个迭代中都写入到共享资源。最后再将结果一次性写入到共享资源中，或将其传递到另一个方法。

该例子同时模拟了需要长时间运行的多个任务，为了不影响界面操作，例子还采用了异步模式调用并行执行的过程。

6.3.2　利用 Parallel.ForEach 方法实现数据并行

Parallel 类的静态 ForEach 方法的工作方式类似于 foreach 循环。该方法根据系统环境对源集合进行分区，并在多个线程上通过调度程序按计划工作。一般情况下，系统中的处理器越多，并行方法的运行速度就越快。但是，对于某些源集合，采用顺序循环可能更快，具体取决于源的大小和正在执行的工作类型。

1. 简单的 Parallel.ForEach 循环

Parallel.ForEach 方法最简单的重载形式如下。

```
ForEach<TSource>(IEnumerable<TSource>, Action<TSource>)
```

下面通过例子说明其基本用法。

【例 6-5】演示 Parallel.ForEach 方法的基本用法，运行效果如图 6-5 所示。

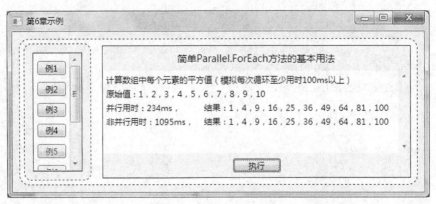

图 6-5　例 6-5 的运行效果

该例子的源程序在 ParallelForEachExample1.xaml 及其代码隐藏类中，主要代码如下。

```
public partial class ParallelForEachExample1 : Page
{
    public ParallelForEachExample1()
    {
        InitializeComponent();
    }
    private async void btnStart_Click(object sender, RoutedEventArgs e)
    {
        textBlock1.Text = "";
        AddInfo("计算数组中每个元素的平方值（模拟每次循环至少用时 100ms 以上）");
        int n = 10;
        int[] a = Enumerable.Range(1, n).ToArray();
        AddInfo("原始值: {0}", string.Join(", ", a));
        await ParaGetNumAsync(n, a);
        await GetNumAsync(n, a);
    }
    private async Task ParaGetNumAsync(int n, int[] a)
    {
        await Task.Delay(0);
        ConcurrentBag<double> cb = new ConcurrentBag<double>();
        Stopwatch sw = Stopwatch.StartNew();
        Parallel.ForEach(a, (v) =>
        {
            cb.Add(v * v);
            //模拟每次循环至少用时 100ms 以上，因为该例子每次用时很少，体现不出并行的优势
            Thread.Sleep(TimeSpan.FromMilliseconds(100));
        });
        sw.Stop();
        double[] b = cb.ToArray();
        Array.Sort(b);
        AddInfo("并行用时: {0}ms, \t 结果: {1}",
            sw.ElapsedMilliseconds, string.Join(", ", b));
```

```
    }
    private async Task GetNumAsync(int n, int[] a)
    {
        List<double> list = new List<double>();
        Stopwatch sw = Stopwatch.StartNew();
        foreach (var v in a)
        {
            list.Add(v * v);
            //模拟每次循环至少用时100ms以上
            await Task.Delay(TimeSpan.FromMilliseconds(100));
        }
        sw.Stop();
        AddInfo("非并行用时: {0}ms, \t 结果: {1}", sw.ElapsedMilliseconds,
            string.Join(", ", list.ToArray()));
    }
    private void AddInfo(string format, params object[] args)
    {
        textBlock1.Text += string.Format(format, args) + "\n";
    }
}
```

2. 通过按范围分区加快小型循环体的速度

简单的 Parallel.ForEach 方法是以委托的方式将循环体提供给 ForEach 的参数，调用该委托的开销大致与虚方法调用相同。但是，在某些情况下，并行循环的循环体可能很小，这会导致对每个循环迭代的委托调用的开销变得很大。此时可以使用 Partitioner 的静态 Create 方法对源元素创建按范围分区的 IEnumerable<T>，然后将此范围集合传递给由常规 for 循环组成的 ForEach 方法的循环体。这种处理方式的优点是：每个范围只会产生一次委托调用开销，而不是每个元素都产生一次。

下面通过例子说明其基本用法。

【例 6-6】演示按范围分区的 Parallel.ForEach 方法的基本用法，运行效果如图 6-6 所示。

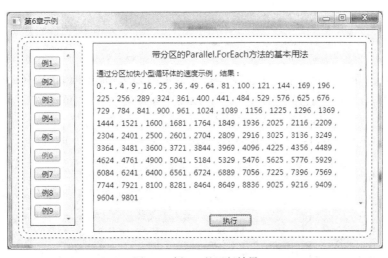

图 6-6　例 6-6 的运行效果

该例子的源程序在 ParallelForEachExample2.xaml 及其代码隐藏类中，主要代码如下。

```
public partial class ParallelForEachExample2 : Page
{
```

```
public ParallelForEachExample2()
{
    InitializeComponent();
}
private void btnStart_Click(object sender, RoutedEventArgs e)
{
    textBlock1.Text = "通过分区加快小型循环体的速度示例, 结果: \n";
    var source = Enumerable.Range(0, 100).ToArray();
    var rangePartitioner = Partitioner.Create(0, source.Length);
    double[] results = new double[source.Length];
    Parallel.ForEach(rangePartitioner, (range, loopState) =>
    {
        for (int i = range.Item1; i < range.Item2; i++)
        {
            results[i] = source[i] * source[i];
        }
    });
    textBlock1.Text += string.Join(", ", results);
}
}
```

6.4　任务并行

任务并行是指同时运行一个或多个独立的任务，而且并行的任务都是异步执行的。

6.4.1　Parallel.Invoke 方法

学习异步编程时，我们已经了解了创建任务的多种方式，只不过在创建后都是利用异步方式去运行某个任务。除了已经学习过的这些方式外，还可以使用 Parallel 类的静态 Invoke 方法同时执行多个任务。

Invoke 方法的语法形式如下。

```
public static void Invoke(Action[] actions )
public static void Invoke(ParallelOptions parallelOptions, Action[] actions )
```

其中，actions 可以包含多个方法或者委托，parallelOptions 通过 ParallelOptions 对象配置多任务并行执行时的操作选项，常用选项的含义见 Parallel 帮助器类一节中的介绍。

下面通过例子说明 Parallel.Invoke 方法的基本用法。

【例 6-7】演示 Parallel.Invoke 方法的基本用法，运行效果如图 6-7 所示。

图 6-7　例 6-7 的运行效果

该例子的源程序在 ParallelInvokeExample1.xaml 及其代码隐藏类中，主要代码如下。

```
public partial class ParallelInvokeExample1 : Page
{
    CancellationTokenSource cts;
    public ParallelInvokeExample1()
    {
        InitializeComponent();
        btnHelps.ChangeState(btnStart, true, btnStop, false);
    }
    private void btnStart_Click(object sender, RoutedEventArgs e)
    {
        textBlock1.Text = "";
        btnHelps.ChangeState(btnStart, false, btnStop, true);
        Action a1 = () => MyMethod("a");
        Action a2 = () => MyMethod("b");
        Action a3 = () => MyMethod("c");
        ParallelOptions options = new ParallelOptions();
        options.TaskScheduler = TaskScheduler.FromCurrentSynchronizationContext();
        cts = new CancellationTokenSource();
        options.CancellationToken = cts.Token;
        Parallel.Invoke(options, a1, a1, a2, a2, a2, a3);
    }
    private void btnStop_Click(object sender, RoutedEventArgs e)
    {
        cts.Cancel();
        textBlock1.Text += "\n任务被取消";
        btnHelps.ChangeState(btnStart, true, btnStop, false);
    }
    private async void MyMethod(string s)
    {
        while (cts.IsCancellationRequested == false)
        {
            textBlock1.Text += s;
            await Task.Delay(100);
        }
    }
}
```

在这个例子中，没有使用默认的任务调度程序，而是通过设置并行选项，将任务调度程序与 WPF 当前同步上下文关联起来，相关代码如下。

```
ParallelOptions options = new ParallelOptions();
options.TaskScheduler = TaskScheduler.FromCurrentSynchronizationContext();
```

如果不将其与 WPF 当前同步上下文关联在一起，这些用 Action 定义的多个并行执行的任务在执行期间将无法和 WPF 界面交互。

另外，在这个例子中，还演示了如何取消所有并行执行的任务。

下面再举一个例子，说明 Parallel.Invoke 方法的用法。

【例 6-8】通过多任务并行的方式，随机选择多个备选图像中的某一个图像，并将其放到某一个大图像块中的某个位置显示出来。此功能类似于拼图游戏以及连连看等游戏中随机产生的初始画面，程序运行效果如图 6-8 所示。

图 6-8　例 6-8 的运行效果

该例子的源程序在 ParallelInvokeExample2.xaml 及其代码隐藏类中，主要代码如下。

```csharp
public partial class ParallelInvokeExample2 : Page
{
    private Random r = new Random();
    public ParallelInvokeExample2()
    {
        InitializeComponent();
    }
    private void btnStart_Click(object sender, RoutedEventArgs e)
    {
        grid1.Children.Clear();
        ParallelOptions options = new ParallelOptions();
        options.TaskScheduler = TaskScheduler.FromCurrentSynchronizationContext();
        for (int i = 0; i < 4; i++)
        {
            for (int j = 0; j < 4; j++)
            {
                Parallel.Invoke(options, () => LoadImage(i, j));
            }
        }
    }
    private void LoadImage(int row, int col)
    {
        Image image = new Image();
        image.Source = ((Image)this.Resources["a" + r.Next(6)]).Source;
        image.Stretch = Stretch.Fill;
        Grid.SetRow(image, row);
        Grid.SetColumn(image, col);
        grid1.Children.Add(image);
    }
}
```

这里需要说明一点，例子只是为了演示多任务并行的基本设计思路，由于这个例子中每个任务执行的时间很短，因此并不能体现并行的优势。但是，当每个任务都需要很长时间才能完成时，此时并行的优势就体现出来了。每个任务需要的执行时间越长，并行执行的优点也越明显。

6.4.2　任务调度

任务调度也叫任务调度程序，或者叫任务计划程序。

任务调度是通过 System.Threading.Tasks 命名空间下的 TaskScheduler 类来完成的。任务调度的用途是确保安排的所有任务都能按计划执行。

1.　默认的调度程序

用 Parallel.Invoke 并行执行多个任务时，如果不指定 Task 或者 Task<TResult>的 CreationOptions 属性，或者用构造函数创建任务时未指定 TaskCreationOptions 参数，则任务实例的 CreationOptions 属性的默认值为 TaskCreationOptions.None，即使用当前默认的任务调度程序，没有自定义的任务调度程序。

在 .NET 框架 4.5 中，默认的任务调度程序通过改进后的线程池来实现，这和 .NET 框架早期版本的线程池完全不同。改进后的默认调度程序用两种队列对线程池中的线程进行排队，一种是按先进先出（FIFO）进行操作的全局队列，另一种是按后进先出（LIFO）进行操作的本地队列。另外，改进后的默认调度程序还自动实现了用于负载平衡的工作窃取、用于实现最大吞吐量的线程注入和撤销，以及在大多数情况下都表现非常出色的性能。

（1）ThreadPool 的全局队列和本地队列

在 .NET 框架 4.5 中，每个进程（应用程序域）都有一个对应的线程池，每个线程池都有一个全局队列，该队列负责按先进先出（FIFO）方式将顶级任务（即不是在另一个任务的上下文中创建的任务）添加到该队列中进行排队。添加到全局队列中的任务默认会安排到不同的多个可用处理器（多核处理器）上去执行。另外，从 .NET 框架 4.0 开始，此队列可以用类似于 ConcurrentQueue<T>类的无锁算法。通过无锁算法减少了工作项排队和离队操作时所花费的时间，因此并行执行的速度更快。

对于子任务或者嵌套任务，这些任务都将放入一个按后进先出（LIFO）方式操作的本地队列中，此时该队列的"父任务"是指在该线程的父级线程上执行的线程。这样做的好处是既可以保留缓存的资源位置，又能减少资源的争用情况。

由于父任务可能是顶级任务，也可能是另一个任务的子级，当此线程准备好执行更多工作时，它将首先在本地队列中查找。如果有正在等待的嵌套任务或者子任务，则该任务很快就会被访问。

下面的示例演示一些安排在全局队列上的任务，以及安排在本地队列上的其他任务。

```
void QueueTasks()
{
    // TaskA 是一个顶级任务，此线程将在线程池全局队列中排队
    Task taskA = Task.Factory.StartNew( () =>
    {
        // TaskB 是嵌套任务，TaskC 是子任务，这两种任务都会放入本地队列
        Task taskB = new Task( ()=> Console.WriteLine("Hello TaskB"));
        Task taskC = new Task(() => Console.WriteLine("Hello TaskC"),
                    TaskCreationOptions.AttachedToParent);
        taskB.Start();
        taskC.Start();
    });
}
```

使用本地队列不仅可以减轻全局队列上的压力，而且可以重复访问内存中缓存的数据。本地队列中的工作项经常引用内存中的物理位置互相接近的数据结构。在这些情况下，数据在第一个

任务运行后已位于缓存中，并且可快速访问。

PLINQ 和 Parallel 类都广泛使用嵌套任务和子任务，并通过使用本地队列实现了明显的加速。

（2）工作窃取

从.NET 框架 4.0 开始，线程池（ThreadPool）开始提供工作窃取算法，该算法可帮助确保其他线程在其队列仍然有工作任务时，没有线程处于空闲状态。当线程池线程准备好执行更多工作时，它将首先在其本地队列的开始部分查找，然后依次在全局队列和其他线程的本地队列中查找。如果它在另一个线程的本地队列中找到工作项，将会首先用试探法来判断是否能有效地执行该工作，如果能有效运行，则按 LIFO 顺序使队列末尾的工作项离队。这样可以减少每个本地队列上的争用并保留数据位置。与以前的版本相比，此体系结构可帮助 ThreadPool 更有效地平衡工作负载。

2. 自定义任务调度程序

安排一个新的任务时，大多数情况下，使用默认的任务调度程序就已经能满足各种需要了。但是，有时候自定义任务调度策略可能效率更高，此时可利用显式创建任务的办法来指定自定义的任务调度策略，即利用 TaskCreationOptions 枚举自定义调度选项。

除了用 Task.Run 方法隐式创建任务时系统使用默认的任务调度策略以外，使用 Task 或者 Task<TResult>的构造函数显式创建任务，或者使用 Parallel.Invoke 方法并行执行多个任务时，都可以通过设置 TaskCreationOptions 枚举的值自定义调度策略。

（1）TaskCreationOptions 枚举

TaskCreationOptions 枚举表示任务创建和执行任务时的可选行为，利用它可自定义任务调度策略。可选的枚举值如下。

- None：表示使用当前线程默认的任务调度程序。如果不指定 TaskCreationOptions，这是默认值。
- AttachedToParent：将指定的任务附加到任务层次结构中的某个父级。
- DenyChildAttach：不允许附加子任务，否则引发 InvalidOperationException 异常。
- HideScheduler：不使用自定义的调度程序。此时像 StartNew 或 ContinueWith 创建任务的执行操作将被视为用默认的当前调度程序来处理。
- LongRunning：允许创建比可用硬件线程数更多的线程来执行需要长时间运行的工作。这种方式相当于可单独创建长时间运行的线程，而不受硬件线程数的限制。
- PreferFairness：让任务调度程序以尽可能公平的方式安排任务，即按照 FIFO（先进先出）方式对任务排队，先安排的任务先执行，后安排的任务后执行。但是，当排队的多个任务耗时差别很大时，这样做有可能会引起任务堆积。

程序中还可以通过按位组合的方式同时指定多个行为。例如：

```
var t1 = new Task(() => MyLongRunningMethod(),
      TaskCreationOptions.LongRunning | TaskCreationOptions.PreferFairness);
t1.Start();
```

不过，只有当开发人员能确保用自定义的任务调度策略安排某个任务，比默认的任务调度策略执行效率高时，才需要通过 CreationOptions 自定义调度策略。

（2）长时间运行的任务

虽然默认的调度算法在大多数情况下效率都较高，但是，有时候我们可能需要明确防止将任务放入本地队列。例如某个特定的任务将运行很长的时间，并有可能阻塞本地队列中的所有其他任务。在这种情况下，可以指定 LongRunning 选项来告诉调度程序该任务可能需要附加线程，以便它不会阻止其他线程或本地队列中的任务。例如：

```
var t1 = new Task(() => MyLongRunningMethod(),
    TaskCreationOptions.LongRunning | TaskCreationOptions.PreferFairness);
t1.Start();
```

这种选项设置与用 Thread 类直接创建单独的线程非常相似，即不再将该任务放入 ThreadPool 中去排队执行（包括全局队列和本地队列）。

3. 任务工厂

如果使用的是.NET 框架 4.0 而不是.NET 框架 4.5 及更高版本，此时可通过任务工厂（TaskFactory 类和 TaskFactory<TResult>类）来指定任务调度策略，或者用它提供的 StartNew 方法直接启动任务。这两个类都在 System. Threading.Tasks 命名空间下。

下面举例说明 TaskFactory 类的基本用法。

【例 6-9】演示 Task.Factory.StartNew 方法的基本用法，运行效果如图 6-9 所示。

该例子的源程序在 TaskFactoryExample. xaml 及其代码隐藏类中，主要代码如下。

图 6-9 例 6-9 的运行效果

```
public partial class TaskFactoryExample : Page
{
    CancellationTokenSource cts = new CancellationTokenSource();
    public TaskFactoryExample()
    {
        InitializeComponent();
        btnHelps.ChangeState(btnStart, true, btnStop, false);
    }
    private void btnStart_Click(object sender, RoutedEventArgs e)
    {
        btnHelps.ChangeState(btnStart, false, btnStop, true);
        textBlock1.Text = "";
        cts = new CancellationTokenSource();
        TaskFactory factory = new TaskFactory(
            cts.Token,
            TaskCreationOptions.LongRunning,
            TaskContinuationOptions.PreferFairness,
            TaskScheduler.FromCurrentSynchronizationContext());
        factory.StartNew(() => Method1Async());
        factory.StartNew(() => Method2Async());
    }
    private void btnStop_Click(object sender, RoutedEventArgs e)
    {
        cts.Cancel();
        btnHelps.ChangeState(btnStart, true, btnStop, false);
    }
    private async void Method1Async()
    {
        //下面的循环体模拟长时间执行的工作
        while (cts.IsCancellationRequested == false)
        {
            textBlock1.Text += "a";
            await Task.Delay(100); //等待100ms
```

```
        }
        //任务 1 全部完成后，提示该线程结束
        textBlock1.Text += Environment.NewLine + "任务 Method1Async 已终止";
    }
    private async void Method2Async()
    {
        while (cts.IsCancellationRequested == false)
        {
            textBlock1.Text += "b";
            await Task.Delay(100);
        }
        textBlock1.Text += Environment.NewLine + "任务 Method2Async 已终止";
    }
}
```

通过任务工厂创建任务时，除了例子中的这种用法之外，还可以直接调用 Task 类的静态 Factory 属性的 StartNew 方法直接启动任务，例如：

```
Task t = Task.Factory.StartNew( () => ...);
```

不过，这里需要特别提醒一下，任务工厂的设计思路是用基于事件的异步编程技术去解决各种应用程序中的冲突和兼容性问题，而不是用基于任务的异步模式去实现的。从.NET 框架 4.5 开始，凡是任务工厂提供的功能，建议都通过基于任务的编程模型去实现，即 async 和 await 以及 Task.Run 方法或者用显式创建 Task 或者 Task<TResult>实例的办法来实现，而不是用任务工厂来实现。换言之，对于不带返回值的任务，创建 Task 实例是创建 TaskFactory 实例的替代品，Task.Run 方法是 Task.Factory.StartNew 方法的替代品。对于带返回值的任务也是如此。由于这种原因，我们不再介绍任务工厂的更多用法。但是，如果使用的是 VS2010 和.NET 框架 4.0 而不是 VS2012 和.NET 框架 4.5，此时只能用 Task.Factory.StartNew 方法来实现，这是因为 async、await 以及 Task.Run 方法都是从.NET 框架 4.5 才开始提供的，这些新增加的编程模型无法在.NET 框架 4.0 中使用。

实际上，由于多线程自身的复杂性，仅任务调度这一部分就可以用厚厚的一本书分别展开阐述各种情况及其调度策略的优缺点。简单来说，在.NET 框架 4.5 中，Task.Run 方法的默认调度程序对并行和异步做了更进一步的优化处理，更能充分利用多核硬件资源的优势。即使执行相同的代码，用 Task.Run 方法也比用任务工厂的 StartNew 方法的运行性能高。当然，出于兼容考虑，Task.Factory 提供的功能在新版本中仍然继续提供，但 VS2012 的各种智能提示都有意引导开发人员去使用新的编程模型。

总体来说，编写新的多线程并行应用程序时，建议尽量用 async、await、Task.Run 以及利用 Task 和 Task<TResult>的构造函数去实现，或者用 Parallel.Invoke 方法去实现，而不是用任务工厂提供的功能去实现。这里之所以单独介绍任务工厂这部分内容，目的是为了提醒读者不要将 Task.Factory 当作建议的技术去学习。

6.4.3 任务等待与组合

并行执行多个任务时，有时候可能需要某个任务等待另一个任务完成后才能开始执行，或者等待其他几个任务都完成后才能开始执行，此时可以通过调用等待方法来实现，或者将这些任务组合在一起来运行。

1. 等待一个或多个任务完成

有以下几种等待任务完成的办法。

（1）Wait 方法

Wait 方法用于等待任务完成。即在该任务完成前一直处于阻塞状态，而不会执行 Wait 下面的语句。例如：

```
Task t = Task.Run( () => {......});
t.Wait();
```

该方法有多种重载形式，包括只等待指定的时间（即超时后就不再等待）等。

（2）Task.WaitAll 方法

WaitAll 方法是 Task 类的一个静态方法，用于等待参数中指定的多个任务，当这些任务都完成后，才执行该方法下面的语句。语法如下：

```
public static void WaitAll(params Task[] tasks)
```

例如：

```
Func<object, int> func = (object obj) =>
{
    int k = (int)obj;
    return k + 1;
};
Task<int>[] tasks = new Task<int>[3];
for (int i = 0; i < tasks.Length; i++)
{
    tasks[i] = new Task<int>(func, i);
    tasks[i].Start();
}
try
{
    Task.WaitAll(tasks);
}
catch (Exception ex)
{
    MessageBox.Show(ex.ToString());
}
```

在这段代码中，创建的多个任务都有输入参数和输出参数，其用法类似于传统技术中创建并执行带参数的线程，其规定是：如果带输入参数，输入参数必须是 Object 类型。

（3）Task.WaitAny 方法

WaitAny 方法等待参数中提供的任一个 Task 对象完成执行过程。或者说，只要指定的多个任务中有一个任务完成，就不再等待。

该方法有多种重载的形式，常用重载形式的语法如下。

```
public static int WaitAny(params Task[] tasks)
public static int WaitAny(Task[] tasks, int millisecondsTimeout)
public static int WaitAny(Task[] tasks,CancellationToken cancellationToken)
```

例如：

```
var t1 = Task.Run(......);
var t2 = Task.Run(......);
Task.WaitAny(t1, t2);
```

Task.WaitAny方法主要适用于以下情况。

- 冗余处理：比如针对某个生产任务，可安排让多个空闲的处理器（或多个空闲的计算机）同时执行同一个任务，这些任务中只要有一个执行完毕，就不需要再等待其他的任务都完成，此时可立即通知其他的处理器或计算机取消执行相同的任务。

- 交错处理：比如某个生产过程包含多个子产品的生产，只有当某个子产品的生产任务执行完毕后，后续的其他多个任务才可以开始执行。在这种情况下，这些后续的任务都需要用WaitAny等待该任务执行完毕。

- 过期处理：有些任务是有期限要求的，比如利用卫星设备获取当日几点到几点之间的天气情况，如果因某些原因而无法让该任务在规定时间内完成时，该任务就属于过期的任务，此时就不必继续等待该任务。

（4）Task.FromResult方法

任务可能执行成功，也可能执行失败或出现异常。当被等待的任务执行完毕后，可通过该方法判断执行的结果。

2. 将当前任务的输出传递到后续任务

在当前任务完成时，可利用 Task.ContinueWith 方法和 Task<TResult>.ContinueWith 方法指定后续将要启动的一个或多个任务，同时还可以通过设置当前任务的 Result 属性，将当前任务执行的结果传递到后续的任务中。ContinueWith 方法有很多重载的形式，这些不同的重载形式分别适用于处理各种不同的情况。

除了 ContinueWith 方法外，还有 ContinueWhenAll 方法、ContinueWhenAny 方法。限于篇幅，我们不再详细介绍这些方法的各种用法。开发实际的项目时，可根据业务需求用其中的一种方式来实现。

3. 创建组合的任务

当多个任务之间存在先后执行的顺序要求时，除了用 async、await 以及等待方法来实现之外，还可以将被等待的任务组合在一起，这些方法有：

- Task.WhenAll 方法：当参数中指定这些任务都完成后，才不再等待，即可以开始执行其后面的任务。

- Task.WhenAny 方法：当参数中指定多个任务有一个完成，就不再等待。

由于创建组合任务这种用法仅是等待的形式不同，本质上和任务等待的实现思路是相同的，因此这里不再演示具体用法。

4. 用基于任务的异步模式实现

实际上，以上介绍的这些方法（等待和组合）也都可以用上一章介绍的基于任务的异步模式来完成。在实际的开发中，可根据具体需求选择其中的一种方式。

习　　题

1. TPL 支持哪些并行方式？
2. 并行编程中的分区有哪些形式？
3. 简述 Parallel 帮助器类有哪些？功能分别是什么？
4. 常用的并发集合类有几种？
5. 使用 Parallel.Invoke 方法时，为了能让 Action 与 WPF 界面交互，要注意什么问题？

第 2 篇
面向服务的 WCF 编程

　　这一篇我们主要介绍各种协议类基本编程技术以及面向服务架构的 WCF 分布式编程技术。

　　在实际的项目开发中，HTTP、TCP、UDP 是使用最多的网络通信协议。在本篇的学习中，除了了解传统的编程技术外，由于面向服务的 WCF 集成了 Web Service、各种网络通信协议、远程调用、本机进程间通信以及消息队列等功能，而且大大简化了分布式编程的复杂度，因此 WCF 是我们学习的重点。

　　本篇的最后给出了一个网络应用编程综合实例，相信读者掌握了 WCF 基本编程技术后，再通过综合例子的学习，网络应用编程能力一定会突飞猛进。

　　当然，仅仅靠本篇的介绍，是不能囊括所有网络相关的开发技术的。但是，本篇内容却是高级应用编程中最基本、最常用的技术，只有掌握了这些技术，才能顺利完成实际的项目。

第7章
WCF 入门

WCF（Windows Communication Foundation）是微软公司推出的符合 SOA（Service-Oriented Architecture，面向服务的体系结构）思想的技术框架和实现，它整合了 Web 服务（Web Service）、企业服务（Enterprise Service）、远程处理（RPC）、消息队列（MSMQ）等早期的多种复杂分布式编程技术，提供了一种统一可扩展的、面向服务架构的新的分布式应用程序编程模型。

这一章我们主要学习 WCF 的基本概念和 WCF 编程的入门知识，并通过例子说明创建 WCF 服务端项目和 WCF 客户端项目的基本用法。

7.1 预备知识

在实际的网络应用环境中，不同的应用系统经常出现使用不同的开发语言、各自运行在不同平台之上的情况。早期的解决方案都是分别用不同的技术去解决实际应用程序中遇到的各种问题。

作为学习 WCF 的预备知识，本节首先简单介绍早期的传统技术实现办法。

7.1.1 XML

XML（eXtensible Markup Language，可扩展的标记语言）是一套用文本来定义语义标记的元标记语言，具有与平台无关、可灵活的定义数据和结构信息、便于网络传递等优势。

XML 的含义主要有以下几点。

（1）XML 是文本编码，因此不受所选用的操作系统、对象模型和编程语言的影响，可在任何网络中正常传输。

（2）XML 中的所有标记都是自定义的，通过这些自定义的标记，可描述某种数据的不同部分及其嵌套的层次结构。

（3）XML 规定所有标记都必须有开始标志和结束标志。

下面的代码演示了 XML 的基本格式及其嵌套形式。

```
<root>
    <name>张三</name>
    <score>
        <语文>90</语文>
        <数学>95</数学>
    </score>
</root>
```

7.1.2　Web Service

Web Service 也叫 Web 服务，根据数据交换格式的不同，Web Service 又进一步分为 XML Web Service 和 JSON Web Service 等。

XML Web Service 是一种以 XML 作为数据交换格式、部署在 Web 服务器上的一种应用程序服务。由于这种 Web 服务用 XML 描述通信消息，而 XML 是基于文本的，因此，不论什么操作系统，也不论什么设备，只要能连接到 Internet，就能调用服务商（有偿或无偿）提供的服务。

以 JSON 作为数据交换格式的 Web 服务称为 JSON Web Service，一般在 Web 应用程序通过 HTML 和 JavaScript 调用这种服务。

下面简单介绍 XML Web Service 的实现原理及其所用到的协议和技术。这里需要提醒的是，介绍这些概念的目的不是为了让读者直接用传统的 Web Service 技术实现编程，而是建议用后面将要介绍的 WCF 来实现。但是，由于 Web Service 只是 WCF 的其中一种功能，因此学习 WCF 时仍然会需要用到这些基本概念。

1. Web 服务的体系结构

Web 服务的体系结构是基于服务提供者、服务请求者、服务注册中心 3 个角色，利用发布、发现、绑定 3 个操作来构建的。服务提供者利用服务注册中心来发布 Web 服务，服务请求者在服务注册中心查找服务注册记录，来发现合适的服务，当找到合适的服务描述后，即可绑定服务提供者提供的服务。

（1）SOAP

由于 Web 服务是通过 Web 服务器发布的，因此客户端应用程序必须先通过某种协议（HTTP 或 SOAP）生成请求消息，然后将请求消息通过网络传递到服务器。Web 服务对接收的信息进行处理后，再通过网络将结果返回到客户端应用程序。

SOAP（Simple Object Access Protocol，简单对象访问协议）是一种基于 XML 的、以 HTTP 作为基础传输协议的消息交换协议。SOAP 实际上是一套规范，该规范定义了客户端与 Web 服务交换数据的格式，以及如何通过 HTTP 交换数据。

SOAP 包括 4 个主要部分：SOAP 消息、数据编码规则和统一模型、RPC（远程过程调用）消息交换模式、SOAP 与 HTTP 之间的绑定。其中，SOAP 消息是必需提供的部分，其他部分都是可选的。

（2）Web 服务描述语言（WSDL）

WSDL（Web Service Description Language，Web 服务描述语言）用于描述 Web 服务提供的方法以及调用这些方法的各种方式，这是用 XML 文档来描述 Web 服务的标准。

WSDL 为查找 Web 服务以及如何使用 Web 服务提供了有效的辅助手段，通过 WSDL，可描述 Web 服务的 3 个基本属性。

（1）服务完成什么功能。即指出 Web 服务提供了哪些方法。

（2）如何访问服务。指出客户端和 Web 服务交互的数据格式以及必要的协议。

（3）服务位于何处。指出与 Web 服务所用协议相关的地址，如 URL、UDDI（Universal Description，Discovery and Integration）等。

2. 客户端与 Web 服务通信的过程

客户端调用服务端提供的 Web 服务时，系统执行了一系列的操作，主要过程如下。

（1）客户端应用程序创建 Web 服务代理类的一个实例。

（2）客户端应用程序调用代理类的方法。

（3）客户端基础架构将 Web 服务所需要的参数序列化为 SOAP 消息，并通过网络将其发送给 Web 服务器。

（4）Web 服务器接收 SOAP 消息并反序列化该 XML，同时创建实现 Web 服务的实例，再调用 Web 服务提供的方法，并将反序列化后的 XML 作为参数传递给该方法。

（5）Web 服务器执行 Web 服务提供的方法，得到返回值和各种输出参数。

（6）Web 服务器将返回值和输出参数序列化为 SOAP 消息，并通过网络将其返回给客户端基础架构。

（7）客户端基础架构接收返回的 SOAP 消息，将 XML 反序列化为返回值和输出参数，并将其传递给代理类的实例。

（8）客户端应用程序接收返回值和输出参数。

图 7-1 描述了客户端和 XML Web Service 之间的通信过程。

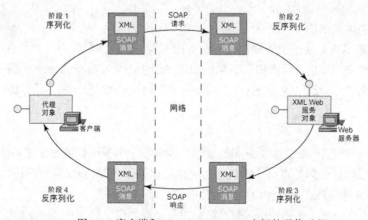

图 7-1 客户端和 XML Web Service 之间的通信过程

可见，客户端调用服务端提供的 Web 服务时，其内部处理是非常复杂的，但是，由于基础架构已经为开发人员做了很多工作，并进行了相应的封装，因此程序员使用起来并不觉得复杂。

3. Web 服务适用的场合

什么情况下需要使用 Web Service 呢？下面列出了几种典型的应用。另外，由于 Web Sevice 只是 WCF 的其中一部分功能，因此这些应用场合在 WCF 中同样适用。

（1）提供不断更新的实时数据供其他应用程序使用

Web Service 所实现的最基本的功能就是向客户端提供某些方法以供其调用。例如，在电子商务应用程序中，送货公司通过 Web 服务提供计算费用是最棘手的问题。之所以这个问题棘手，是因为送货公司不一定是一个，应用程序在计算中要用到每个送货公司的最新送货成本表，由于各个送货公司成本表是不断更新的，因此在这种情况下，各个送货公司通过 Web 服务提供计算费用就是一个好的解决办法。例如送货公司在客户端提供包装的重量、装货地点、运送目的地以及服务种类等参数，服务端根据这些参数按照最新的成本表计算所需的送货费用，并将计算结果返回给调用者，调用者再根据不同送货公司返回的计算结果合计所需的总费用，从而轻松解决不同送货公司的成本数据经常更新而导致的数据不一致的问题。

（2）集成现有的各种应用程序

Web Service 的另一个较大用途是可以集成各种现有的应用程序。一个单位一般都由很多部门组成，而目前的情况是各个部门都有自己的软件，这种情况就导致一个单位内同时存在大量实用但却彼此孤立的数据和业务逻辑块。由于各个部门所使用的应用程序环境是多种多样的，而且软件技术和部门内部的业务逻辑又在不停地发展，因此，试图用一个应用程序来完成可以让所有部门共用的功能集合就变得非常复杂，甚至无法实现。

这种情况下，各个部门将其现有应用程序的功能和数据以 Web Service 的形式提供出来，就可以让其他部门的程序直接调用，这样既解决了数据共享问题，避免了不同部门使用的数据不一致的现象，又不需要改变各个部门现有的应用程序，从而达到了整合现有各种应用程序的目的。

即使是不同的单位，一样可以利用 Web 服务提供相应的功能。例如要在一个网站中显示各地的天气预报，而天气预报是由各地的气象部门观测的结果，各气象部门使用的软件也不一定相同。这种情况下，各地气象部门通过 Web 服务提供气象观测数据，网站通过调用各地气象部门提供的结果，再通过网页显示出来，就可以达到实时天气预报的目的。

（3）提供工作流解决方案

文档审批是工作流的一个典型的例子。例如某建筑公司提出一个建筑申请，该申请必须经过不同管理部门逐级批准后才能付诸实施，如果这个工作不使用计算机管理，就会导致很多审批漏洞，例如手续不全而开工导致的管理部门责任划分不明等。在这个例子中，每一级审批都要提供申请审批的条件是否齐全，以及相关的说明等，而且要求审批手续是不能跨级的。假如审批过程需要 5 级，不能不经过第 3 级而直接从第 2 级转入第 4 级。这时利用 Web 服务以工作流的方式提供审批结果以及审批文档就是一个比较好的解决方案。在这种方案中，不管各管理部门使用的是什么软件，也不管使用的是哪种操作系统，只要上一级通过 Web 服务将审批结果提供出来，下一个需要审批的部门就可以通过调用上一个审批部门提供的 Web 服务决定应该怎么办。当然，在这种解决方案中，服务器必须进行严格的调用者身份验证，只允许合法的客户端调用提供的 Web 服务。

7.1.3　远程处理（RPC）

无论是在同一座大楼的不同计算机上，还是在相隔数千公里的不同计算机上，这些计算机上的进程之间建立通信是一个常见的开发目标，特别是在生成大范围的分布式应用程序时更是如此。远程处理技术是为了解决不同计算机上的进程相互访问的一种具体实现。在远程处理技术推出之前，实现这一目标不仅需要对通信对象有深入的了解，还需要了解许多低级别的通信协议、应用程序编程接口、配置工具或文件等。总之，在远程处理技术推出之前，这些进程之间的通信是一项非常复杂的任务，需要程序员具备丰富的编程经验，同时还要投入大量的精力才能完成。

对于 C#开发人员来说，传统的远程处理实现技术直接用.NET 远程调用来解决这些问题。具体来说，使用.NET 远程处理模型生成一个应用程序，并让其中两个组件直接跨应用程序域边界进行通信。此时需要生成以下内容：

- 一个可远程处理的对象。
- 一个宿主应用程序域，用于侦听针对该对象的请求。
- 一个客户端应用程序域，用于发出针对该对象的请求。

但是，该技术仍然要求开发人员必须使用远程处理基础结构来配置宿主程序和客户端应用程序，同时必须了解远程处理基础结构引入的生存期和激活问题。或者说，虽然传统的远程处理技术解决了一些底层的问题，而且在当时的技术条件下也非常高效和流行，但是实现起来仍然不是那么轻松。

7.1.4　消息队列（MSMQ）

MQ（Message Queue）是在多个不同的应用程序之间实现相互通信的一种基于队列和事务处理的异步传输模式，相互通信的应用程序既可以分布于同一台计算机上，也可以分布于相连的网络中的任一位置。其实现原理是：消息发送者把要发送的信息放入一个容器中（称为 Message），然后把它保存至一个系统公用的消息队列（Message Queue）中；本地或者是异地的消息接收程序再从该队列中取出发给它的消息进行处理。

在 MQ 消息传递机制中，有两个比较重要的概念，一个是消息，一个是队列。消息是通信的双方所需要传递的信息，它可以是各式各样的媒体，如文本、声音、图像、视频等。消息的理解方式由双方事先商定，这样做的好处是，一是相当于对数据进行了简单的加密，二是采用自定义的格式可以节省通信的传递量。消息可以含有发送者和接收者的标识，这样只有指定的用户才能看到传递给他的信息。消息也可以含有时间戳，以便于接收方对某些与时间相关的应用进行处理。消息还可以含有到期时间，它表明如果在指定时间内消息还未到达则作废，这种应用在与时间性关联较为紧密的场合下比较常见。

消息队列是发送和接收消息的公用存储空间，可以存在于内存中或者文件中。消息可以用两种方式发送：快速模式（Express）和可恢复模式（Recoverable），其区别在于，快速模式把消息保存在内存中，而不是保存在磁盘中；可恢复模式在传送过程的每个步骤中，都把消息写入磁盘中，以得到较好的故障恢复能力。消息队列可以放置在发送方或者接收方所在的计算机上，也可以单独放置在另外一台计算机上。由于消息队列在放置方式上的灵活性，形成了消息传送机制的可靠性。当保存消息队列的计算机发生故障而重新启动以后，以可恢复模式发送的消息仍然可以恢复到故障发生之前的状态，而以快速模式发送的消息则丢失了。另一方面，采用消息传递机制，发送方不必再担心接收方是否启动、是否发生故障等因素，只要消息成功发送出去，就可以认为处理完成。

MSMQ 是微软实现的 MQ。

采用 MSMQ 带来的好处是：由于是异步通信，无论是发送方还是接收方都不用等待对方返回成功消息，就可以继续执行其后面的代码，因此极大地提高了事务处理的能力。

7.1.5　面向服务的体系结构（SOA）

随着互联网的普及与快速发展，各种企事业单位部门越来越多地依赖网络资源，如何在应用程序中更好地整合互联网（Internet）和企业内部网（Intrenet）之间的耦合，始终是软件开发的热门问题。

早期流行的技术主要是通过以 XML 为基础的 Web Service 来整合不同的应用程序以及异构系统之间的数据共享。随着企业级业务越来越复杂，近些年逐渐流行以服务为中心的 SOA 架构（Service-Oriented Architecture，面向服务的体系结构），为了适应新技术的发展，各家大型软件公司也都陆续推出了符合 SOA 思想的具体实现。

在早期的网络应用编程模型中，不同应用程序之间的通信往往需要根据需求分别用不同的技术来实现，例如前面我们介绍的 Web Service、远程处理、消息队列等都属于传统的技术解决方案。这些传统技术解决方案的问题在于：由于不同的软件公司对这些技术的实现各不相同，开发人员只好先选择一种开发工具和语言（例如.NET 开发人员选择 Visual Studio 开发工具和 C#语言，Java 开发人员选择 Eclipse 开发工具和 Java 语言），然后再分别学习不同的实现技术，而这些不同的实现技术又相互抵触或互不兼容，从而给网络应用程序的开发带来了很大的负担。

SOA 就是在此大环境下迅速发展起来的一种新架构，其基本思想就是希望用一种统一的、以"服务"为中心的模型来整合各种不同的技术，而不是仅仅限于 Web 服务。另外，早期的技术都是以"对象"为中心的，即都是面向对象技术的实现模式，而 SOA 则强调以"服务"为中心，而不是以"对象"为中心，这是它与面向对象技术的本质区别。

但是，SOA 和其他标准或规范相似，它只是一种新的分布式框架设计规范，而不是具体实现，而符合规范的具体实现则仍然由各大软件公司来完成。

对于.NET 开发人员来说，这个基于 SOA 的具体实现就是 WCF。

7.2　WCF 入门

WCF 是微软公司推出的符合 SOA 思想的分布式应用程序技术框架和编程模型，是建立在消息通信这一概念基础之上的一个运行时服务系统。

WCF 编程模型的目标是实现以下两个实体之间的通信：WCF 服务端和 WCF 客户端。该编程模型封装在.NET 框架的 System.ServiceModel 命名空间中。

7.2.1　WCF 基础知识

利用 WCF，开发人员不用再根据不同的需求分别选择不同的模型，而是只用一种模型，就可以用统一的格式和用法编写各种网络应用程序，从而构建安全的、可靠的、跨平台（包括 Windows 平台和非 Windows 平台）的分布式解决方案。

1. WCF 的特点

WCF 的主要特点如下。

（1）以服务为中心

由于 WCF 是面向服务的体系结构（SOA）的一种具体实现，因此，在 WCF 中，所有服务都具有松耦合的特点。松耦合意味着只要符合基本协定，则在任何平台上创建的任何客户端应用程序都可以调用 WCF 服务，而不是仅仅限于.NET 平台和 Windows 系列操作系统，比如用 C#编写的 WCF 服务程序，在 Linux 平台上用 C#、Java 或者 C++编写的客户端程序一样可以访问。

（2）支持多种消息交换模式

WCF 支持多种消息交换模式，其中最常用的模式是"请求-应答"模式（客户端发出服务请求，服务端回复服务执行情况）。除此之外，WCF 还支持单向模式（客户端只发送消息而不期望服务端应答）、双工模式（客户端和服务端建立连接后，都可以单独向对方发送数据，类似于即时消息传递程序）以及自定义消息交换模式等。

WCF 将消息以接口的形式公开。对于开发人员来说，不论采用哪种网络协议，也不论采用哪种消息交换模式，发送和接收消息的设计方法和用法都是完全一样的。这样一来，就极大地简化了网络编程的复杂度。

（3）支持多种传输协议和编码方式

WCF 可通过任意一种内置的网络传输协议和编码发送消息，其中最常用的协议和编码是使用 HTTP 发送文本编码的消息。此外，利用 WCF 还可以通过 TCP、UDP、命名管道（实现本机进程间通信）或者消息队列（MSMQ）发送消息。这些消息可以编码为文本，也可以使用优化的二进制数据格式（传输图像、视频等）。

如果所提供的网络传输协议或编码方式都不符合设计要求，开发人员还可以自定义网络传输协议或编码。

（4）支持工作流、事务以及持久性的消息处理

WCF还支持对业务工作流进行处理（先将业务分为一个一个的活动任务，再按照业务流程依次对其处理），以及对事务进行处理（事务是指要么全部完成，要么回滚到原始点）。另外，WCF还支持持久性消息传输（不会由于通信中断而丢失消息，当通信中断恢复后，还可以继续发送未完成的消息）。

（5）统一性、安全性和可扩展性

统一性是指WCF整合了包括Web Service、.NET远程处理、.NET企业服务、消息队列（MSMQ）等微软早期就已经很优秀的.NET分布式编程技术，并以一种统一的协定为其他终结点提供服务。

在传统的编程模型中，开发人员只能根据不同的需求分别选择不同的模型或架构，由于这些模型之间的格式并不统一，当需要同时用多种技术来实现时，开发人员就只能自己去处理这些不同模型之间的整合问题。而用WCF来实现，只需要用一种模型就可以满足各种要求，而且格式统一，使用方便。

安全性是指WCF可对消息进行各种级别的加密处理，而且还可以对请求方进行身份验证（验证成功后才允许进行消息传递）。

可扩展性是指WCF除了已经提供的服务行为外，还允许开发人员自定义服务行为。

2. 终结点（EndPoint）

终结点（EndPoint）用于确定网络通信的目标，内部用EndPoint类来实现，在配置文件中用<endpoint>配置节来指定。

对于WCF来说，终结点由地址、协定和绑定组成，三者缺一不可。其中，地址（Address）用于公开服务的位置，协定（Contract）用于公开提供的是哪种具体服务。

将地址和协定绑定在一起，就构成WCF服务端的一个终结点。

例如，A计算机是服务端，B计算机是客户端，则在服务端配置文件（Web.config或者App.config）和客户端配置文件（App.config）中都可以通过下面的方式指定WCF服务端的一个终结点。

```
<endpoint
    address="http://localhost:2338/Service1.svc"
    binding="basicHttpBinding"
    contract="WcfService.IService1" />
```

在这段配置代码中，<endpoint>配置节中的localhost（即IPv4的127.0.0.1或者IPv6的::1）主要用于开发过程中的本机调试，部署应用程序时，还需要将其替换为实际的IP地址（例如218.205.75.191）或域名（例如www.cctv.com）。这样一来，客户端B知道WCF服务端A的终结点以后，就可以通过它访问服务端A提供的Service1服务了。

在服务端配置文件（Web.config）的终结点配置中，也可以不指定address，此时服务端的终结点地址由系统根据其他配置节点的设置自动推断。

在一个WCF服务端项目中，可以通过配置文件（或者通过编写代码）同时公开多个终结点，这样一来，客户端就可以访问同一个服务端提供的不同服务。例如，银行可以为内部工作人员提供一个终结点(例如提供Service1服务),为外部客户提供另一个终结点(例如提供Service2服务),

由于每个终结点都使用不同的地址、绑定和协定，因此服务端就可以在不同的类（Service1、Service2）中分别实现相应的功能。

对于客户端来说，由于上面这段代码中终结点配置的<basicHttpBinding>已经指定了采用的协议是 HTTP，因此服务端只需要知道客户端的 IP 地址和端口号（IPEndPoint 对象），就可以将信息返回给客户端。

注意这里所说的"服务端"和"客户端"都是相对的概念，某个 WCF 服务对客户端应用程序来说是服务，对另一个服务来说是客户端。例如，A 使用双工通信提供 WCF 服务，则当 B 访问 A 时，A 是服务端，B 是客户端；反之，当 A 通过回调访问在计算机 B 的代码中实现的服务时，B 是服务端，A 是客户端。

（1）地址（Address）

WCF 中的地址用于确定终结点的位置。地址可以是 URL、FTP、网络路径或本地路径。WCF 规定的地址格式为：

```
[传输协议]://[位置][:端口][/服务路径]
```

例如：

```
http://www.mytest.com:50001/MyService
http://localhost:8733/Design_Time_Addresses/MyService
http://localhost:8080/MyService
```

第 1 行地址的含义为：域名为 www.mytest.com 的主机在端口 50001 正在等待客户端以 HTTP 方式进行通信，客户端访问的服务的路径为"MyService"。

第 2 行地址的含义为：域名为 localhost 的主机（即本地主机，IPv4 为 127.0.0.1，IPv6 为::1）在端口 8733 正在等待客户端以 HTTP 方式进行通信，客户端访问的服务的路径为"Design_Time_Addresses/MathService"。注意路径中的 Design_Time_Addresses 表示自动获取本机应用程序中提供服务的位置，这样一来，不论是否以管理员身份运行 VS2012，都可以正常访问本机提供的 WCF 服务。但是，该地址仅仅是为了方便调试程序，部署时应该将其替换为实际的地址。

第 3 行地址的含义为：域名为 localhost 的本地主机在端口 8080 正在等待客户端以 HTTP 方式进行通信调用，访问服务的路径为"MathService"。

WCF 和传统的 Web Service 相比，两者最大的区别是：WCF 服务可以在各种不同的基础网络协议（例如 TCP、UDP、HTTP 等）之间传输，而传统的 Web Service 仅能通过 HTTP 传输，无法使用其他基础网络协议。

下面的代码演示了客户端通过 TCP 访问 WCF 服务的地址格式：

```
net.tcp://localhost:50001/MyService
```

这行代码中的 net.tcp 表示使用 TCP 传输协议，端口号为 50001（如果不指明端口号，默认使用 808 端口）。

WCF 客户端利用服务端的终结点地址确定 WCF 服务所在位置后，就可以自动生成客户端配置和客户端代理类，开发人员利用它生成的代理类，即可轻松调用 WCF 服务。

（2）绑定（Bingding）

WCF 通过绑定来定义 WCF 客户端与 WCF 服务通信的方式。

WCF 提供了多种绑定方式，包括标准绑定、系统提供的绑定以及自定义绑定。BasicHttpBinding 类（在配置文件中用 basicHttpBinding 元素指定）只是系统提供的绑定之一，除此之外，系统提供的绑定还有 WSHttpBingding、NetTcpBinding、NetNamedPipeBinding、NetMsmqBinding 等。本书后面的章节还会分别介绍这些绑定的含义及用法，这一章我们主要通过最基本的 BasicHttpBinding 学习 WCF 的基本用法。

不论是服务端还是客户端，一般都是在单独的配置文件（Web.config、App.config）中配置绑定。在后面的内容中，我们还会专门学习具体的绑定办法。

（3）协定（Contract）

协定表示客户端和服务端之间的信息交换规则，例如服务协定、数据协定、消息协定等。如果不指定协定，就无法在客户端和服务端之间进行通信。

协定在接口中用 Contract 特性来声明，内部用 ContractAttribute 类来实现，在配置文件中用 Contract 指定。

编写 WCF 服务端代码的主要工作就是用接口设计和实现服务，并利用协定公开服务操作，供客户端代码访问。

3. 服务端和客户端

分布式应用程序中的很多概念都是相对而言的，WCF 也是如此。对于初学者来说，如果不注意某个概念的上下文环境（即这个概念是相对于谁来说的），而仅仅靠概念定义中的文字来片面理解，就很容易将不同的含义混淆在一起，从而导致设计时无所适从。

总体来说，分布式应用程序中的"应用程序"可以用任何一种编程模型去创建。用 C#编写分布式应用程序时，一般用控制台应用程序（Console）、WPF 应用程序、WinForm 应用程序等创建客户端应用程序；用 ASP.NET 或者 Sliverlight 创建 Web 应用程序。

在应用程序中，可能还会使用数据库，例如 SQL Server、Oracle、DB2、MySQL 等。

为了说明终结点、服务端、客户端这些基本概念之间的区别和联系，我们假设有 A、B、C、D 4 台计算机，A、B、C 3 台计算机安装的操作系统都是 Windows 7，D 计算机安装的操作系统为 Windows Server 2008 R2。

这 4 台计算机上分别部署以下应用程序，构成一个简单的分布式应用系统。

● 一个名为 WcfA 的 WCF 服务库，同时部署到 A、B 两台计算机上，该服务库通过 Windows 服务让其开机自启动 WCF 服务。

● 一个名为 WcfB 的 WCF 服务应用程序，通过 IIS 部署到 D 计算机上，该计算机是一台 Web 服务器，也是开机自启动 WCF 服务。

● 一个名为 WpfApp 的 WPF 应用程序，这是一个客户端应用程序，用户可通过 Web 服务器提供的下载链接网页，分别下载并安装到 A、B、C 3 台计算机上。

下面通过例子说明这些概念之间的区别和联系。

（a）当 WcfA 中的某个方法调用 WcfB 中的某个方法时，A 是客户端，D 提供 WCF 服务；反之，当 WcfB 中的某个方法调用 WcfA 中的某个方法时，D 是客户端，A 提供 WCF 服务。

（b）当 A、B、C 上的 WpfApp 调用 WcfA 中的某个方法时，A、B、C 都是客户端，A 提供 WCF 服务。

（c）A、B、C、D 都是终结点，准确来说，是 WcfA、WcfB 这些进程（或线程）执行的方法、通信对应的 IP 地址、端口以及相关的协定共同构成终结点。

7.2.2 WCF 体系结构

WCF 体系结构分为协定层、服务运行时层、消息传递层以及激活和承载层，如图 7-2 所示。

各层基本含义及用途如下。

1. 协定层

协定层用于在相互传递消息之前制定服务规则、数据交换规则、消息格式、安全策略、绑定的网络协议，以及消息采用的数据编码方式等。

2. 服务运行时层

该层仅处理在服务实际运行期间发生的行为，包括限制消息处理的个数、服务出现内部错误时应采取的操作、控制是否提供元数据以及如何向外部提供元数据，指定可运行的服务实例的数目以及事务处理和调度行为等。

3. 消息传递层

消息传递层描述数据的各种格式和交换模式。

消息传递层由通道组成。

通道是以某种方式对消息进行处理（例如通过对消息进行身份验证）的组件。一组通道也称为"通道堆栈"。通道对消息和消息头进行操作，这与服务运行时层不同，服务运行时层主要涉及对消息正文内容的处理。

图 7-2　WCF 体系结构

4. 激活和承载层

服务的最终形式为程序。该层负责激活或者承载 WCF 服务。

7.2.3　承载 WCF 的方式

WCF 本身不能运行，只能将其"宿主"在某个可执行程序中（.dll 或者.exe）才能运行，因此，在学习 WCF 的具体设计方法之前，我们需要先了解有哪些承载 WCF 的方式。

1. 利用 IIS 或者 WAS 承载 WCF 服务

承载 WCF 服务时，最常用的方式就是利用 IIS（Internet Information Services，互联网信息服务）或者 IIS（7.0 以上版本）自带的 WAS 来承载。

（1）IIS 和 IIS Express

IIS 是微软公司推出的 Web 应用服务器。利用 IIS 提供的图形化管理界面，网络管理员无需记忆繁琐的服务器配置指令，就能够轻松搭建 Web 服务器。由于 IIS 宿主选项默认与 ASP.NET 集成在一起，因此能自动实现进程回收、空闲关闭、进程状况监视和基于消息的激活等功能。另外，IIS 还提供了企业级服务器产品具有的集成可管理性。利用 IIS，可以在服务器上发布多种服务，包括 Web 服务、FTP 服务（文件传输）、NNTP 服务（新闻服务）、SMTP 服务（邮件收发）以及 WCF 服务等，并且还支持服务器集群等功能。

为了方便应用程序开发，随 VS2012 开发工具一起提供的还有一个免费的 IIS Express 8.0 版（Express 版对并发用户数有限制），安装 VS2012 时，会自动安装 IIS Express 8.0。

利用 IIS Express，可以在 Windows 7、Windows 8 等操作系统上搭建各种服务，例如部署 WCF 服务和搭建文件下载服务等。应用程序开发完成后，再将其部署在服务器操作系统（例如 Windows Server 2008、Windows Server 2012）的 IIS 中即可。

（2）WAS

WAS（Windows Process Activation Service，Windows 进程激活服务）是从 IIS7.0 版开始提供的一个组件（IIS 7.0 以前的版本没有此组件）。利用 WAS，不需要将程序部署到 IIS 中，就可以承载并自动激活 WCF 服务，而且不需要开发人员编写任何承载代码。

无论是胖客户端桌面应用程序（如 WPF 应用程序、WinForm 应用程序等）还是 Web 应用程序（如 ASP.NET Web 应用程序、Silverlight 应用程序等），都可以通过 WAS 承载 WCF 服务，并通过应用程序中的代码与 WCF 进行通信。

2. 利用 Windows 服务承载 WCF 服务

Windows 服务是 Windows 操作系统提供的功能，操作系统利用进程控制块来管理它，Windows 服务一般都是开机自启动的。

在操作系统任务栏中单击鼠标右键，选择【启动任务管理器】选项，可以观察本机启动了哪些 Windows 服务。但是，只有具有管理员权限的用户才能启动和停止 Windows 服务，一般用户无法对其进行管理。

编写 WCF 服务程序时，可以利用【WCF 服务库】模板将 WCF 服务制作成单独的 DLL 文件，调试程序时系统会自动将其宿主到 WCF 服务主机中来承载 WCF 服务，并利用 Windows 进程去自动激活它。或者说，WCF 服务主机（WcfSvcHost.exe）的用途就是将 WCF 服务作为宿主环境，然后以 Windows 服务的方式运行它。

让 Windows 7 操作系统开机就启动 WCF 服务，相当于将其作为 WCF 服务器来使用，但是需要注意，Windows 7 操作系统不是服务器操作系统，当大量用户并发访问时，其性能会出现很大的问题，所以，如果将 WCF 服务作为服务器供大量用户访问，实际部署时应该用专用的服务器操作系统。但是，有一种情况除外，如果需要本机长时间运行 WCF 服务，而且访问服务的用户数也不多，例如在同时访问数不超过 10 个用户的互联网或企业内部网内通过 WCF 相互通信，在这种情况下，由于性能不是问题，此时用 Windows 服务这种方式来承载 WCF 服务比较方便，方便的原因是不需要每台机器都安装并一直运行 IIS，用户也感觉不到服务占用的内存资源。

当然，任何一种技术或工具都有利有弊，就看我们如何正确看待和使用它（水果刀切水果比较方便，但是伤害人也方便）。比如有的免费下载的程序，也是利用 Windows 服务实现数据窃取和攻击的目的。所以，除非我们能确认免费下载的程序没有安全问题，否则一定不要用管理员权限轻易将其安装到本机上。

3. 自承载

自承载 WCF 是指开发人员自己编写代码实现承载 WCF 的工作。比如在 WPF 应用程序中，启动程序时自动加载 WCF 服务，关闭时自动停止 WCF 服务；或者设计一个操作界面，让用户通过界面操作，根据需要随时启动或者停止 WCF 服务。

自承载这种方式本质上是利用 Windows 进程激活服务来承载 WCF 的，但是开发人员不是直接用 WCF 模板来实现承载工作，而是利用.NET 框架公开的相关类去实现承载 WCF 的工作。

（1）自承载的优点

自承载的优点如下。

● 实现灵活。自承载是所有承载 WCF 服务的方式中最灵活的一种实现方式。开发人员可在程序中随时启动、关闭和通过代码配置 WCF 服务，或者通过程序提供的界面，让用户根据需要随时启动和停止服务。

● 可以通过代码选择多种基础传输协议(例如 HTTP、TCP、UDP 等)，也可以通过代码来配置服务。如果使用的是.NET 框架 4.5 及更高版本，还可以完全依赖配置文件来配置。但在.NET框架 4.0 中，只能通过代码来配置服务。

● 部署自承载程序时，需要的环境支持要求最小。

可见，如果不需要专用的服务器，采用自承载这种方式最方便。例如，当不使用 IIS 但是又需要本机提供 WCF 服务时，可以用自承载来实现。这样可确保本机的客户端程序不启动时，本机也不对外提供 WCF 服务。

（2）自承载的缺点

自承载的缺点如下。

● 该方案不是面向服务的企业级分布式解决方案。

● 所有承载的实现代码都需要程序员自己去编写。比如需要程序员自己去处理网络监视和避免网络攻击等。

总之，由于自承载没有提供 WCF 的其他宿主程序（如 IIS 或者 Windows 进程激活服务）的高级宿主管理功能，因此，无法直接利用 IIS 的安全性处理、服务端缓存处理以及网络监视等功能。

7.3　WCF 服务端和客户端编程基础

WCF 服务端是指承载 WCF 服务的应用程序，WCF 客户端是指和服务端通信的应用程序。这一节我们主要学习 WCF 最基本的代码编写思路。

7.3.1　WCF 服务端编程模型

WCF 服务可能安装在一台或多台专用服务器上，也可能与客户端应用程序安装在同一台客户端计算机上。

1. WCF 服务端编程模板

VS2012 内置了各种编写 WCF 服务的模板，开发人员直接利用它就可以快速实现 WCF 服务端提供的服务代码。

（1）WCF 服务应用程序

在 VS2012 中，【WCF 服务应用程序】模板生成的是一个扩展名为.dll 的文件，该模板利用 IIS自带的 WAS 承载和激活 WCF 服务。这种服务模式有点类似于传统的 Web Service 的服务模式，但是，虽然服务的形式看起来相似，而实际上其本质却是完全不同的。例如 Web Service 只能使用 HTTP，而 WCF 除了可以使用 HTTP 以外，还可以使用 TCP、UDP 等传输协议。另外，WCF的编程模型和传统的 Web Service 也不相同。

用该模板创建 WCF 服务并编写实现代码后，就可以直接测试 WCF 服务，测试时系统会自动运行 WCF 测试客户端（WcfTestClient.exe），开发人员利用它可直接测试服务端提供的每个方法。另外，当在同一个解决方案中既包括 WCF 服务应用程序项目又包括 WCF 客户端项目时，运行客户端程序时，该模板会利用 WAS 自动承载并激活 WCF 服务，而不需要开发人员编写任何承载代码。

该模板是使用 HTTP 作为传输通道时，创建 WCF 服务端应用程序的首选方式。

（2）WCF 服务库

VS2012 中的【WCF 服务库】模板生成的也是一个扩展名为.dll 的文件。但是该模板是利用WCF 服务主机（WcfSvcHost.exe）承载并激活 WCF 服务的。另外，用该模板创建 WCF 服务后，模板也会自动运行 WCF 测试客户端（WcfTestClient.exe），开发人员利用它也可以直接测试 WCF 服务。

但是，由于用该模板设计的 WCF 服务部署后无法自动读取 App.config 配置文件，因此它仅适用于需要长时间（开机运行）WCF 服务的场合。换言之，当需要本机提供 WCF 服务而不是在服务器上部署 WCF 服务时，一般用自承载来实现比较方便，而不是用 WCF 服务库来实现。

（3）其他模板

除了前面介绍的模板外，VS2012 还提供了其他创建和承载 WCF 的模板，例如【WCF 工作流服务】模板、【WCF 联合服务库】模板等，由于这些内容涉及到另外的知识，超出了本书介绍的范围，因此不再对其阐述。

2. 编写 WCF 服务端程序的主要步骤

编写 WCF 服务端程序时，有 4 个主要的步骤：选择承载方式、设计和实现协定、配置服务、承载服务。

（1）选择承载方式

编写 HTTP 应用程序时，一般选择【WCF 服务应用程序】模板承载 WCF 服务，由于在这种方式中承载工作是自动完成的，因此不需要程序员编写任何承载代码，此时开发人员只需要做两件事：设计和实现协定、在 Web.config 文件中配置服务。

编写 TCP 应用程序时，既可以选择自承载方式，也可以选择【WCF 服务应用程序】模板承载 WCF 服务。

编写 UDP 应用程序时，既可以用自承载方式来实现，也可以用标准绑定来实现。

（2）设计和实现协定

有两种设计和实现协定的方式。

第 1 种方式是用一个接口公开多个方法（每个方法都称为一个操作），再用一个类实现接口中声明的所有方法，这是建议的做法。这种方式的优点是可以用接口实现多继承，另外，当修改接口的实现时，只要接口声明不变，就不需要客户端做任何改动。还有，如果升级了版本，而且希望保存原来的接口实现，只需要在接口中增加新的方法声明即可。

第 2 种方式是不使用接口，而是全部用类来实现，例如直接在类和方法的上面同时用 ServiceContract 特性和 OperationContract 特性声明协定。这种办法的优点是简单、直观，缺点是由于托管类不支持多继承，因此每个类只能实现一个服务协定，或者说有多少个类就不得不公开多少个服务协定。另外，采用这种方式时，服务端修改了任何一行代码，客户端代码也必须做相应修改，否则调用就可能失败，在实际项目中用起来非常不方便。

因此，在实际项目中，强烈建议用第 1 种方式来实现。

（3）配置服务

配置服务也有两种方式，第 1 种方式通过修改配置文件（Web.config 或者 App.config）来实现；第 2 种方式开发人员自己编写代码来实现。

在实际项目中，强烈建议采用第 1 种方式。采用第 1 种方式的好处是，部署服务端应用程序时，不需要修改源程序，只需要修改配置文件即可。例如将服务终结点地址改为实际的地址，并禁止为了方便调试而设置的一些公开的功能等。

有特殊需求时，也可能会采用第 2 种方式。不过，绝大多数情况下这种方式都不可行。

（4）承载服务

服务端设计完成后，运行（承载）服务即可，此时客户端就可以和服务端交互了。

自承载 WCF 时，在开发的初始阶段，服务端程序一般用控制台应用程序来实现，调试完成后，再将实现代码复制到实际的项目中。这是因为用控制台应用程序实现时，可以暂不考虑界面设计的工作，此时开发人员的主要精力是集中在服务代码的实现上。但是，在实际项目中，一般用其他应用程序来实现承载工作。

7.3.2　WCF 客户端编程模型

WCF 客户端由"代理"和"终结点"组成，前者使应用程序能够与 WCF 服务进行通信，后者与提供服务的终结点相匹配。

编写 WCF 客户端应用程序时，可使用多种应用程序编程模型。

1. WCF 客户端编程模板

在 Windows 7 操作系统下，最常用的 WCF 客户端编程模型是 WPF 应用程序。

（1）WPF 应用程序

由于 WPF 应用程序是一种胖客户端应用程序，因此特别适用于开发实际的基于 C/S 模式的 WCF 客户端应用程序的场合。用这种方式设计 WCF 客户端时，开发人员可以将调用 WCF 服务的工作以及和客户端界面交互的工作一块进行设计。

（2）控制台应用程序

控制台应用程序与开发服务端应用程序相似，也是适用于练习或者开发的初级阶段。使用这种方式设计 WCF 客户端时，可以将重点放在如何调用 WCF 服务的功能实现上，不需要在界面交互上花费很多精力，等代码调试完成后，再将调用代码复制到实际项目中。

在实际应用中，客户端应用程序一般不会用它来实现。

（3）其他应用程序

除了 WPF 应用程序和控制台应用程序以外，还可以使用 WinForm 应用程序、Windows 应用商店应用程序（仅适用于 Windows 8 操作系统）来开发 WCF 客户端。另外，如果希望在浏览器中运行 WCF 客户端功能，可以用 ASP.NET 或者 Silverlight 来实现。

2. 编写 WCF 客户端程序的主要步骤

编写 WCF 客户端程序的主要设计步骤如下。

（1）利用服务端配置生成客户端代理类和客户端配置

在客户端应用程序中，运行 WCF 服务后，客户端可通过【添加服务引用】的办法，让系统自动生成客户端代理类，此时它会根据服务端配置（Web.config 或者 App.config）自动修改客户端配置（App.config）。

开发客户端程序时，一般不需要手动修改 App.config 文件的内容，但是，如果理解这个文件中各节点的含义，对开发会很有帮助。

不过，部署应用程序时，绝大多数情况下都需要分别修改服务端配置文件和客户端配置文件（不需要修改源程序）。需要修改的地方是：将服务端配置文件和客户端配置文件的终结点地址改为实际部署的地址即可。

当然，也可以单独创建一个 WPF 应用程序，让用户通过界面修改或生成配置文件。

（2）编写客户端代码

客户端添加服务引用后，即可利用自动生成的客户端代理类，编写代码与 WCF 交互。

（3）更新客户端配置

如果服务端配置文件（Web.config 或者 App.config）发生了改变，或者接口发生了改变，此时需要在客户端更新服务引用，以便让系统重新生成新的客户端配置（App.config）。但是，也可能不需要这样做，这要看服务端配置是否修改了绑定方式。

当服务端的配置文件修改后，如果客户端更新服务引用后仍然无法正常访问，此时删除已经添加的服务引用，再重新添加服务引用即可，这种方式最简单，也不容易出错。

3. 客户端和服务端以及客户端和客户端之间的通信

在很多实际的应用程序项目中，往往是通过 WCF 实现客户端和客户端之间的通信，而不仅仅是客户端和服务端之间的通信。但是，作为后续章节的基础，在这一章中，我们只学习客户端和服务端如何通信。这是因为只要掌握了如何通过终结点实现"客户端-服务端"之间的通信，自然就能用服务端作桥梁，进一步实现"客户端-客户端"之间的通信。

了解服务端和客户端的基本设计思路后，我们就可以开始编写程序了。

7.3.3 编写服务端和客户端程序的基本思路

利用 WCF 开发网络应用程序时，由于在不同的例子中服务端代码的设计步骤和客户端代码的设计步骤基本上都是相似的，为了避免重复介绍，这一小节我们将详细介绍这些设计思路和具体步骤，除了这个例子之外，后面其他的例子只介绍关键的步骤。因此，请读者仔细理解这个例子中各个步骤的目的，以便在此基础上进一步实现复杂的功能。

【例 7-1】 通过服务协定演示创建和调用 WCF 的基本设计步骤，运行效果如图 7-3 所示。

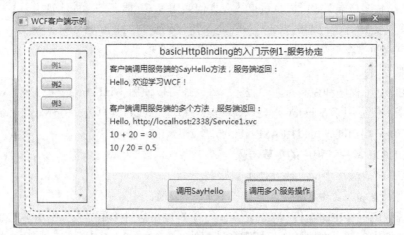

图 7-3 例 7-1 的运行结果

该例子在同一个解决方案中既包括用【WPF 应用程序】模板创建的项目（客户端），也包括用【WCF 应用程序】模板创建的项目（服务端）。

下面详细介绍设计步骤，请读者一定要按照步骤自己去实现，而不是直接看源程序。

1. 创建服务端项目和客户端项目

学习 WCF 基本用法时，为了方便调试和观察，一般在同一个解决方案中既包括 WCF 服务端应用程序项目，也包括 WPF 客户端应用程序项目。但是，读者一定要记住，在实际的项目开发中，由于用【WCF 服务应用程序】模板创建的服务是通过 IIS 单独部署的，所以实际项目中应该分别用不同的解决方案来创建。

在同一个解决方案中创建服务端项目和客户端项目与分别创建解决方案的方式相比，除了客户端添加服务引用时稍微有一点区别以外，其他的步骤都完全相同。

（1）创建客户端

选择【WPF 应用程序】模板，新建一个客户端应用程序项目。将解决方案名改为 WcfServiceExamples，项目名改为 Client。

（2）创建服务端

在【解决方案资源管理器】中，鼠标右键单击解决方案名，选择【添加】→【新建项】命令，在弹出的窗口中选择【WCF 服务应用程序】模板，将项目名改为 WcfService，单击【确定】按钮。此时系统会自动添加对 System.ServiceModel 命名空间的引用，并自动在该项目中生成以下文件。

- IService1.cs：用接口定义服务协定和数据协定。
- Service1.svc 和 Service1.svc.cs：实现 IService1 接口中声明的服务操作。
- Web.config：服务端配置文件，用于定义服务行为以及绑定的协议等。

在自动生成的这些文件中，还自动包含了简单的示例代码。

（3）添加新服务（可选）

如果不希望使用默认的 WCF 服务 Service1，可以利用【重构】将其替换为其他名称，或者删除 IService1.cs、IService1.svc 以及 IService1.svc.cs，然后按照下面的办法创建或添加新服务。鼠标右键单击项目名，选择【添加】→【WCF 服务】命令，在弹出的窗口中将【项名称】改为新的 WCF 服务名称（例如 MyService），单击【确定】按钮。此时系统会自动添加 IMyService.cs、IMyService.svc 以及 IMyService.svc.cs 文件。

在同一个服务端项目中，既可以只有一个服务，也可以同时包含多个服务。

2.　编写服务端代码

编写服务端代码的主要工作就是设计和实现协定，包括服务协定、数据协定以及消息协定。后面我们还会详细介绍这些协定，这里只需要重点关注如何实现服务协定即可。

服务协定用 ServiceContract 特性来声明（ServiceContractAttribute 类），用接口来定义。在接口内部，用方法及其参数声明服务提供的操作，在接口中声明的这些方法统称为"操作方法"。注意在服务协定中只能声明操作方法，不允许声明属性和字段。

（1）定义接口

将 IService1.cs 改为下面的内容。

```
[ServiceContract]
public interface IService1
{
    [OperationContract] string SayHello(string name);
    [OperationContract] double Add(double d1, double d2);
    [OperationContract] double Divide(double d1, double d2);
}
```

（2）实现接口中声明的操作方法

在 Service1.svc.cs 中添加下面的代码。

```
public class Service1 : IService1
{
    public string SayHello(string name)
    {
        return string.Format("Hello, {0}", name);
    }
    public double Add(double d1, double d2)
    {
```

```
        return d1 + d2;
    }
    public double Divide(double d1, double d2)
    {
        return d1 / d2;
    }
}
```

代码编写完毕后，鼠标右键单击 WcfService 项目名，选择【生成】或者【重新生成】命令，确保没有语法错误。

3. 修改服务端配置

在 VS2012 开发环境下，利用 IIS 承载 WCF 服务时，修改服务端配置最简单的办法就是直接编辑项目中的 Web.config 文件。以后我们还会介绍如何通过配置工具来编辑配置。不过，配置工具虽然方便，但由于它提供的选项很多，刚开始对各种参数的含义不熟悉时，可能会不知道如何选择。另外，用配置工具修改后，我们还是需要理解配置代码的含义，否则就不知道如何对各种不同的情况分别进行配置。

（1）修改绑定配置

双击打开服务端项目的 Web.config 文件，找到 protocolMapping 配置节，在其上方添加下面的代码。

```
<bindings>
  <basicHttpBinding>
    <binding name="b1"
         transferMode="Buffered" textEncoding="utf-8" messageEncoding="Text">
      <security mode="None"/>
    </binding>
  </basicHttpBinding>
</bindings>
```

这一步主要是为了演示如何在配置文件中通过<binding>配置节来自定义绑定参数。

将 protocolMapping 配置节的代码改为下面的内容。

```
<protocolMapping>
  <add scheme="http" binding="basicHttpBinding" />
</protocolMapping>
```

以后我们再单独介绍其含义，这里只需要知道如何修改即可。

实际上，http 架构默认使用的绑定就是 basicHttpBinding，但是，由于后面的例子中我们还要继续添加其他绑定，所以需要修改它，以便我们知道不同的例子都选择了哪些绑定。

在 protocolMapping 配置节的下方添加下面的代码。

```
<services>
    <service name="WcfService.Service1">
      <endpoint binding="basicHttpBinding" bindingConfiguration="b1"
             contract="WcfService.IService1" />
    </service>
</services>
```

这段代码表示 Service1 使用 basicHttpBinding。服务配置中的"b1"是指 bindings 中自定义的绑定名称，也可以将其改为其他的名称，例如将 b1 改为 myBanding1。

不过，这里需要强调一点，除非我们理解了各个参数的含义及其适用的范围，否则一定不要随便修改默认的配置参数，即使利用配置工具去修改也是如此。这是因为很多参数都是相互关联的，如果没有理解相互之间的关系和适用的情况，就去随意修改某一个参数，当相关联的参数没有对应的修改时，可能会导致无法正常运行服务。

（2）开通调试功能

在 Web.config 中找到 includeExceptionDetailInFaults，将其改为 true。

```
<serviceDebug includeExceptionDetailInFaults="true" />
```

这一步是为了调试客户端程序时，当服务端出现任何运行错误时，都能将服务端程序的详细出错信息反馈到客户端。但是，一定要记住，部署时必须将其再改为 false，以免泄漏内部代码的实现细节而受到黑客的青睐和恶意攻击。

4. 测试服务（可选）

用【WCF 应用程序】模板创建 WCF 服务后，如果需要，可以直接利用【WCF 测试客户端】来测试每个服务操作。由于这个例子比较简单，所以可以直接进行测试。但是，随着功能实现越来越多，也可能会在修改服务端配置后再次通过这一步来测试。

测试服务的具体办法如下。

（1）选中要测试的文件名

鼠标右键单击 WcfService 项目，选择【设为启动项目】命令，并选中要测试的 Service1.svc 文件名（测试哪个服务就选中哪个 .svc 文件），然后按<F5>键调试运行，此时系统会自动弹出 WCF 测试客户端，如图 7-4 所示。

图 7-4　WCF 测试客户端的测试界面

（2）测试操作方法

利用【WCF 测试客户端】，可分别测试 Service1 提供的每个操作方法。办法是：在窗口左侧【我的服务项目】中，双击要测试的操作方法，例如双击左侧的 SayHello()，然后在右侧输入测试的值 "OK"，单击【调用】按钮，测试客户端就会发送服务请求，并将服务端返回的值显示出来。

如果返回值不是预期的结果，关闭测试客户端，修改代码，然后再继续测试即可。

测试结束后，不要忘记再将客户端的 WPF 应用程序项目设置为启动项目。

5. 在客户端添加服务引用

创建并测试了 WCF 服务以后，首先需要在客户端应用程序中添加服务引用，以便让其自动生成 WCF 客户端代理类，以及让其自动更新客户端配置文件（App.config）。

添加服务引用的步骤如下。

（1）确保服务已经启动

鼠标右键单击 WcfService 项目，选择【生成】或者【重新生成】命令。此步骤是为了确保系统能自动运行成功生成的 WCF 服务。

如果 WCF 服务没有启动，添加服务引用会失败。

（2）查找引用的服务

鼠标右键单击 Client 项目中的【引用】→【添加服务引用】命令，在弹出的对话框中，单击【发现】按钮，此时它会自动找到与该项目在同一个解决方案中的 WCF 服务，如图 7-5 所示。注意地址中的端口号（1241）是系统自动生成的，添加服务引用时，端口号和该例子中的端口号不一定相同。

图 7-5　添加服务引用

（3）生成客户端代码

不修改默认生成的命名空间 ServiceReference1，单击【确定】按钮，即将服务引用添加到项目中。

　如果用单独的解决方案创建 WCF 服务，需要直接在地址栏中输入服务引用的地址，例如输入 http://localhost:1241/Service1.svc，然后单击【转到】按钮，即可将该服务引用添加到客户端项目中。

添加服务引用后，系统会自动在指定的命名空间中（本例子为 ServiceReference1）生成客户端代理类（Service1Client），以后就可以利用它在客户端应用程序中调用 WCF 提供的服务了。

另外，在客户端的 App.config 文件中，它还会自动根据服务端配置生成对应的客户端配置，读者可打开该文件查看添加了哪些内容。

6. 编写客户端调用代码

由于 WPF 相关的页面设计在本书第 1 章中已经详细介绍过，所以这里只介绍主要的设计步骤。

（1）设计客户端界面

在 Examples 文件夹下添加一个文件名为 Page1.xaml 的页，XAML 代码请参看源程序，代码隐藏类中的主要代码如下。

```
......
using Client.ServiceReference1;
......
private void btn1_Click(object sender, RoutedEventArgs e)
{
    textBlock1.Text = "客户端调用服务端的 SayHello 方法，服务端返回：\n";
    //创建服务客户端
    Service1Client client = new Service1Client();
    //调用服务
    string s = client.SayHello("欢迎学习 WCF! ");
    //关闭服务客户端并清理资源
    client.Close();
    textBlock1.Text += s;
}
private void btn2_Click(object sender, RoutedEventArgs e)
{
    textBlock1.Text += "\n\n 客户端调用服务端的多个方法，服务端返回：";
    Service1Client client = new Service1Client();
    string s = client.SayHello(client.Endpoint.Address.ToString());
    double r1 = client.Add(10, 20);
    double r2 = client.Divide(10, 20);
    client.Close();
    textBlock1.Text += string.Format("\n{0}", s);
    textBlock1.Text += string.Format("\n10 + 20 = {0}", r1);
    textBlock1.Text += string.Format("\n10 / 20 = {0}", r2);
}
```

（2）设计客户端主窗口

修改 MainWindow.xaml 及其代码隐藏类，具体代码请见源程序。

按<F5>键调试运行。

这里需要说明一点，IIS 首次运行 WCF 服务时需要加载相应的模块，此时客户端调用 WCF 服务返回的结果可能会比较慢。但是，一旦 IIS 首次加载完毕，以后再调用 WCF 服务就非常快了。

7. 更新服务引用（可选）

编写 WCF 服务应用程序和客户端应用程序时，如果修改了服务端接口的声明，在客户端应用程序中引用的服务并不会自动更新，此时必须手动更新 WCF 服务。

更新 WCF 服务的办法是：在【解决方案资源管理器】中鼠标右键单击客户端项目中引用的服务（例如 ServiceReference1），在弹出的快捷菜单中选择【更新服务引用】命令，此时系统会自动更新客户端的 App.config 和客户端代理类。

如果服务端提供的接口声明不变，或者接口中声明的协定没有发生变化，而只是修改了实现接口的代码，不需要此步骤。

至此，我们用服务协定创建了一个最简单的 WCF 服务端和客户端，读者通过具体的实现步骤，应该对开发基于 WCF 的网络应用程序有了一个基本的认识。初看起来，例子中的步骤非常繁琐，但是，一旦读者熟悉了基本的设计思路，实际上实现这些步骤是非常快的，其实也就是几分钟就能完成的事。

7.4　设计和实现协定

客户端和服务端的通信是通过服务端提供的协定（Contract）来实现的，最常用的协定是服务协定和数据协定。除此之外，如果希望和早期的应用程序程序兼容，还可能会用到消息协定。

用 C#编写 WCF 应用项目时，服务端定义的所有协定都是通过特性来声明的。

7.4.1　协定和特性

任何一个分布式应用程序，在互相传递消息之前都需要事先制定好数据交换规则，以便交换数据的双方能彼此理解对方发送的数据及其格式，WCF 将预先制定的所有这些规则统称为协定。

在.NET 框架中，特性类（简称特性）是一些特殊的类，这些类的特点如下。

● 所有特性类都是从 Attribute 类继承而来的，而且其名称都有 Attribute 后缀。

● 用 C#编写代码时，一律用中括号来声明特性类，声明时省略 Attribute 后缀，这是建议的用法。例如，ServiceContract 特性实际上指的是 ServiceContractAttribute 特性类。声明时也可以不省略 Attribute 后缀，但 C#不建议这样做。

● 特性类的用途是为紧跟在它后面的目标元素提供设计行为。比如对某个字段声明了某个特性，则该特性的目标元素就是这个字段。目标元素可以是程序集、类、构造函数、委托、枚举、事件、字段、接口、方法、可移植模块、参数、属性（Property）、返回值以及结构等。另外，目标元素还可以是其他特性类。

例如：

```
[ServiceContract]
public interface IService1
{
    [OperationContract]
    double Add(double n1, double n2);
}
```

这段代码对 IService1 接口用 ServiceContract 特性声明了服务协定，对 Add 方法用 OperationContract 特性声明了操作协定。编译器编译这段代码时，遇到 ServiceContract 特性声明，它就会自动创建 ServiceContractAttribute 类的一个实例，并通过该实例处理 IService1 接口（处理过程是：创建一个进程，该进程按照服务协定对客户端公开，并通过该进程分别处理该接口中声明的方法）。当遇到 OperationContract 特性声明时，它就会自动创建 OperationContractAttribute 类的一个实例，并通过该实例处理 Add 方法（处理过程是：在处理接口的进程中创建一个线程，让该线程负责执行 Add 方法。一旦客户端调用 Add 方法，它就自动将该线程作为一个任务排队到线程池中去运行）。

可见，如果让我们自己去实现所有的这些细节，就不得不分别编写创建进程和线程的这些实现代码，不但开发周期长，而且也不一定能考虑周全（特别是负载平衡问题，很难圆满解决）。但是，如果利用.NET 已经设计好的特性类来声明协定，我们只需要把重点放在如何设计接口（重点考虑需要在接口中公开哪些方法），然后再用相关的特性声明一下就可以了，显然开发效率要比自己从全部从底层去实现高得多。

实际上，用 C#开发应用程序项目时，很多地方都会用到各种不同功能的特性类，而不是仅限于利用它在 WCF 中声明协定。

7.4.2　服务协定

服务协定是指 WCF 对客户端公开哪些服务。WCF 服务端通过服务协定向客户端公开以下内容：操作方法、消息交换模式、采用的通信协议以及序列化格式。

1. ServiceContract 特性

ServiceContract 特性用于在应用程序中定义服务协定，该特性的常用属性如下。

- CallbackContract：获取或设置双工通信的回调协定类型，默认为 null。
- Name 和 Namespace：获取或设置 Web 服务描述语言（WSDL）中<portType>元素的名称和命名空间。
- HasProtectionLevel：获取一个 bool 类型的值，该值指示是否对成员分配了保护级别。如果分配了保护级别（非 None）则为 true，否则为 false。
- ProtectionLevel：设置绑定支持的保护级别，默认值为 ProtectionLevel.None。可选择的值有：EncryptAndSign（对数据进行加密和签名确保所传输数据的保密性和完整性）、None（仅身份验证）、Sign（对数据签名确保所传输数据的完整性）。
- SessionMode：获取或设置采用的会话模式。

默认情况下，Name 和 Namespace 属性分别是协定类型的名称和 http://tempuri.org。如果没有显式声明服务协定的名称和命名空间，由于重构代码时可能会破坏协定，这样一来客户端有时候可能就不得不删除已有的服务引用，然后再重新添加服务引用。因此，在实际项目中，强烈建议设置 ProtectionLevel 的值，但在学习时可暂时不管它。

由于 ProtectionLevel 的默认值为 None，学习编写代码时不考虑该属性没有任何问题，但在实际项目中，如果没有保密性和安全性控制，可能会导致很严重的消息泄密问题。将其设置为服务协定所要求的级别的好处是可在运行时验证配置文件是否配置了相应级别的安全保密措施。

2. OperationContract 特性

该特性类用于在应用程序中定义操作协定，常用属性如下。

- IsOneWay：获取或设置是否不应答消息，默认为 false（返回应答的消息）。
- IsInitiating：获取或设置一个布尔值，该值指示接口中的方法是否在服务端启动会话时就可以实现操作，默认为 true。

IsOneWay 属性的用法在后面的例子中我们还会学习，这里先举一个 IsInitiating 属性用法的例子。假设接口中的很多方法都是根据订单 ID 号来操作的，此时可将 GetOrderId 方法的 IsInitiating 设置为 true，并将所有其他的方法都设置为 false。这样就可以确保执行其他方法之前，每个新的客户端都能获得一个正确的订单 ID 号。

3. 基本用法

这里只介绍主要的设计思想，完整代码请参看本章第 1 个例子中的 Service1。

（1）设计服务协定

设计服务协定的办法是：在接口的前面用 ServiceContract 特性声明服务协定，在接口的内部用操作协定公开操作方法。例如：

```
[ServiceContract(Namespace = "WcfServiceExamples")]
public interface IService1
{
    [OperationContract] double Add(double n1, double n2);
    [OperationContract] double Divide(double n1, double n2);
}
```

这段代码表示 IService1 接口可对外提供服务，即该接口中声明的方法可被远程调用。代码中用 Namespace 属性规定服务协定使用的命名空间。

不过，ServiceContract 特性只是声明了该接口可对外提供服务，但是，接口中的某个方法是否能被远程调用，还要看该方法是否用 OperationContract 特性公开了操作。或者说，只有应用了 OperationContract 特性的方法，才能被客户端远程调用。

（2）实现服务协定

由于服务协定是通过接口公开的，所以只需要在某个类中去实现接口中声明的所有方法即可。例如：

```
Public class Service1 : IService1
{
    public double Add(double n1, double n2)
    {
        return n1 + n2;
    }
    public double Divide (double n1, double n2)
    {
        return n1 / n2;
    }
}
```

在客户端代码中，要调用 WCF 提供的服务，只需要通过 Service1Client 代理类的实例，直接调用服务协定中公开的 Add 方法或者 Divide 方法即可。

WCF 规定：实现服务的接口中只能包含方法声明，不允许在接口中声明属性和字段。换言之，属性和字段是在实现接口的类中通过数据协定来公开的。

7.4.3　数据协定

数据协定是服务端与客户端之间交换数据的约定，即用某种抽象方式描述要交换的数据并将其传输到客户端。由于 XML 是文本格式，便于网络传输，与平台无关，而且可以灵活地定义数据和结构信息，所以数据协定默认用 XML 来描述。或者说，数据协定规定哪些数据能够被序列化为 XML 传输到客户端。

通过数据协定，客户端和服务端不必共享相同的类型，而只需共享相同的数据协定即可。比如服务端用 C#语言编写，客户端既可以用 C#语言编写，也可以用 Java 语言或者 C++语言编写，而不是客户端也必须用 C#语言编写。

1. DataContract 特性和 DataMember 特性

数据协定是利用 DataContract 特性和 DataMember 特性来声明的。

一旦在一个类的上面声明 DataContract，那么该类就可以被序列化，然后在服务端和客户端之间传送，例如：

```
[DataContract]
public class MyData1
{
......
}
```

这样一来，客户端就能直接创建在服务端定义的 MyData1 类型的对象了。

总之，DataContract 特性用于声明该类可被序列化，DataMember 特性用于声明该类中的哪些成员可被序列化。

2. 基本用法

有两种声明数据协定的办法，一种是显式声明数据协定和成员协定；另一种是不声明数据协定和成员协定，此时 WCF 会隐式应用数据协定和成员协定，但是这种情况下它只序列化修饰符为 Public 的属性以及不带参数的构造函数。

（1）显式声明数据协定

如果显式声明数据协定，需要注意一点，成员协定与成员的访问修饰符无关。即 private、protected、public、Internal 等都可以用 DataMember 特性来声明，而不是仅仅限于修饰符为 public 的字段或者属性。或者说，即使修饰符是 public，如果没声明 DataMember 特性，则该字段或者属性也不会被序列化，客户端仍然无法看到该属性或字段。

例如：

```
[DataContract]
public class MyData1
{
    //不论是private还是public，只要声明 Datamember 就可以序列化
    public string MyName1 = "me1";  //未声明 Datamember，无法序列化
    [DataMember] public string MyName2 = "me2";  //可序列化
    [DataMember] private string myName3 = "me3"; //可序列化
    [DataMember] public int Age { get; set; } //可序列化
    [DataMember] public List<Student> MyStudents { get; set; } //序列化为数组
    private string telephone = "null"; //无法序列化
    [DataMember]
    public string Telephone  //可序列化
    {
        get { return telephone; }
        set { telephone = value; }
    }
}
```

WCF 之所以这样设计，是因为私有字段可将其序列化为二进制对象，而公共字段和属性既可以序列化为二进制对象，也可以序列化为 XML。

不过，除非有必要，否则最好不要对私有成员声明 DataMember 特性，因为这样就失去了"私有"的本质含义，而且还可能会引起安全性问题（被序列化后，即使是私有的，客户端也一样可以看到）。

（2）隐式应用数据协定

隐式应用数据协定时，不需要用 DataContract 特性和 DataMember 特性显式声明，此时 WCF

会自动对具有 public 修饰符的类、结构、枚举等应用数据协定，对具有 public 修饰符的字段和同时具有 get 和 set 的属性应用成员协定。

在 Student.cs 文件中，演示了隐式声明的基本用法。该文件的主要代码如下：

```
//public 的类、结构、接口、枚举默认都拥有数据协定
public class Student
{
    //同时具有 get 和 set 并且声明为 public 的属性默认都拥有成员协定
    public int ID { get; set; }
    public string Name { get; set; }
    public int Score { get; set; }
    public string OtherInfo { get; set; }
    public Student()
    {
        ID = 0;
        Name = "张三";
        Score = 50;
        OtherInfo = "无其他信息";
    }
    public override string ToString()
    {
        return string.Format("学号: {0}, 姓名: {1}, 成绩: {2}, {3}",
            ID, Name, Score, OtherInfo);
    }
}
```

可见，隐式应用数据协定这种用法和我们平时的用法和理解是完全一致的。下一章介绍服务端和客户端的消息交换模式时，我们还会用到这段代码。

3. 注意的问题

使用数据协定（包括显式和隐式）编写服务端和客户端代码时，需要注意以下问题。

（1）属性的限制

将 DataMember 特性应用于属性时，该属性必须同时具有 get 和 set，不能只有 get，也不能只有 set。这是因为序列化时需要调用 set，反序列化时需要调用 get。

还有一点需要注意：使用隐式声明时，凡是具有 public 修饰符的字段，都应该用属性来表示。如果直接用 public 修饰符的字段来表示，必须使用显式声明，否则有可能得不到希望的结果。

（2）构造函数的处理

如果在客户端直接创建服务端提供的类的实例（例如 Student st = new Student(); ），WCF 将按下面的方式处理：服务端先序列化 Student 类型，然后将其传输到客户端，到达目的地后再反序列化得到 Student 对象。在反序列化期间，它首先自动创建一个未初始化的对象（不会调用服务端的任何构造函数），然后再反序列化所有数据成员，最后得到创建的对象。因此，客户端用这种方式创建对象后，如果希望让其执行服务端的构造函数，还需要在服务端的接口中再提供一个方法，即利用操作协定来实现。

可见，最好的办法是不要在客户端直接创建服务端提供的类的实例，而是建议通过客户端代理类来调用，在下面的例 7-2 中，我们还会演示具体用法。

（3）静态成员的处理

数据协定规定：只能将 DataMember 特性应用于字段和属性。如果将 DataMember 特性应用于静态成员，则将忽略该特性。换言之，当客户端需要访问服务端的静态成员时，必须用操作协

定来实现。

4. 示例

下面通过例子说明数据协定的基本用法。

【例 7-2】演示数据协定的基本用法，运行效果如图 7-6 所示。

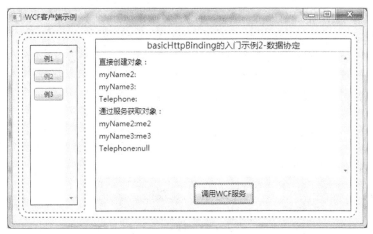

图 7-6　例 7-2 的运行效果

该例子的完整代码请参看 WcfServiceExamples 中与 Service2 相关的源程序，主要包括 MyData1.cs、IService2.cs、Service2.svc.cs、Page2.xaml 及其代码隐藏类。

MyData1.cs 的主要代码如下。

```csharp
[DataContract]
public class MyData1
{
    //不论是 private 还是 public，只要声明 Datamember 就可以序列化
    public string MyName1 = "me1";  //未声明 Datamember，无法序列化
    [DataMember]
    public string MyName2 = "me2";  //可序列化
    [DataMember]
    private string myName3 = "me3"; //可序列化
    [DataMember]
    public int Age { get; set; } //可序列化
    [DataMember]
    public List<Student> MyStudents { get; set; } //序列化为 Student 数组
    private string telephone = "null"; //无法序列化
    [DataMember]
    public string Telephone  //可序列化
    {
        get { return telephone; }
        set { telephone = value; }
    }
}
```

需要提醒读者的是，这段代码只是为了说明概念，实际开发时，如果没有特殊需要，建议不要对私有成员声明 DataMember。

IService2.cs 的主要代码如下。

```
[ServiceContract]
public interface IService2
{
    [OperationContract]
    MyData1 GetMyData1();
}
```

Service2.svc.cs 的主要代码如下。

```
public class Service2 : IService2
{
    public MyData1 GetMyData1()
    {
        MyData1 data = new MyData1();
        return data;
    }
}
```

Page2.xaml.cs 中的主要代码如下。

```
private void btn1_Click(object sender, RoutedEventArgs e)
{
    StringBuilder sb = new StringBuilder();
    MyData1 data = new MyData1();
    sb.AppendLine("直接创建对象: ");
    sb.AppendLine("myName2:" + data.MyName2);
    sb.AppendLine("myName3:" + data.myName3); //由于是private，所以此值为空字符串
    sb.AppendLine("Telephone:" + data.Telephone);
    Service2Client client = new Service2Client();
    MyData1 data1 = client.GetMyData1();
    sb.AppendLine("通过服务获取对象: ");
    sb.AppendLine("myName2:" + data1.MyName2);
    sb.AppendLine("myName3:" + data1.myName3); //通过服务获取的不是空字符串
    sb.AppendLine("Telephone:" + data1.Telephone);
    textBlock1.Text = sb.ToString();
}
```

7.4.4　消息协定

消息协定是通过 MessageContract 特性（MessageContractAttribute 类）来实现的。这是一个可选的协定，即根据需要，可以使用它，也可以不使用它。

大部分情况下，使用服务协定和数据协定就能满足项目需求，但在某些情况下，我们可能希望用单个类型来表示整个消息，虽然用数据协定也能实现，但对于这种情况，建议用消息协定来实现，这样可以避免在 XML 序列化时产生不必要的包装。

此外，使用消息协定还可以对消息进行更多的控制。比如，可以决定哪些信息段包含在消息正文中，哪些信息段包含在消息头中。

1. MessageHeader 特性和 MessageBodyMember 特性

在消息协定的内部，通过 MessageHeader 特性（MessageHeaderAttribute 类）指定消息头，通过 MessageBodyMember 特性（MessageBodyMemberAttribute 类）指定消息体。

可以对所有字段、属性和事件应用 MessageHeader 特性和 MessageBodyMember 特性，而与这些字段、属性和事件的访问修饰符无关，即不论是 public、private、protected 还是 internal，都能

使用这两个特性。

　　如果一个类型中既包含消息协定又包含数据协定，则只处理消息协定。

2. 以 Rpc 样式对消息进行操作

　　默认情况下，WCF 通过远程过程调用（RPC）对消息协定进行操作，这种操作称为 RPC 样式的操作，这是建议的做法。

　　在 RPC 样式的操作中，消息协定中操作协定的声明办法和服务协定中操作协定的声明办法完全相同，也就是说，都可以使用多个参数，包括带 ref 和 out 的参数。这样做的好处是即使开发人员对 SOAP 和 SOAP 消息不熟悉，一样能快速创建 WCF 服务应用程序。

图 7-7　例 7-3 的运行效果

　　【例 7-3】演示消息协定的基本用法，运行效果如图 7-7 所示。

　　该例子的完整代码请参看与 Service3 相关的源程序，包括 MyData2.cs、IService3.cs、Service3.svc.cs、Page3.xaml 及其代码隐藏类。主要设计步骤如下。

　　（1）定义数据协定。源代码在 MyData2.cs 中，主要代码如下。

```
[MessageContract]
public class MyData2
{
    [MessageHeader]
    public Header header { get; set; }
    [MessageBodyMember]
    public Body body { get; set; }
}
public class Header
{
    public string Description { get; set; }
    public DateTime TransactionDate { get; set; }
    public Header()
    {
        Description = "消息头";
        TransactionDate = DateTime.Now;
    }
}
public class Body
{
    public string Name { get; set; }
    public int Age { get; set; }
    public string Telephone { get; set; }
    public Body()
    {
        Name = "张三";
        Age = 20;
        Telephone = "1234567";
    }
}
```

（2）定义服务协定。源代码在 IService3.cs 和 Service3.svc.cs 中。

IService3.cs 的主要代码如下。

```
[ServiceContract]
public interface IService3
{
    [OperationContract]
    MyData2 GetMessage();
}
```

Service3.svc.cs 的主要代码如下。

```
public class Service3 : IService3
{
    public MyData2 GetMessage()
    {
        MyData2 data = new MyData2();
        data.header = new Header();
        data.body = new Body();
        return data;
    }
}
```

（3）添加服务引用，编写客户端代码。

源代码在 Page3.xaml 及其代码隐藏类中。

Page3.xaml.cs 的主要代码如下。

```
private void btn1_Click(object sender, RoutedEventArgs e)
{
    StringBuilder sb = new StringBuilder();
    Service3Client client = new Service3Client();
    Body body;
    Header header = client.GetMessage(out body);
    sb.AppendLine("header:");
    sb.AppendFormat("{0}, {1:HH:mm}", header.Description, header.TransactionDate);
    sb.AppendLine();
    sb.AppendLine("body:");
    sb.AppendFormat("{0}, {1}, {2}", body.Name, body.Age, body.Telephone);
    textBlock1.Text = sb.ToString();
}
```

代码中格式化输出的 HH 表示 24 小时制，不要误用为表示 12 小时制的 hh。

3. 以 Message 样式对消息进行操作

对于以下情况，应该用 Message 样式对消息进行操作，而不是用 Rpc 样式。

● 需要插入自定义的 SOAP 标头。

● 希望分别定义消息头和正文的安全属性（例如使用与默认安全级别不同的数字签名和加密保护等）。

● 有些第三方的 SOAP 要求以特定的格式发送邮件。

使用消息样式对消息进行操作时，接口中的操作方法只允许最多有一个参数和一个返回值，而且参数和返回值的类型都必须是消息类型；也就是说，只有这两种类型才可以直接序列化为 SOAP 消息结构。如果不满足这个要求，将无法通过编译。

除了这些情况以外，其他情况不建议用 Message 样式对消息进行操作。这是因为绝大部分情况下，系统提供的绑定已经能提供充分的安全保护，不需要开发人员考虑每个操作或每条消息的保护级别。所以，我们不再介绍 Message 样式的具体用法，如果项目真有这样的特殊需求，读者再参考相关的资料也不迟。

7.5　服务绑定与终结点配置

在本章第 1 个例子的步骤中，我们已经知道了如何配置 WCF 服务，以及如何在客户端自动生成终结点配置。作为后续章节的基础，这一节我们主要学习终结点的配置方式和绑定策略，并介绍配置时涉及的相关概念。

7.5.1　在服务端配置文件中配置 WCF 服务

用【WCF 服务应用程序】模板创建 WCF 服务项目时，服务端配置信息保存在项目的 Web.config 文件中，客户端应用程序中的配置信息保存在项目的 App.config 文件中。

用自承载 WCF 创建 WCF 服务项目时，或者用【WCF 服务库】模板创建 WCF 服务项目时，服务端和客户端的配置信息都保存在对应项目的 App.config 文件中。

对于终结点配置来说，通过配置文件（Web.config、App.config）配置终结点是建议的做法，这是因为部署前开发人员没有办法预先知道实际使用的服务地址（只有在实际部署应用程序时才会知道）。用配置文件的好处是更改配置信息后，不必重新编译和重新部署应用程序，就可以自动使用新的终结点配置。或者说，无论是部署前还是部署后，都可以单独修改配置文件指定终结点，而不需要修改程序中的代码。

用 VS2012 开发 WCF 服务端和客户端应用程序时，在程序的开发阶段，只需要在服务端的 Web.config 文件中配置服务即可，这是因为服务端配置完成后，在客户端添加或更新服务引用时，系统会自动修改对应的客户端配置文件（App.config），不需要程序员再去手动配置客户端。但是，部署后仍然需要根据实际的服务地址修改客户端配置，该工作既可以通过直接修改配置文件来实现，也可以通过单独设计的配置界面来实现。

1．Web.config 文件的配置结构

在同一个配置文件中，既可以只有一个终结点绑定配置，也可以同时有多个终结点绑定配置。下面的代码演示了 Web.config 文件可配置的结构。

```
<?xml version="1.0" encoding="utf-8"?>
<configuration>
 <appSettings>
  <add key="aspnet:UseTaskFriendlySynchronizationContext" value="true" />
 </appSettings>
 <system.web>
  <compilation debug="true" targetFramework="4.5" />
  <httpRuntime targetFramework="4.5"/>
 </system.web>
 <system.serviceModel>
  <bindings>
   <basicHttpBinding>
    <binding name="basic" transferMode="Buffered"
            textEncoding="utf-8" messageEncoding="Text" >
     <security mode="None"/>
```

```
        </binding>
      </basicHttpBinding>
    </bindings>
    <protocolMapping>
      <add scheme="http" binding="basicHttpBinding" />
      <add scheme="ws.http" binding="wsHttpBinding" />
      <add scheme="dual.http" binding="wsDualHttpBinding" />
      <add scheme="net.tcp" binding="netTcpBinding" />
      <add scheme="net.pipe" binding="netNamedPipeBinding" />
      <add scheme="net.msmq" binding="netMsmqBinding" />
      <add scheme="mex.http" binding="mexHttpBinding" />
      <add scheme="mex.tcp" binding="mexTcpBinding" />
      <add scheme="net.peer" binding="netPeerTcpBinding" />
      <add scheme="udp" binding="udpBinding" />
    </protocolMapping>
    <services>
      <service name="WcfService.Service1">
        <endpoint binding="basicHttpBinding" bindingConfiguration="basic"
          contract="WcfService.IService1" />
      </service>
      <service name="WcfService.StudentsService">
        <endpoint binding="wsHttpBinding" contract="WcfService.IStudentsService"/>
      </service>
      <service name="WcfService.StudentsOneWay">
        <endpoint binding="wsDualHttpBinding" contract="WcfService.IStudentsOneWay"/>
      </service>
      <service name="WcfService.StudentsDuplex">
        <endpoint binding="wsDualHttpBinding" contract="WcfService.IStudentsDuplex"/>
      </service>
    </services>
    <behaviors>
      <serviceBehaviors>
        <behavior>
          <serviceMetadata httpGetEnabled="true" httpsGetEnabled="true" />
          <serviceDebug includeExceptionDetailInFaults="true" />
        </behavior>
      </serviceBehaviors>
    </behaviors>
    <serviceHostingEnvironment aspNetCompatibilityEnabled="true"
        multipleSiteBindingsEnabled="true" />
  </system.serviceModel>
  <system.webServer>
    <modules runAllManagedModulesForAllRequests="true"/>
    <directoryBrowse enabled="true"/>
  </system.webServer>
</configuration>
```

在后续的内容中，我们还会逐步介绍这些不同绑定方式的含义及其用法，这里只需要理解如何在配置文件中同时指定多种绑定方式即可。

2．修改配置的方式

有两种修改服务端 Web.config（WCF 服务应用程序）或者 App.config（WCF 服务库或者自承载）配置文件的办法，一种是在编辑状态下直接修改配置，另一种是通过配置工具提供的选项来选择修改。

（1）直接修改配置

修改服务端配置文件最方便的办法是直接打开并修改它，办法是：双击 Web.config 或者

App.config 打开配置文件，当编辑配置信息时，系统还会自动显示智能提示。

另外，在 VS2012 开发环境下，服务端和客户端终结点的配置与 VS2010 相比进行了大幅度的简化，很多默认值不再需要开发人员逐个指定，只需要指定与默认值不同的配置即可。还有，利用系统提供的绑定，只需要修改很少的配置代码，就可以在同一个配置文件中实现多种绑定配置。

由于 Web.config 中的服务绑定配置完成后，在客户端添加服务引用时，系统会自动修改 App.config 文件中对应的客户端绑定配置，因此本书后续章节的例子主要介绍服务端 Web.config 文件的配置方法。

（2）利用配置工具修改配置

在开发过程中，除了直接修改配置文件外，还可以利用配置工具（Svcutil.exe，或者叫 ServiceModel 元数据实用工具）配置和查看各个参数的具体值。例如，在【解决方案资源管理器】中右键单击 Web.config 文件，选择【编辑 WCF 配置】命令，此时即可以通过配置窗体查看或修改各个属性的值，如图 7-8 所示。

图 7-8 编辑 WCF 配置

实际部署应用程序时，管理员也可以通过 Svcutil.exe 工具分别修改服务端和客户端的配置文件。由于配置工具涉及的参数太多，我们不再逐个详细介绍它，有兴趣的读者可查看相关资料。

7.5.2 终结点绑定方式

按照绑定方式来分类，可将终结点绑定分为系统提供的绑定和自定义绑定。

本书主要介绍.NET 框架 4.5 自身提供了哪些绑定，这些绑定都称为系统提供的绑定。除了系统提供的绑定以外，开发人员还可以自定义绑定方式，但由于自定义绑定实现起来非常复杂，而且绝大多数情况下，选择系统提供的绑定就可以满足应用需求，因此本书不再介绍自定义绑定的具体实现。

1. 系统提供的绑定

在系统提供的绑定中，最基本的就是 basicHttpBinding。除此之外，系统提供的常用绑定方式还包括：wsHttpBinding、wsDualHttpBinding、netTcpBinding、udpBinding、netNamedPipeBinding、netMsmqBinding 以及 netPeerTcpBinding。

除了这些常用的绑定方式以外，系统还提供了其他多种绑定方式。不过，其他绑定有的是为了让 WCF 和原有技术交互（互操作），有的是为了让 WCF 支持其他协议，有的是为了满足某些特殊需求。当读者学习了本书介绍的常用绑定方式后，可以继续学习其他的绑定方式，以便在实际的项目开发中选择更合适的绑定方案。

2. 选择绑定时需要注意的事项

编写实际的应用程序时，出于安全考虑，必须确保始终选择具有安全性保障的绑定。如果不选择安全绑定或者禁用了安全性，也要务必以某种其他方式保护数据，如将其存储在受保护的数据中心中或隔离的网络上。另外，除非以某种其他方式保护数据，否则绝不要将双工协定与不支持安全性或已禁用安全性的绑定一起使用。

在系统提供的绑定中，除了 basicHttpBinding 为了方便初学者练习默认未启用安全性以外，其他绑定默认都已启用了安全性。如果在实际项目仍然使用 basicHttpBinding，注意部署时一定不要忘记启用安全性。

7.5.3　需要绑定的元素及其含义

绑定可指定终结点之间通话时所使用的通信机制，并指示如何从一个终结点连接到另一个终结点。绑定元素有：协议通道绑定元素、传输通道绑定元素和消息编码绑定元素。

WCF 提供了两种类型的通道：协议通道和传输通道。

1. 协议通道绑定元素（绑定消息处理协议）

协议通道绑定元素用于确定绑定到哪种消息处理协议（WS-Security 或者 WS-Reliability）来确保消息的安全性和可靠性。另外，该通道还处理自定义的消息处理协议。

WS 是 Web Service 的缩写。

（1）安全性（Security）

消息的安全性（security）是指消息的安全处理方式，即如何保护传输通道使其满足安全要求，也叫 WS-Security。

WS-Security 是一种在 Web 服务上满足安全要求的网络传输协议。2004 年，OASIS 组织发布了 WS-Security 标准的 1.0 版本，2006 年发布了 1.1 版本。

安全处理方式是指采用哪种安全处理机制，例如，Windows 身份验证、用户名密码身份验证、SSL、SOAP 等。

在<bindings>下的<binding>节中，可使用 mode 特性配置消息的安全性（security），该特性的可选值包括以下几种。

- None：指不保护 SOAP 消息且不验证客户端的身份。
- Transport：在传输层上满足安全要求。
- Message：在消息层上满足安全要求。
- 混合（TransportWithMessageCredential 或者 TransportCredentialOnly）：安全性声明包含在消息中，而完整性和保密性要求则由传输层来满足。

例如：

```
<configuration>
  ......
  <system.serviceModel>
    <bindings>
      <basicHttpBinding>
```

```
        <binding ...... >
          <security mode="Transport">
            <transport clientCredentialType="None"/>
          </security>
        </binding>
      </basicHttpBinding>
    </bindings>
    ......
  </system.serviceModel>
  ......
</configuration>
```

（2）可靠性（WS-Reliability）

消息的可靠性是指 WCF 通过传输通道传输消息的过程中，确保消息到达目的地而不会丢失消息，也叫 WS-Reliability。比如，传输过程中网络中断了，当网络恢复后，该通道会自动再次发送该消息，不会出现丢失消息的情况。

WS-Reliability 是一种基于 SOAP 消息的传输协议，2007 年 OASIS 组织发布了 WS-Reliability 标准的 1.0 版本，2009 年发布了 1.2 版本。

（3）事务

事务是指某个通信过程要么全部完成，要么回滚到未通信前的初始状态，但绝不会出现半途而废的情况。

（4）双工（Duplex）

可指定是否支持双工通信。

（5）传输方式（TransferMode）

传输方式指传入和传出消息时使用的数据流采用哪种机制。例如，发送消息时，如果直接发送，则称为流式的；如果是先保存到某个缓冲区中，等缓冲区满时再发送，则称为缓冲式的。

使用 TransferMode 可设置传输方式，允许的值包括：Buffered（请求消息和响应消息都是缓冲式的）、Streamed（请求消息和响应消息都是流式的）、StreamedRequest（请求消息是流式的，而响应消息是缓冲式的）、StreamedResponse（请求消息是缓冲式的，而响应消息是流式的）。

传输方式对通信的影响比较复杂，一般情况下不要在配置中修改其默认值。

2. 传输通道绑定元素（绑定基础传输协议）

传输通道绑定元素指定终结点发送消息时使用哪种基础传输协议。

传输通道使用基础传输协议（HTTP、TCP、UDP 等）来传输消息，另外，该通道还负责对消息进行编码和解码。例如，某些传输通道使用编码器来将 XML 消息转换为网络所使用的字节流的表示形式，或将字节流表示形式转换为 XML 消息。

3. 消息编码绑定元素

消息编码绑定元素指定对发送到终结点的消息使用的消息编码。

可指定的消息编码方式包括以下几种。

- Text：指采用哪种文本编码方式，如 utf-8、Unicode 等。
- Binary：二进制格式。
- MTOM：消息传输优化机制，这是一种对 SOAP 信封上下文中二进制 XML 元素高效编码的方法。

Text（文本消息编码器）是所有基于 HTTP 绑定的默认编码器，这是最关注互操作性的所有自定义绑定的最佳选择。此编码器读取和编写标准 SOAP 1.1/SOAP 1.2 文本消息，而不会对二进制数据进行任何特殊处理。如果消息的 MessageVersion 设置为 None，则 SOAP 信封包装会从输出中省略，只有消息正文内容会进行序列化。

Binary（二进制消息编码器，一般用于 TCP 绑定）：当通信双方（服务端、客户端）都基于 WCF 时，二进制消息编码器始终是最佳的选择。这种编码器使用.NET 二进制 XML 格式，该格式与等效的 XML 1.0 表示法相比产生的需求量通常较小，并将二进制数据编码为字节流。如果 WCF 客户端不存在互操作性要求，而且使用 HTTP 传输时，也可以采用这种消息编码绑定方式。

MTOM 消息编码器也是一个文本编码器，但这种编码器实现对二进制数据的特殊处理，默认情况下在任何标准绑定中都不会使用 MTOM，它仅用于严格按某种具体情况进行优化的情况。换言之，只有当二进制数据的量不超过某个阈值时，MTOM 编码才具有优势；如果消息包含的二进制数据超过了这个阈值，则这些数据会外部化到消息信封之后的 MIME 部分。具体来说，当使用 HTTP 传输并要求互操作性，并且还必须发送大型二进制数据时（比如超过 500MB 的二进制数据），可考虑在标准 BasicHttpBinding 或 WSHttpBinding 绑定上启用 MTOM。启用办法是：将该绑定的 MessageEncoding 属性设置为 Mtom。但是要注意，如果传输的数据量低于 1KB，采用这种方式反而会大大降低传输性能。

4. 关于大型数据的特殊安全考虑事项

WCF 的所有绑定都允许限制传入消息的大小，以拒绝服务攻击。例如，BasicHttpBinding 会公开一个 MaxReceivedMessageSize 属性，该属性限制传入消息的大小（默认值为 65536 个字节），同时还限制在处理该消息时访问的最大内存量。

当启用流模式传递大型文件时，可能会将 MaxReceivedMessageSize 设置为一个极其大的值（比如 4GB），此时攻击者会利用它构造一个完全由消息头组成的大型恶意消息，以强制让接收端缓冲数据，由于接收方预料不到会要求一次性地在内存中缓冲这么大的一个消息，因此就可能会发生内存溢出。因此，在这种情况下，仅限制最大传入消息大小是不够的。要限制 WCF 缓冲的内存量，还必须将其和 MaxBufferSize 属性结合使用。例如，假设 WCF 服务必须接收大至 4GB 的文件，并将其存储在本地磁盘上，而接收方的内存一次只能缓冲 64KB 的数据，此时应该将 MaxReceivedMessageSize 设置为 4 GB，将 MaxBufferSize 设置为 64KB。另外，在服务实现中，还必须确保仅按 64KB 大小的块从传入流中读取数据，并且在上一块写入到磁盘并从内存中丢弃之前，不读取下一块。

另外很重要的一点是，必须了解此配置仅限制由 WCF 执行的缓冲，而无法限制在自己的服务或客户端实现中执行的任何缓冲。

5. 开发和部署时的配置区别

在程序的开发阶段（部署前），设置服务端配置文件中的终结点绑定后，就可以在客户端通过【添加服务引用】或者【更新服务引用】命令，让其自动添加或更新客户端 App.config 中相应的终结点配置。这一步工作完成后，客户端就可以和服务端通信了。

部署应用程序时，可以通过手工修改实际配置，或者通过专门的应用程序配置界面，分别修改服务端配置和客户端配置。无论使用哪种方式，部署时都不需要修改服务端和客户端的源代码。

习　　题

1. 简要介绍 Web 服务和 WCF 有哪些区别和联系。
2. 简要介绍 WCF 服务的承载方式及其特点。
3. 什么是服务协定？什么是数据协定？分别用哪些特性声明服务协定和数据协定？

第8章
WCF 和 HTTP 应用编程

HTTP（HyperText Transfer Protocol，超文件传输协议）是因特网上应用最为广泛的一种网络传输协议。

将 WCF 和 HTTP 绑定在一起，可轻松实现面向服务的各种分布式网络应用程序。

8.1 HTTP 简介

在 TCP/IP 体系结构中，HTTP 属于应用层传输协议，位于 TCP/IP 的顶层。无论是 C/S 应用程序还是 B/S 应用程序，都可以利用 HTTP 实现服务端和客户端之间的通信。

8.1.1 HTTP 的特点

目前常见的 HTTP 标准是 HTTP/1.1。

人们最初设计 HTTP 的目的是为了提供一种发布和接收由文本文件组成的 HTML 页面的方法，后来发展到除了文本数据外，还可以传输图片、音频文件、视频文件、压缩文件以及各种程序文件等。

从应用的角度来说，HTTP 主要有以下特点。

1．HTTP 以 TCP 方式工作

HTTP 客户端首先与服务器建立 TCP 连接，然后客户端通过套接字发送 HTTP 请求，并通过套接字接收 HTTP 响应。由于 HTTP 采用 TCP 传输数据，因此不会丢失数据，也不会出现乱序的情况。

在 HTTP/1.0 中，客户端和服务器建立 TCP 连接后，发送一个请求至服务器，服务器发送一个应答至客户端，然后立即断开 TCP 连接，主要过程如下。

（1）客户端与服务器建立 TCP 连接。

（2）客户端向服务器提出请求。

（3）如果服务器接受请求，则回送响应码和所需的信息。

（4）客户端与服务器断开 TCP 连接。

注意，HTTP/1.1 支持持久连接，即客户端和服务器建立连接后，可以发送请求和接收应答，然后迅速地发送另一个请求和接收另一个应答。同时，持久连接也使得在得到上一个请求的应答之前能够发送多个请求，这是 HTTP/1.1 与 HTTP/1.0 明显不同的地方。

除此之外，HTTP/1.1 可以发送的请求类型也比 HTTP/1.0 多。

2. HTTP 默认是无状态的

"无状态"的含义是，客户端发送一次请求后，服务器并没有存储关于该客户端的任何状态信息，即使客户端再次请求同一个对象，服务器仍会重新发送这个对象，而不管原来是否已经向该客户端发送过这个对象。

3. HTTP 使用元信息作为标头

HTTP 通过添加标头（Header）的方式向服务器提供本次 HTTP 请求的相关信息，即在主要数据前添加一部分信息，称为元信息（Meta Information）。例如，传送的对象属于哪种类型，采用的是哪种编码方式等。

8.1.2 HTTP 的请求与响应

为了让读者理解 WCF 是如何对 HTTP 进行封装的，作为了解内容，这一节我们简单介绍一下 HTTP 的实现原理。

利用 HTTP 进行通信时，客户端通过程序向服务器端发送的请求可以有不同的类型，服务端根据不同的请求类型进行不同的处理，并将处理结果返回给客户端。

1. HTTP 请求

早期的 HTTP/1.0 定义了 3 种最基本的请求类型：GET、POST 和 HEAD。客户端程序用大写指令将请求发送给服务端，后面跟随具体的数据。在这些方法中，最常用的是 GET 方法和 POST 方法，也叫 GET 请求和 POST 请求。

如果服务端不支持客户端发送的请求方法，则服务端将立即关闭连接。

在传统的编程技术中，可以用 HttpWebRequest 的【Method】属性设置请求的方法。例如，下面的代码设置 HTTP 请求的方法为 "POST"。

```
string uri = "http://www.google.cn";
HttpWebRequest request = (HttpWebRequest)HttpWebRequest.Create(uri);
request.Method = "POST";
```

当客户端将 HTTP 请求发送到服务器时，其内部发送格式如下所示。

```
<request-line>
<headers>
<blank line>
[<request-body>]
```

在 HTTP 请求中，第 1 行说明请求的类型、要访问的资源以及使用的 HTTP 版本。紧接着是标头（Header）部分，说明服务器要使用的附加信息，这部分一般由多行组成。标头之后是一个空行（Blank Line），表明标头结束。空行之后是请求的主体（Request-Body），主题中可以包含任意的数据。

（1）GET 请求

GET 请求表示客户端告诉服务器获取哪些资源。一般在 GET 请求后面跟随一个 URI 位置表示请求的内容。除了用 URI 作为参数之外，这种请求还可以跟随通信协议的版本如 HTTP/1.0 等作为参数传递给服务端。

（2）POST 请求

POST 请求一般用于要求服务端接收大量信息的场合。与 GET 请求相比，POST 请求不是将请求参数附加在 URL 的后面，而是在请求主体中为服务端提供附加信息。

例如，利用 Google 采用 POST 方式将 "图片" 两个字翻译为英文时，其内部向服务端发送的代码为如下形式。

```
POST / HTTP/1.1
Host: www.google.cn
User-Agent: ……
Content-Type: application/x-www-form-urlencoded
Content-Length: 35
Connection: Keep-Alive
（此处为一空行）
#zh-CN|en|%E5%9B%BE%E7%89%87
```

从这段代码中可以看出，Content-Type 标头说明了请求主体的内容是如何编码的，此例子是以 application/x-www-form-urlencoded 格式编码来传送数据的，这是针对简单 URL 编码的 MIME 类型。Content-Length 标头说明了请求主体的字节数。在 Connection 标头后是一个空行，再后面就是请求的主体。

（3）HEAD 请求

HEAD 请求在客户端程序和服务器端之间进行交流，而不会返回具体的文档。HEAD 请求通常不单独使用，而是和其他的请求一起起到辅助作用。

例如，一些搜索引擎的自动搜索功能就采用这个办法来获得网页的标志信息。进行安全认证时，传递认证信息也可以通过 HEAD 请求来实现。

如果读者想了解 HTTP 的详细说明，请参见 http://www.w3.org/Protocols/的 HTTP 规范。

2．HTTP 响应

客户端向服务器发送请求后，服务器会回送 HTTP 响应。HTTP 响应的一般格式为

```
<status-line>
<headers>
<blank line>
[<response-body>]
```

对于 HTTP 响应来说，它与 HTTP 请求相比，唯一的区别是第 1 行中用状态信息代替了请求信息。状态行（Status Line）通过提供一个状态码来说明所请求的资源情况。例如：

```
HTTP/1.1 200 OK
Content-Language:zh-CN
Transfer-Encoding:chunked
Cache-Control:private
Cache-Control:max-age=86400
Content-Type:text/html; charset=GB2312
Date:Sat, 18 Apr 2009 15:19:55 GMT
Expires:Sat, 18 Apr 2009 15:19:55 GMT
Set-Cookie:PREF=ID=4835769e743ac493:NW=1:TM=1240067995:LM=1240067995:S=bLkPnQOPJX5
PqIBL; expires=Mon
Set-Cookie:18-Apr-2011 15:19:55 GMT; path=/; domain=.google.cn
Server:translation
…
```

所有 HTTP 响应的第一行都是状态行，该内容依次是当前 HTTP 版本号、3 位数字组成的状态码以及描述状态的短语，各项之间用空格分隔。

在这段代码中，状态行给出的 HTTP 状态码是 200，消息是 OK。

状态码的第一个数字代表当前响应的类型，具体规定如下。

1xx 消息——请求已被服务器接收，继续处理。

2xx 成功——请求已成功被服务器接收、理解、并接受。

3xx 重定向——需要后续操作才能完成这一请求。

4xx 请求错误——请求含有词法错误或者无法被执行。

5xx 服务器错误——服务器在处理某个正确请求时发生错误。

例如，404 表示在指定的位置不存在所申请的资源。

注意，这里并没有指明客户端使用的是哪种请求类型，这是因为请求是由客户端发出的，客户端自然知道每种类型的请求将返回什么数据，也知道如何处理服务端返回的数据，所以不需要服务端告诉它响应的是哪种类型的请求。

实际上，HTTP 规范是相当复杂的，如果直接从发送和接收的 HTTP 内容去处理，需要编写大量的实现代码。而如果利用对其进一步封装后的架构去编程，实现代码就要简单得多，此时只需要程序员关注具体的业务逻辑即可。

8.1.3　HTTP 应用编程的技术选择

编写基于 C/S 的 HTTP 应用程序时，有以下几种实现技术。

1. 利用可插接式协议实现 HTTP 应用编程

可插接式协议用 WebRequest 类和 WebResponse 类来实现。这两个类是各种与具体的通信协议相关的类的基类，提供了上传、下载等基本方法。或者说，不论采用的是哪种通信协议，都可以用这两个对来实现。

2. 利用 HttpWebRequest 和 HttpWebResponse 实现 HTTP 应用编程

HttpWebRequest 类和 HttpWebResponse 类是针对 HTTP 提供的，分别从 WebRequest 类和 WebResponse 类继承而来。

3. 利用 WCF 实现 HTTP 应用编程

前两种方式都是传统的编程模型，在实际项目中，如果用传统的编程模型来实现，除了业务处理之外，很多细节也都需要程序员自己去完成，例如负载平衡、网络监视、安全管理、防范攻击等。而用 WCF 来实现，程序员只需要处理业务逻辑即可，其他工作让 WCF 内部去完成就行了。因此，用 WCF 和基于任务的编程模型实现 HTTP 应用编程是建议的做法。

8.2　WCF 中与 HTTP 相关的绑定

这一节我们主要学习.NET 框架 4.5 提供了哪些与 HTTP 相关的绑定以及如何在服务端的 Web.config 文件中配置这些绑定。

在绑定配置中，绝大多数情况下，选择系统提供的绑定即可满足需求，不需要修改默认的绑定参数。但是，由于某些特殊要求（如需要修改默认的消息编码）必须要修改绑定参数，因此我们还要了解这些常用参数的可选项及其含义。

8.2.1　基本 HTTP 绑定（BasicHttpBinding 类）

基本 HTTP 绑定用 BasicHttpBinding 类来实现，在配置文件中用 basicHttpBinding 元素来配置。

利用 BasicHttpBinding，可轻松实现类似传统的 Web 服务实现的功能。

1. 默认配置和自定义配置

配置文件中的<basicHttpBinding>绑定元素用 BasicHttpBinding 类来实现，这种绑定使用 HTTP 作为基础传输协议来发送 SOAP 1.1 消息。该绑定模式只实现了最基本的绑定要求，适用于客户端与符合 WS-I 和 WS-BP1.1（WS-Basic Profile 1.1）标准的 Web 服务进行通信，其实现原理类似于传统的 Web Service 实现模式。

如果只使用<basicHttpBinding>提供 WCF 服务，使用 Web.config 提供的默认配置即可，一般不需要再定义其他配置。但是，如果在 IIS 中同时使用多种绑定模式，即使采用默认配置，也要明确指定哪个终结点使用这种配置。

下面的代码演示了在 Web.config 中自定义<basicHttpBinding>的配置办法。

```
<system.serviceModel>
    <bindings>
      <basicHttpBinding>
        <binding name="b1" transferMode="Buffered"
           textEncoding="utf-8" messageEncoding="Text" >
          <security mode="None"/>
        </binding>
      </basicHttpBinding>
      ......
    <services>
      <service name="WcfService.Service1">
        <endpoint binding="basicHttpBinding"
           bindingConfiguration="b1" contract="WcfService.IService1" />
      </service>
      ......
    </services>
    ......
</system.serviceModel>
```

2. 默认值及可选参数

<basicHttpBinding>的配置参数非常多，这里只介绍常用的配置参数。

（1）安全模式

在 Web.config 文件中，安全模式用<security>中的 mode 特性来指定。例如：

```
<basicHttpBinding>
  <binding name="b1" textEncoding="utf-8" messageEncoding="Text" >
    <security mode="None"/>
  </binding>
</basicHttpBinding>
```

mode 的可选值如下。

- None：无安全设置。
- Transport：保证传输安全。
- Message：保证消息安全。
- TransportWithMessageCredential：仅保证传输中的消息安全。
- TransportCredentialOnly：仅保证传输安全，不保证消息安全。

如果不指定 BasicHttpBinding 的安全模式，默认值为 None。

（2）消息编码（messageEncoding）与消息文本字符编码（textEncoding）

消息编码与消息文本字符编码均通过<binding>中的对应特性来指定。例如：

```
<basicHttpBinding>
  <binding name="b1" textEncoding="utf-8" messageEncoding="Text" />
</basicHttpBinding>
```

在<basicHttpBinding>中，消息编码格式（messageEncoding）的可选值如下。

- Text：文本/XML。
- Mtom：消息传输组织机制 1.0。

消息文本字符编码格式（textEncoding）的可选值如下。

- utf-8：采用 UTF8 编码。
- unicode：采用 Unicode 编码。
- utf-16：采用 UTF16 编码。

如果不指定这两个特性，messageEncoding 默认值为 Text，textEncoding 默认值为 utf-8。

（3）传输方式（transferMode）

传输模式（transferMode）的情况比较复杂，该方式的可选值为：Buffered（默认值，对请求和响应消息进行缓冲处理，即将整个消息保留在内存缓冲区中直到传输完成）、Streamed（对请求和响应消息进行流式处理，即仅对消息头进行缓冲，并以流形式公开消息正文）、StreamedRequest（对请求消息进行流式处理，对响应消息进行缓冲处理）、StreamedResponse（对请求消息进行缓冲处理，对响应消息进行流式处理）。

如果开发人员搞不清到底用哪种传输模式更好，最好采用系统默认的配置。

（4）是否支持会话、事务、双工

BasicHttpBinding 无会话功能，无事务功能，不支持双工。

（5）其他

BasicHttpBinding 的其他参数一般不需要修改。另外，与.NET 框架 4.0 相比，在.NET 框架 4.5 中对该绑定模式做了以下两个方面的改进：一是启用了单个 WCF 终结点，可以对不同的身份验证模式进行响应；二是由 IIS 控制 WCF 服务的安全性设置。

8.2.2 其他常用的 HTTP 绑定

除了 BasicHttpBinding 以外，WCF 还提供了一些与 HTTP 相关的不同绑定方式，其中最常用的是 WSHttpBinding 和 WSDualHttpBinding，另外还有 BasicHttpContextBinding、MexHttpBinding、MexHttpsBinding 以及 NetHttpBinding 等。

NetHttpBinding 目前仅支持 Windows 8，在 Windows 7 下无法使用。

1. 安全 HTTP 绑定（WSHttpBinding 类）

WSHttpBinding 定义一个适合于非双工服务的安全、可靠且可互操作的绑定。该绑定实现了 WS-ReliableMessaging 规范(保证了可靠性)和 WS-Security 规范(保证了消息安全性和身份验证)。WSHttpBinding 的主要配置如表 8-1 所示。

表 8-1   WSHttpBinding 的主要配置

互操作性	安全模式（默认）	会话（默认）	事务（默认）	双工
WS	无、传输、（消息）、混合	（无）、传输、可靠会话	（无）、是	不支持

在配置文件中，可直接通过 wsHttpBinding 元素来配置（前两个字母小写）。

假如服务端提供的服务为 IStudentService，当不修改 wsHttpBinding 元素的默认值时，只需要在 Web.config 中添加下面的代码。

```
<system.serviceModel>
    ......
    <services>
    ......
    <service name="WcfService.StudentService">
      <endpoint binding="wsHttpBinding" contract="WcfService.IStudentService" />
    </service>
    ......
    </services>
    ......
</system.serviceModel>
```

当 Web.config 中的服务绑定设置完成后，在客户端添加服务引用时，或者更新服务引用时，系统会自动在客户端的 App.config 中生成对应的绑定代码，不需要开发人员去手动配置客户端。

2. 双工安全 HTTP 绑定（WSDualHttpBinding 类）

WSDualHttpBinding 类也使用 HTTP 作为基础传输协议，在服务端和客户端配置文件中用 wsDualHttpBinding 元素来配置。该绑定也是使用"文本/XML"作为默认的消息编码。但是，它仅支持 SOAP 安全模式，且需要可靠的消息传递。

该绑定模式适用于双工服务协定或通过 SOAP 进行的通信，主要配置如表 8-2 所示。

表 8-2　　　　　　　　　　　　　　　WSDualHttpBinding 的主要配置

互操作性	安全模式（默认）	会话（默认）	事务（默认）	双工
WS	无、（消息）	（可靠会话）	（无）、是	是

使用 WSDualHttpBinding 时，要求客户端具有为服务提供回调终结点的公共 URI，即客户端侦听的基址。此元素在服务端配置中由 clientBaseAddress 特性提供。例如：

```
<bindings>
  <wsDualHttpBinding>
    <binding clientBaseAddress="http://localhost:8001/client/" />
  </wsDualHttpBinding>
</bindings>
```

如果未指定此值，则由系统自动生成客户端侦听基址，默认值为 null。

8.3　WCF 客户端和服务端的消息交换模式

不论是使用 HTTP、TCP、UDP、本地进程间通信、消息队列还是其他基础传输协议，WCF 客户端与服务端进行消息交换时，都可以通过配置文件选择或设置不同的消息传输和交换模式。采用的绑定形式不同，所支持的消息交换模式也不一定相同。

这一节我们主要以 WSHttpBinding 和 WSDualHttpBinging 为例，说明这些不同消息交换模式的基本用法。

再次强调一下，这些消息交换模式并不是仅仅适用于 HTTP，而是在 HTTP、TCP、UDP 等基础通信协议中都适用。另外，之所以将这部分内容放在本章来介绍而不是放在 WCF 一章中介绍，是因为在 WCF 一章中我们只学习了 BasicHttpBinding 的基本用法，还没有学习其他的绑定，而 BasicHttpBinding 并不是对所有这些消息交换模式都支持，比如不支持双工通信等，因此将这部分内容放在这一章来介绍。

8.3.1　请求应答模式（Action/Reply）

默认情况下，客户端向 WCF 服务端发送请求后，服务端执行服务操作，并将操作结果返回到客户端。客户端如果不是通过异步操作来调用的，在服务端返回服务操作结果之前，客户端代码将处于阻塞状态。这种模式称为"请求/应答"模式，也叫"请求/答复"模式。

例如：

```
[OperationContract]  //不指定参数时，默认使用"请求/应答"模式
void Clear();
```

在"请求/应答"模式下，当客户端调用服务操作时，即使方法的返回类型为 void，操作正常完成后，也仍然会返回给客户端一个消息，只不过返回的是空消息罢了。另外，如果服务端执行操作时遇到错误（包括 SOAP 错误），此时服务端会将错误作为消息返回给客户端。

使用这种模式需要注意，不论操作方法的返回类型是否为 void，调用同步方法时，客户端都会等待服务端返回应答结果。换言之，只要服务端的操作方法没有结束，客户端会一直等待下去，直到出现超时错误为止。

【例 8-1】利用 WSHttpBinding，演示"请求/应答"模式的基本用法，运行效果如图 8-1 所示。

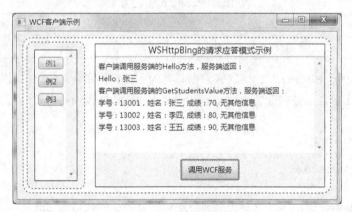

图 8-1　例 8-1 的运行效果

该例子的完整源程序请参看 StudentsServiceExamples 解决方案，主要设计步骤如下。

（1）创建解决方案。先用【WPF 应用程序】模板创建客户端项目，将解决方案名修改为 StudentsServiceExamples、项目名修改为 Client（代码中的 MainWindow.xaml、MainWindow.xaml.cs 以及 App.xaml 的内容本书第 1 章已经详细介绍过，此处不再列出源代码），然后在解决方案中添加服务端项目，模板使用【WCF 服务应用程序】，项目名为 Service。

（2）定义数据协定（Student.cs 和 Students.cs）。

Student.cs 的主要代码如下。

```
public class Student
{
    //public 的属性默认拥有成员协定
    public int ID { get; set; }
```

```
public string Name { get; set; }
public int Score { get; set; }
public string OtherInfo { get; set; }
public Student()
{
    ID = 0;
    Name = "张三";
    Score = 50;
    OtherInfo = "无其他信息";
}
public override string ToString()
{
    return string.Format(
        "学号：{0}，姓名：{1}，成绩：{2}，{3}",
        ID, Name, Score, OtherInfo);
}
}
```

Students.cs 的主要代码如下。

```
public class Students
{
    public Dictionary<int, Student> StudentList { get; set; }
    public Students()
    {
        StudentList = new Dictionary<int, Student>();
        StudentList.Add(13001, new Student { ID = 13001, Name = "张三", Score = 70 });
        StudentList.Add(13002, new Student { ID = 13002, Name = "李四", Score = 80 });
        StudentList.Add(13003, new Student { ID = 13003, Name = "王五", Score = 90 });
    }
    public void UpdateScore(Student student, int newScore)
    {
        if (StudentList.Keys.Contains(student.ID))
        {
            var a = StudentList.Where((t) => t.Key == student.ID).First();
            a.Value.Score = newScore;
        }
    }
    public override string ToString()
    {
        StringBuilder sb = new StringBuilder();
        foreach (var v in StudentList.Values)
        {
            sb.AppendFormat("学号：{0}，姓名：{1}，成绩：{2}，{3}",
                v.ID, v.Name, v.Score, v.OtherInfo);
            sb.AppendLine();
        }
        return sb.ToString();
    }
}
```

（3）定义服务协定（IStudentsService.cs 和 StudentsService.svc.cs）。
IStudentsService.cs 的主要代码如下。

```
[ServiceContract(Namespace = "WcfServiceExamples")]
public interface IStudentsService
{
```

```
//凡是希望客户端能看到的自定义类型，都要在接口中至少出现一次，否则无法拥有操作协定
[OperationContract] Students GetData();
[OperationContract] string Hello(string name);
[OperationContract] void UpdateScore(Student student, int newScore);
[OperationContract] string GetStudentsValue();
}
```

StudentsService.svc.cs 的主要代码如下。

```
public class StudentsService : IStudentsService
{
    protected Students data = new Students();
    public Students GetData(){ return data; }
    public string Hello(string name) { return "Hello, " + name; }
    public void UpdateScore(Student student, int newScore)
    {
        data.UpdateScore(student, newScore);
    }
    public string GetStudentsValue() {return data.ToString(); }
}
```

（4）配置服务。

打开 Service 项目的 Web.config 文件修改服务端配置，相关代码如下。

```
<system.serviceModel>
  <behaviors>
    <serviceBehaviors>
      <behavior>
        ......
        <serviceDebug includeExceptionDetailInFaults="true"/>
      </behavior>
    </serviceBehaviors>
  </behaviors>
  <protocolMapping>
    <add binding="wsHttpBinding" scheme="ws.http"/>
    <add binding="wsDualHttpBinding" scheme="dual.http"/>
  </protocolMapping>
  <services>
    <service name="Service.StudentsService">
     <endpoint binding="wsHttpBinding" contract="Service.IStudentsService" />
    </service>
    <service name="Service.StudentsOneWay">
     <endpoint binding="wsDualHttpBinding" contract="Service.IStudentsOneWay" />
    </service>
    <service name="Service.StudentsDuplex">
     <endpoint binding="wsDualHttpBinding" contract="Service.IStudentsDuplex" />
    </service>
  </services>
  ......
</system.serviceModel>
```

这段代码中也同时包括了后面的消息交换模式例子中使用的服务端配置。

（5）在客户端添加服务引用。添加办法见 WCF 一章中第 1 个例子的介绍。

（6）编写客户端代码。源代码见 StudentsServicePage.xaml 及其代码隐藏类。

由于 StudentsServicePage.xaml 的内容已经在前面的章节中多次使用过，此处不再列出该文件

的 XAML 代码。

StudentsServicePage.xaml.cs 中的主要代码如下。

```
private void btn1_Click(object sender, RoutedEventArgs e)
{
    StudentsServiceClient client = new StudentsServiceClient();
    textBlock1.Text += "客户端调用服务端的 Hello 方法，服务端返回：\n";
    textBlock1.Text += client.Hello("张三");
    textBlock1.Text += "\n 客户端调用服务端的 GetStudentsValue 方法，服务端返回：\n";
    textBlock1.Text += client.GetStudentsValue();
    client.Close();
}
```

（7）按<F5>键调试运行。

8.3.2　单向模式（IsOneWay）

单向模式是指客户端调用 WCF 服务操作时，服务端不向客户端返回操作结果。即使服务端出现执行错误，它也不会向客户端返回结果。

该模式是通过在操作协定的参数中将 IsOneWay 属性设置为 true 来实现的。例如：

```
[OperationContract(IsOneWay=true)]  //单向模式
void InitInfo(MyClass2 c2);
```

如果不设置该属性，其默认值为 false，即默认使用"请求/应答"模式。

单向模式的优点是速度比"请求/应答"模式快，缺点是当服务端执行过程中出现错误时，由于客户端接收不到任何返回的消息，因此也无法发现服务端是否正确执行了操作方法。或者说，即使服务端的操作方法没有正确执行，客户端也不知道到底错在哪了，这会给调试程序带来一定的难度。

使用这种模式时，如果自承载 WCF，在程序开发的初始阶段，服务端可以用控制台应用程序来实现，这样做的好处是可让调试器快速探测并发现服务端出现的错误。当程序的通信过程全部调试完毕后，再替换为用 WPF 应用程序实现自承载工作。

下面通过例子说明单向模式的具体实现。在这个例子中，由于服务端的实现很简单，我们并不担心调试时难查错的问题，所以仍然用 IIS 来承载 WCF。

【例 8-2】演示 WSDualHttpBinding 中单向模式的基本用法，运行效果如图 8-2 所示。

图 8-2　例 8-2 的运行效果

该例子的完整代码请参看 StudentsServiceExamples 中的源程序。主要步骤如下。

（1）定义服务协定（IStudentsOneWay.cs、StudentsOneWay.svc.cs）。

IStudentsOneWay.cs 文件中的主要代码如下。

```
[ServiceContract(Namespace = "WcfServiceExamples")]
public interface IStudentsOneWay
{
    [OperationContract(IsOneWay = true)] void Clear();
    [OperationContract(IsOneWay = true)] void Add(Student student);
    [OperationContract(IsOneWay = true)] void Remove(int studentID);
    [OperationContract] string GetStudentsValue();
}
```

StudentsOneWay.svc.cs 文件中的主要代码如下。

```
public class StudentsOneWay : IStudentsOneWay
{
    private Students data = new Students();
    public void Clear() { data.StudentList.Clear(); }
    public void Add(Student student)
    {
        data.StudentList.Add(student.ID, student);
    }
    public void Remove(int studentID)
    {
        if (data.StudentList.Keys.Contains(studentID))
        {
            data.StudentList.Remove(studentID);
        }
    }
    public string GetStudentsValue() { return data.ToString(); }
}
```

（2）编写客户端代码（StudentsOneWayPage.xaml 及其代码隐藏类）。

StudentsOneWayPage.xaml.cs 中的主要代码如下。

```
private void btn1_Click(object sender, RoutedEventArgs e)
{
    StudentsOneWayClient client = new StudentsOneWayClient();
    textBlock1.Text = "原始数据: \n";
    textBlock1.Text += client.GetStudentsValue();
    client.Add(new Student { ID = 13004, Name = "王五", Score = 90 });
    client.Remove(13002);
    client.Remove(13003);
    textBlock1.Text += "删除13002、13003, 添加13004后的数据: \n";
    textBlock1.Text += client.GetStudentsValue();
}
```

（3）按<F5>键调试运行。

8.3.3　双工通信

双工（Duplex）是指客户端和服务端都可以主动呼叫对方。在这种通信模式中，WCF 利用双向绑定实现服务端和客户端相互公开终结点的信息。

当服务端必须主动向客户端发送信息，或者需要服务端主动引发客户端上的某个事件时，都可以用双工通信模式来实现。

1. 双工通信的主要设计思想

实现双工通信的主要设计思想如下。

（1）配置服务端绑定让其支持双工。

打开 Web.config 修改服务端的配置，选择一种合适的绑定方式。例如：

```
<protocolMapping>
  <add binding="wsDualHttpBinding" scheme="http" />
</protocolMapping>
```

<wsDualHttpBinding>元素支持会话，并通过双 HTTP 连接（一个连接对应一个方向）来进行双工通信。

（2）在服务端声明和实现接口。

双工通信由两个接口组成，第一个接口用于服务，第二个接口用于回调。两个接口中声明的方法不一定存在关联。或者说，可以有关联，也可以没有关联。例如：

```
[ServiceContract(SessionMode=SessionMode.Required,
                 CallbackContract=typeof(IService1DuplexCallback))]
public interface IService1Duplex
{
    ......
}
public interface IService1DuplexCallback
{
    ......
}
```

在这段代码中，IService1Duplex 和 IService1DuplexCallback 各自独立，前者用于客户端调用，后者用于服务端调用。另外，双工通信时，可以使用会话模式，也可以不使用会话模式。服务协定中的每个操作协定可以是单向模式，也可以是"请求/应答"模式。

实现双工通信时，如果希望将客户端和服务之间发送的一组消息关联在一起，此时还需要在服务协定中将 SessionMode 属性的值设置为 SessionMode.Required。

服务接口是在服务端实现的。例如，下面的服务代码使用 PerSession 实例模式来维护每个会话的结果。名为 Callback 的私有属性用于访问指向客户端的回调通道。服务使用该回调通过回调接口将消息发送回客户端。

```
[ServiceBehavior(InstanceContextMode = InstanceContextMode.PerSession)]
public class Service1 : IService1Duplex
{
    ......
    ICalculatorDuplexCallback Callback
    {
        get
        {
 return OperationContext.Current.GetCallbackChannel<ICalculatorDuplexCallback>();
        }
    }
}
```

（3）在客户端实现回调接口。

在客户端实现中，必须有一个类实现服务端定义的双工协定回调接口，以便服务端利用它主动向该客户端发送信息。例如：

```
public class CallbackHandler : IService1DuplexCallback
{
    ......
}
```

类中代码的实现方式与前面我们学习的服务端代码的实现方式相似。

当客户端主动与服务端通信时，通过客户端对象调用服务端的服务操作即可。

另外，由于服务端是通过客户端对象调用客户端的回调操作来实现与客户端的通信的，因此，在客户端编写和服务端通信的代码时，首先需要创建 InstanceContext 类的一个实例，以便让服务端通过该实例知道通信的是哪个客户端对象。例如：

```
InstanceContext site = new InstanceContext(new CallbackHandler());
Service1DuplexClient client = new Service1DuplexClient(site)
```

或者：

```
InstanceContext site = new InstanceContext(new CallbackHandler());
Service1DuplexClient client = new Service1DuplexClient(site, "default")
```

代码中的第 2 个参数"default"是在客户端配置文件中找到的服务端终结点的名称，将"default"替换为实际的终结点字符串以后，即可以与指定的某个服务端通信。

创建 client 后，就可以根据需要，通过它随时调用 WCF 客户端的方法，从而实现主动与客户端通信的目的。

2. 使用双工通信需要注意的问题

使用双工通信时，有以下两个方面需要注意。

一是双工模型并不自动检测服务端或客户端何时关闭其通道。换言之，如果服务意外终止，默认情况下它不会向客户端通知该服务已终止；如果客户端意外终止，也不会通知服务端。那么，如何判断对方是否关闭了通道呢？办法很简单，就是用 try-catch 来捕获调用或回调异常，如果在规定的超时时间内对方没有响应，则可以认为对方已经关闭了通道。还有一种办法，就是某一方在关闭前先通知对方，但这种办法的前提是仅适用于正常关闭的情况，在下一节的五子棋游戏例子中，我们还会演示这种实现办法。

二是在实现代码中，必须要确保提供双工服务的终结点都是安全的。当服务接收双工消息时，它会查看传入消息中的 ReplyTo 特性的值，以确定要发送答复的位置。如果通道不安全，则不受信任的客户端可能会利用目标计算机的 ReplyTo 发送恶意消息，从而导致目标计算机拒绝服务（比如黑客利用这个原理恶意攻击导致服务瘫痪）。另外，由于"请求/应答"模式会忽略 ReplyTo 并在传入原始消息的通道上发送响应，因此在"请求/应答"模式下安全性不存在问题，但是，如果自定义 ReplyTo（比如自己编写客户端代理类，而不是利用添加服务引用让系统自动生成客户端代理类），此时就需要注意安全性控制。

3. 示例

下面通过例子说明双工通信的基本用法。

【例 8-3】演示 WSDualHttpBinding 中双工通信模式的基本用法，运行效果如图 8-3 所示。

该例子的完整代码请参看 StudentsServiceExamples 中的源程序。主要步骤如下。

（1）定义服务协定（IStudentsDuplex.cs、StudentsDuplex.svc.cs）。

IStudentsDuplex.cs 文件中的主要代码如下。

图 8-3　例 8-3 的运行效果

```
[ServiceContract(Namespace="WcfExamples",
    SessionMode=SessionMode.Required,
    CallbackContract = typeof(IStudentsDuplexCallback))]
//在服务端实现该接口
public interface IStudentsDuplex
{
    [OperationContract(IsOneWay = true)] void Login(string greeting);
}
//在客户端实现该接口
public interface IStudentsDuplexCallback
{
    [OperationContract(IsOneWay = true)] void Receive(string response);
}
```

StudentsDuplex.svc.cs 文件中的主要代码如下。

```
public class StudentsDuplex : Student, IStudentsDuplex
{
    private IStudentsDuplexCallback callback;
    public StudentsDuplex()
    {
        OperationContext context = OperationContext.Current;
        callback = context.GetCallbackChannel<IStudentsDuplexCallback>();
    }
    public void Login(string str)
    {
        callback.Receive("Hello, " + str);
        System.Threading.Thread.Sleep(1000);
        callback.Receive("你好，我是服务端。");
    }
}
```

（2）编写客户端代码（StudentsDuplexPage.xaml 及其代码隐藏类）。

StudentsDuplexPage.xaml.cs 中的主要代码如下。

```
public partial class StudentsDuplexPage : Page, IStudentsDuplexCallback
{
    private StudentsDuplexClient client;
    public StudentsDuplexPage()
    {
        InitializeComponent();
        this.Unloaded += StudentDuplexPage_Unloaded;
    }
```

```
void StudentDuplexPage_Unloaded(object sender, RoutedEventArgs e)
{
    client.Close();
}
private async void btn1_Click(object sender, RoutedEventArgs e)
{
    InstanceContext context = new InstanceContext(this);
    client = new StudentsDuplexClient(context);
    textBlock1.Text += "\n 等待接收 ";
    Task login = client.LoginAsync("张三");
    while (login.IsCompleted == false)
    {
        textBlock1.Text += ". ";
        await Task.Delay(TimeSpan.FromMilliseconds(500));
    }
    await login;
}
#region 实现 IStudentsDuplexCallback 接口
public void Receive(string info)
{
    textBlock1.Text += "\n 收到服务端发来的信息：" + info;
}
#endregion
}
```

（3）按<F5>键调试运行。

8.3.4 同步操作和异步操作

在 WCF 基本用法的例子中，我们大部分使用的都是同步调用。实际上，当客户端用【添加服务引用】的办法生成客户端代理类时，默认情况下，生成的所有调用操作既包含同步调用的方法，也包含基于任务的异步调用的方法。

例如，在双工通信模式中，我们就是通过异步模式调用服务端提供的方法，代码如下。

```
private async void btn1_Click(object sender, RoutedEventArgs e)
{
    ......
    Task login = client.LoginAsync("张三");
    while (login.IsCompleted == false)
    {
        textBlock1.Text += ". ";
        await Task.Delay(TimeSpan.FromMilliseconds(500));
    }
    await login;
}
```

在异步编程一章中，我们已经学习了基于任务的异步模式的各种基本用法，在异步调用 WCF 服务的过程中，其用法完全相同。

8.4 WCF 和 HTTP 编程示例

为了让读者对 WCF 有更深入的理解，这一节我们利用 WCF 和 HTTP，通过互联网实现一个网络对战五子棋游戏。

五子棋是一种趣味性强、容易学、上手快的棋类益智游戏。之所以选择网络对战五子棋作为 WCF 和 HTTP 应用的例子，是因为五子棋本身的规则不太复杂，按照规则实现其功能需要的代码不多。但是，通过这个例子，又能充分说明一般的网络应用编程要点。

为了让读者将注意力集中在代码实现思路上，本章的例子重点在于服务端如何管理多个游戏玩家以及服务端和客户端如何通信这些方面。

8.4.1　五子棋游戏规则描述

对于五子棋本身来说，虽然规则简单，但是仍有很多比赛中常用的术语，如先手、绝对先手、四三、活三长连、胜局、四四、三三、眠三、禁手等。除此之外，还有无禁手与有禁手之分。

由于我们的目的是希望通过这个例子，能够让读者掌握实际的网络应用编程技术，因此在例子中，我们对规则和术语不考虑这么复杂，而是以最简单的无禁手规则作为游戏判断标准。即黑白双方依次落子，任一方先在棋盘上形成横向、纵向或者斜向的连续同色的 5 个棋子，就判该方获胜。

8.4.2　服务端和客户端通信接口

网络编程的关键是服务端和客户端如何通信。在这个例子中，对服务端程序来说，假设游戏室有一个游戏大厅，大厅内有多个小房间，每个房间都放有一张游戏桌，每张游戏桌旁只能坐两个玩家：黑方和白方。为简单起见，例子中不考虑旁观的情况。

当客户端登录到游戏大厅时，服务端必须知道谁进来了，叫什么名字，进入后是留在游戏大厅，还是进入了某个房间。另外，用户登录时服务端还需要告诉该用户，游戏大厅和各个房间内一共有多少人，游戏室一共开设了多少个房间等。

通过互联网下棋，由于各方都在自己的计算机上操作，因此玩家必须将自己操作的情况告诉服务端，服务端再根据游戏规则决定是通知另一个玩家，还是告诉该玩家下一步应该怎么办。如果一个客户希望和另一个客户通信，实际上并不是直接连接到另一个客户，而是经过服务端中转的。这样一来，当客户与服务端建立连接后，服务端根据客户端的 IP 地址与端口就知道该用户是哪个客户端。

当然，如果每个客户都有一个用户名，其他人看起来就比看 IP 地址和端口号要容易些，因此在这个例子中，要求客户端必须提供用户名。

为了让通信双方都能顺利解析对方发送过来的信息，就必须事先规定每条信息的格式，即定义服务端和客户端通信的接口。

1．客户端发送给服务端的请求

在网络对战五子棋例子中，客户端发送给服务端的命令以及服务端操作规定如下。

（1）Login

接口定义：void Login(string userName);

接口含义：客户端与服务端建立连接后，如果登录成功，则进入到游戏室的游戏大厅。

服务操作：服务端接收到用户登录信息后，首先将该客户添加到客户列表中（这里假设登录用户没有重名的情况），并将游戏室现有总人数、开设的房间数以及各游戏桌人员情况发送给该客户，同时告诉其他客户该客户进入了游戏室的游戏大厅。

（2）Logout

接口定义：void Logout(string userName);

接口含义：该客户退出游戏室。

服务操作：服务端收到该信息后，从列表中移除该客户（移除后 WCF 会自动终止与该客户的连接），同时将该客户退出的信息告诉其他在线客户。

（3）SitDown

接口定义：void SitDown(string userName, int index, int side);

接口含义：该客户进入游戏室内的小房间，并坐到游戏桌的某一方。由于每个房间只有一张游戏桌，因此房间号（index）也是桌号，side 表示该客户是坐在黑方（side 为 0）还是白方（side 为 1）。

服务操作：该客户坐到游戏桌的一侧后，服务端需要将该游戏桌的人员情况告诉该客户，同时还要告诉对方有人坐下了。除此之外，服务端还要保存相应的信息，并将该客户进入房间的情况告诉其他人。

（4）GetUp

接口定义：void GetUp(int index, int side);

接口含义：该客户从游戏桌的某一侧站起来，并返回到游戏大厅。index 表示桌号，side 表示离开的是黑方还是白方。

服务操作：服务端接收到该命令后，知道有人退出某个房间，此时必须判断游戏是否正在进行，如果正在进行，则停止记录该游戏桌的情况。另外，由于各桌人员情况发生了变化，因此必须作离座处理，并将处理结果发送给其他客户。

（5）Start

接口定义：void Start(string userName, int index, int side);

接口含义：第 index 桌 side 一侧的玩家单击了开始按钮。

服务操作：当某个玩家单击了开始按钮后，服务端还需要判断对方是否也单击了开始按钮，如果双方都开始了，则需要初始化服务端保存的棋盘，并告诉该桌应该由哪一方放置棋子。

（6）SetDot

接口定义：void SetDot(int index, int i, int j);

接口含义：第 index 桌的客户请求在指定位置放棋子。

服务操作：服务端收到此请求后，需要记录该桌棋盘上对应棋子的位置及颜色情况，并根据棋子放置的位置，按照游戏规则判断是否已有胜负之分。注意，由于判断该不该放置棋子的任务交给客户端程序去判断，因此服务端不需要对棋子位置是否合法进行处理。

（7）Talk

接口定义：void Talk(int index, string userName, string message);

接口含义：表明房间内有人说话。

服务操作：服务端需要将说话内容告诉该房间的所有人。

2. 服务端发送给客户端的命令

客户端与服务端连接成功后，客户的每一个动作都应该由服务端发送的命令来决定，客户端不能自行决定下一步做什么，否则网络游戏的双方就无法保持一致。例如玩家希望走一步棋，客户端程序不能直接将棋子放在棋盘上，而应该先告诉服务端，再由服务端告诉该房间的所有客户是否应该放棋子，该谁放棋子，棋子放在了棋盘的哪个位置。房间内的两个玩家收到命令后，再根据命令决定在哪个位置显示棋子以及棋子的颜色。这样才能保证两个玩家看到的棋盘情况都一样。

服务端发送给客户端的命令在服务端定义，并要求客户端实现这些接口。服务端发送的命令以及客户端接收到命令后做出的动作规定如下。

（1）ShowLogin

接口定义：void ShowLogin(string loginUserName, int maxTables);

接口含义：有人登录并进入到游戏室的游戏大厅。

客户端操作：客户端收到服务端发送的此命令后，不论这个客户是不是自己，都需要在界面中显示此人进入游戏大厅的信息。

（2）ShowLogout

接口定义：void ShowLogout(string userName);

接口含义：有人退出游戏室。

客户端操作：客户端接收到此信息后，需要判断退出者是不是自己，如果不是自己，则在显示此人退出的信息。如果是自己，应该直接退出客户端，并结束游戏。

（3）ShowSitDown

接口定义：void ShowSitDown(string userName, int side);

接口含义：客户进入房间并坐到该桌的某一侧。

客户端操作：客户端接收到此信息后，需要在游戏界面上显示有人坐在游戏桌的某一侧以及是坐在黑方还是白方等信息。

（4）ShowGetUp

接口定义：void ShowGetUp(int side);

接口含义：有人退出游戏返回到游戏大厅。

客户端操作：客户端接收到此信息后，可以判断是对家退出游戏还是自己退出游戏，并修改游戏窗口中相应的信息。

（5）ShowStart

接口定义：void ShowStart(int side);

接口含义：服务端告诉该房间有人单击了开始按钮。

客户端操作：客户端接收到此信息后，需要在游戏窗口设置相应的提示信息。

（6）ShowTalk

接口定义：void ShowTalk(string userName, string message);

接口含义：同一房间的玩家发来的对话信息。

客户端操作：将对话信息在界面上显示出来。

（7）ShowSetDot

接口定义：void ShowSetDot(int i, int j, int color);

接口含义：在棋盘的第 i 行第 j 列放棋子，棋子颜色由 color 指定（0：黑色，1：白色）。

客户端操作：在棋盘上的对应位置显示棋子。

（8）GameStart

接口定义：void GameStart();

接口含义：服务端告诉该房间游戏正式开始。

客户端操作：客户端接收到此信息后，需要设置相应的标志，表明可以在棋盘上放棋子了。但是应该由哪一方放棋子，还需要等服务端发送进一步的命令后才能决定。

（9）GameWin

接口定义：void GameWin(string message);

接口含义：服务器告诉客户哪一方获胜的信息。

客户端操作：将获胜信息显示出来。

（10）UpdateTablesInfo

接口定义：void UpdateTablesInfo(string tablesInfo, int userCount);

接口含义：各桌玩家情况。包括哪一桌的哪一方有人，以及游戏室目前一共有多少人。

客户端操作：客户端接收到此信息后，需要解析 tablesInfo 字符串，并形象地显示各桌情况，以便客户决定可以坐在哪一桌的哪一方。

8.4.3 服务端编程

五子棋游戏的源程序在 GobangGame 解决方案中，服务端程序用【WCF 服务应用程序】模板创建，客户端程序用【WPF 应用程序】模板创建。

由于服务端需要同时处理多个客户，因此必须要保存与客户通信的必要信息，以便能快速区分是哪个客户。服务端的主要设计步骤如下。

1. 定义和实现协定（IGobangService 接口和 GobangService 类）

源程序见 IGobangService.cs 和 GobangService.svc.cs 文件。

（1）IGobangService.cs 文件

在 IGobangService.cs 文件中，分别声明需要服务端实现的接口以及需要客户端实现的接口。主要代码如下。

```
//需要服务端实现的协定
[ServiceContract(Namespace = "WcfGobangGameExample",
    SessionMode = SessionMode.Required,
    CallbackContract = typeof(IGobangServiceCallback))]
public interface IGobangService
{
    [OperationContract(IsOneWay = true)] void Login(string userName);
    [OperationContract(IsOneWay = true)] void Logout(string userName);
    [OperationContract(IsOneWay = true)]
    void SitDown(string userName, int index, int side);
    [OperationContract(IsOneWay = true)] void GetUp(int index, int side);
    [OperationContract(IsOneWay = true)]
    void Start(string userName, int index, int side);
    [OperationContract(IsOneWay = true)] void SetDot(int index, int i, int j);
    [OperationContract(IsOneWay = true)]
    void Talk(int index, string userName, string message);
}
//需要客户端实现的接口
public interface IGobangServiceCallback
{
    [OperationContract(IsOneWay = true)]
    void ShowLogin(string loginUserName, int maxTables);
    [OperationContract(IsOneWay = true)] void ShowLogout(string userName);
    [OperationContract(IsOneWay = true)] void ShowSitDown(string userName, int side);
    [OperationContract(IsOneWay = true)] void ShowGetUp(int side);
    [OperationContract(IsOneWay = true)] void ShowStart(int side);
    [OperationContract(IsOneWay = true)]
    void ShowTalk(string userName, string message);
    [OperationContract(IsOneWay = true)] void ShowSetDot(int i, int j, int color);
    [OperationContract(IsOneWay = true)] void GameStart();
```

```
[OperationContract(IsOneWay = true)] void GameWin(string message);
[OperationContract(IsOneWay = true)]
void UpdateTablesInfo(string tablesInfo, int userCount);
}
```

（2）GobangService.svc.cs 文件

GobangService.svc.cs 文件的主要代码如下。

```
public class GobangService : IGobangService
{
    public GobangService()
    {
        if (CC.Users == null)
        {
            CC.Users = new List<User>();
            CC.Rooms = new GameTables[CC.maxRooms];
            for (int i = 0; i < CC.maxRooms; i++){CC.Rooms[i] = new GameTables();}
        }
    }
    /// <summary>每座位用一位表示，0 表示无人，1 表示有人</summary>
    private string GetTablesInfo()
    {
        string str = "";
        for (int i = 0; i < CC.Rooms.Length; i++)
        {
            for (int j = 0; j < 2; j++)
            {
                str += CC.Rooms[i].players[j] == null ? "0" : "1";
            }
        }
        return str;
    }
    /// <summary>将当前游戏室情况发送给所有用户</summary>
    private void SendRoomsInfoToAllUsers()
    {
        int userCount = CC.Users.Count;
        string roomInfo = this.GetTablesInfo();
        foreach (var user in CC.Users)
        {
            user.callback.UpdateTablesInfo(roomInfo, userCount);
        }
    }
    #region 实现服务端接口
    public void Login(string userName)
    {
        OperationContext context = OperationContext.Current;
        IGobangServiceCallback callback =
            context.GetCallbackChannel<IGobangServiceCallback>();
        User newUser = new User(userName, callback);
        CC.Users.Add(newUser);
        foreach (var user in CC.Users)
        {
            user.callback.ShowLogin(userName, CC.maxRooms);
        }
        SendRoomsInfoToAllUsers();
```

```
    }
    /// <summary>用户退出</summary>
    public void Logout(string userName)
    {
        User logoutUser = CC.GetUser(userName);
        foreach (var user in CC.Users)
        {
            //不需要发给退出用户
            if (user.UserName != logoutUser.UserName)
            {
                user.callback.ShowLogout(userName);
            }
        }
        CC.Users.Remove(logoutUser);
        logoutUser = null; //将其设置为null后，WCF会自动关闭该客户端
        SendRoomsInfoToAllUsers();
    }
    /// <summary>用户入座,参数: 用户名,桌号,座位号</summary>
    public void SitDown(string userName, int index, int side)
    {
        User p = CC.GetUser(userName);
        p.Index = index;
        p.Side = side;
        CC.Rooms[index].players[side] = p;
        //告诉入座玩家入座信息
        p.callback.ShowSitDown(userName, side);
        int anotherSide = (side + 1) % 2;  //同一桌的另一个玩家
        User p1 = CC.Rooms[index].players[anotherSide];
        if (p1 != null)
        {
            //告诉入座玩家另一个玩家是谁
            p.callback.ShowSitDown(p1.UserName, anotherSide);
            //告诉另一个玩家入座玩家是谁
            p1.callback.ShowSitDown(p.UserName, side);
        }
        //重新将游戏室各桌情况发送给所有用户
        SendRoomsInfoToAllUsers();
    }
    /// <summary>用户离开座位退出,参数: 桌号,座位号,游戏是否已经开始</summary>
    public void GetUp(int index, int side)
    {
        User p0 = CC.Rooms[index].players[side];
        User p1 = CC.Rooms[index].players[(side + 1) % 2];
        p0.callback.ShowGetUp(side);
        CC.Rooms[index].players[side] = null; //注意该语句执行后p0!=null
        if (p1 != null)
        {
            p1.callback.ShowGetUp(side);
            p1.IsStarted = false;
        }
        //重新将游戏室各桌情况发送给所有用户
        SendRoomsInfoToAllUsers();
```

```
    }
    /// <summary>该用户单击了开始按钮,参数: 用户名,桌号,座位号</summary>
    public void Start(string userName, int index, int side)
    {
        User p0 = CC.Rooms[index].players[side];
        p0.IsStarted = true;
        p0.callback.ShowStart(side);
        int anotherSide = (side + 1) % 2;    //对方座位号
        User p1 = CC.Rooms[index].players[anotherSide];
        if (p1 != null)
        {
            p1.callback.ShowStart(side);
            if (p1.IsStarted)
            {
                CC.Rooms[index].ResetGrid();
                p0.callback.GameStart();
                p1.callback.GameStart();
            }
        }
    }
    /// <summary>放置棋子,参数:桌号,行,列</summary>
    public void SetDot(int index, int row, int col)
    {
        CC.Rooms[index].SetGridDot(row, col);
    }
    /// <summary>客户端发的对话信息,参数:桌号,用户名,对话内容</summary>
    public void Talk(int index, string userName, string message)
    {
        User p0 = CC.Rooms[index].players[0];
        User p1 = CC.Rooms[index].players[1];
        if (p0 != null) p0.callback.ShowTalk(userName, message);
        if (p1 != null) p1.callback.ShowTalk(userName, message);
    }
    #endregion //实现服务端接口
}
```

2. 创建与游戏室管理相关的其他文件

源程序见 CC.cs、User.cs 和 GameTables.cs, 共 3 个文件。

（1）CC.cs 文件

CC.cs 文件中的静态方法用于保存连接的用户数以及每桌游戏情况, 主要代码如下。

```
public class CC
{
    //连接的用户, 每个用户都对应一个 GameService 线程
    public static List<User> Users { get; set; }
    //游戏大厅开出的最大房间数 ( 每房间一桌 )
    public const int maxRooms = 20;
    //游戏大厅开出的房间数 ( 游戏桌数 )
    public static GameTables[] Rooms { get; set; }
    public static User GetUser(string userName)
    {
        User user = null;
        foreach (var v in Users)
```

```
        {
            if (v.UserName == userName)
            {
                user = v;
                break;
            }
        }
        return user;
    }
}
```

（2）User.cs 文件

User.cs 文件用于保存每个登录用户的游戏状态等信息，主要代码如下。

```
public class User
{
    /// <summary>登录的用户名</summary>
    public string UserName { get; set; }
    /// <summary>与该用户通信的回调接口</summary>
    public readonly IGobangServiceCallback callback;
    /// <summary>用户所坐的桌号(-1:大厅)</summary>
    public int Index { get; set; }
    /// <summary>用户所坐的座位号(0:黑方, 1:白方)</summary>
    public int Side { get; set; }
    /// <summary>是否已单击【开始】按钮</summary>
    public bool IsStarted { get; set; }
    public User(string userName, IGobangServiceCallback callback)
    {
        this.UserName = userName;
        this.callback = callback;
    }
}
```

（3）GameTables.cs 文件

GameTables.cs 文件用于管理每桌游戏，主要代码如下。

```
/// <summary>处理游戏大厅中每个房间的玩家</summary>
public class GameTables
{
    private const int max = 16;  //棋盘网格最大的行列数
    public const int None = -1;  //无棋子
    public const int Black = 0;  //黑棋
    public const int White = 1;  //白棋
    /// <summary>保存同一房间的两个玩家</summary>
    public User[] players { get; set; }
    /// <summary>棋盘, -1: 无棋子, 0: 黑棋, 1: 白棋</summary>
    private int[,] grid = new int[max, max];
    /// <summary>下一步棋子颜色号（0: 黑棋,1: 白棋）</summary>
    private int nextColor = 0;
    public GameTables()
    {
        players = new User[2];
        ResetGrid();
```

```
}
/// <summary>重置棋盘</summary>
public void ResetGrid()
{
    for (int i = 0; i < max; i++)
    {
        for (int j = 0; j < max; j++)
        {
            grid[i, j] = None;
        }
    }
}
/// <summary>获取棋子落下后是否获胜</summary>
public bool IsWin(int row, int col)
{
    int x = 0, y = 0;
    //与方格的第 i,j 交叉点向四个方向的连子数，依次是水平，垂直，左上右下，左下右上
    int[] n = new int[4];
    #region 检查水平同色棋子个数
    n[0] = 1; //连子个数
    x = row + 1; //向右检查，前方棋子与 row,col 点不同时跳出循环
    while (x < max)
    {
        if (grid[x, col] == grid[row, col]) { n[0]++; x++; } else { break; }
    }
    x = row - 1; //向左检查，前方棋子与 row,col 点不同时跳出循环
    while (x >= 0)
    {
        if (grid[x, col] == grid[row, col]) { n[0]++; x--; } else { break; }
    }
    #endregion
    #region 检查垂直同色棋子个数
    n[1] = 1; //连子个数
    y = col + 1; //向右检查，前方棋子与 row,col 点不同时跳出循环
    while (y < max)
    {
        if (grid[row, y] == grid[row, col]) { n[1]++; y++; } else { break; }
    }
    y = col - 1; //向上检查，前方棋子与 row,col 点不同时跳出循环
    while (y >= 0)
    {
        if (grid[row, y] == grid[row, col]) { n[1]++; y--; } else { break; }
    }
    #endregion
    #region 检查左上到右下同色棋子个数
    n[2] = 1; //连子个数
    x = row + 1;
    y = col + 1;
    while (x<max && y < max)
    {
        if (grid[x, y] == grid[row, col]) { n[2]++; x++; y++; } else { break; }
    }
```

```
        x = row - 1;
        y = col - 1;
        while (x>=0 && y >= 0)
        {
            if (grid[x, y] == grid[row, col]) { n[2]++; x--; y--; } else { break; }
        }
        #endregion
        #region 检查左下到右上同色棋子个数
        n[3] = 1; //连子个数
        x = row - 1;
        y = col + 1;
        while (x >=0 && y < max)
        {
            if (grid[x, y] == grid[row, col]) { n[3]++; x--; y++; } else { break; }
        }
        x = row + 1;
        y = col - 1;
        while (x < max && y >= 0)
        {
            if (grid[x, y] == grid[row, col]) { n[3]++; x++; y--; } else { break; }
        }
        #endregion
        //检查是否获胜
        for (int k = 0; k < n.Length; k++)
        {
            if (Math.Abs(n[k]) == 5) return true;
        }
        return false;
    }
    /// <summary>放置棋子。参数：行, 列</summary>
    public void SetGridDot(int i, int j)
    {
        grid[i, j] = nextColor;
        players[0].callback.ShowSetDot(i, j, nextColor);
        players[1].callback.ShowSetDot(i, j, nextColor);
        if (IsWin(i, j))
        {
            players[0].IsStarted = false;
            players[1].IsStarted = false;
            string message = nextColor == 0 ? "黑方胜" : "白方胜";
            players[0].callback.GameWin(message);
            players[1].callback.GameWin(message);
            this.ResetGrid();
        }
        else
        {
            nextColor = (nextColor + 1) % 2;
        }
    }
}
```

3. 修改服务端配置

打开 Web.config 文件，将<system.serviceModel>节改为下面的代码。

```
<system.serviceModel>
```

```
<behaviors>
  <serviceBehaviors>
    <behavior>
      <serviceMetadata httpGetEnabled="true" httpsGetEnabled="true"/>
      <serviceDebug includeExceptionDetailInFaults="true"/>
    </behavior>
  </serviceBehaviors>
</behaviors>
<bindings>
  <wsDualHttpBinding>
    <binding name="clientBinding"
        clientBaseAddress="http://localhost:51888/Client/" >
      <security mode="None"/>
    </binding>
  </wsDualHttpBinding>
</bindings>
<protocolMapping>
  <add binding="wsDualHttpBinding" scheme="dual.http" />
</protocolMapping>
<services>
  <service name="Service.GobangService">
    <endpoint binding="wsDualHttpBinding" bindingConfiguration="clientBinding"
        contract="Service.IGobangService" />
  </service>
</services>
<serviceHostingEnvironment aspNetCompatibilityEnabled="true"
    multipleSiteBindingsEnabled="true" />
</system.serviceModel>
```

配置文件中的<bindings>节用于指定客户端监听的基址。实际上，也可以不指定客户端监听地址或者将安全模式<security mode="None"/>改为<security mode="Message"/>，此时当客户端添加服务引用时，系统会自动用客户端本地计算机名作为身份验证的依据。

鼠标右键单击解决方案中的 Service 项目，选择【生成】或者【重新生成】命令，确保没有语法错误。

8.4.4 客户端编程

网络游戏之所以能够吸引众多的玩家，除了游戏本身好玩之外，另一个主要的原因是游戏界面的设计和声响效果引人入胜。在五子棋游戏中，我们的目标是希望程序在功能上既提供直观的界面，又不能使系统过于复杂而让读者失去理解的兴趣。因此，在具体实现上，例子中仅提供了基本的网络通信功能，而没有提供像 Web 服务、游戏广告、五颜六色的字体以及用数据库保存用户信息等实际应用中的其他功能，并尽可能让设计思路清晰，代码注释详细，使读者能快速模仿实现，从而达到真正理解的目的。

程序运行效果如图 8-4 所示。由于同一桌的两个玩家（黑方和白方）看到的界面类似，所以这里只截取了其中一个玩家的运行界面。

客户端使用的是【WPF 应用程序】模板，完整的源程序见 GobangGame 解决方案，下面介绍主要设计步骤。

1. 添加服务引用

鼠标右键单击 Client 项目中的【引用】→【添加服务引用】命令，在弹出的窗口中，单击【发现】按钮，此时它会自动找到与该项目在同一个解决方案中的 WCF 服务，将窗口下方的命名空间改为 GobangServiceReference，单击【确定】按钮，即将服务引用添加到项目中。

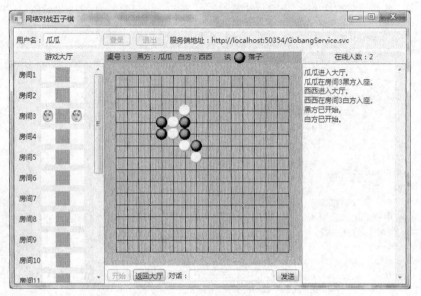

图 8-4　网络对战五子棋游戏玩家看到的界面运行效果

2．创建客户端游戏界面

客户端界面设计比较简单，直接编写 XAML 代码即可。在代码隐藏类中，用 C#实现客户端与服务端的通信。

（1）ClientWindow.xaml 文件

客户端游戏界面在 ClientWindow.xaml 文件中，代码如下。

```xml
<Window x:Class="Client.ClientWindow"
    xmlns="http://schemas.microsoft.com/winfx/2006/xaml/presentation"
    xmlns:x="http://schemas.microsoft.com/winfx/2006/xaml"
    Title="网络对战五子棋" Height="473" MinHeight="473" MaxHeight="473" Width="700">
<Window.Resources>
    <Image x:Key="player" Source="/images/player.gif"/>
    <Image x:Key="smallBoard" Source="/images/SmallBoard.bmp"/>
</Window.Resources>
<Grid>
    <Grid.RowDefinitions>
        <RowDefinition Height="40"/>
        <RowDefinition Height="*"/>
    </Grid.RowDefinitions>
    <Grid.ColumnDefinitions>
        <ColumnDefinition Width="160"/>
        <ColumnDefinition Width="343"/>
        <ColumnDefinition Width="*"/>
    </Grid.ColumnDefinitions>
    <DockPanel Grid.Row="0" Grid.Column="0" Grid.ColumnSpan="3"
            Background="Cornsilk" Margin="5 5 0 5">
        <TextBlock Text="用户名：" DockPanel.Dock="Left"
            VerticalAlignment="Center"/>
        <TextBox x:Name="textBoxUserName" Text="西西" Width="100"
```

```xml
                VerticalAlignment="Center"/>
        <Button Name="btnLogin" Content="登录" Click="btnLogin_Click"
            DockPanel.Dock="Left" Padding="10 0 10 0" Margin="5"/>
        <Button Name="btnLogout" Content="退出" Click="btnLogout_Click"
            DockPanel.Dock="Left" Padding="10 0 10 0" Margin="5"/>
        <TextBlock Name="serviceTextBlock" Text="服务端地址: " Margin="5 0 0 0"
            VerticalAlignment="Center"/>
    </DockPanel>
    <Grid Name="gridRooms" Grid.Row="1" Grid.Column="0">
        <Grid.RowDefinitions>
            <RowDefinition Height="20"/>
            <RowDefinition Height="*"/>
        </Grid.RowDefinitions>
        <TextBlock Grid.Row="0"
            Text="游戏大厅" Background="Beige" TextAlignment="Center"/>
        <Grid Grid.Row="1">
            <ListBox Name="listBoxRooms"
             Background="AntiqueWhite"
             ScrollViewer.VerticalScrollBarVisibility="Visible"/>
        </Grid>
    </Grid>
</Grid>

<Grid Name="gridRoom" Grid.Row="1" Grid.Column="1">
    <Grid.RowDefinitions>
        <RowDefinition Height="20"/>
        <RowDefinition Height="*"/>
        <RowDefinition Height="30"/>
    </Grid.RowDefinitions>
    <StackPanel Name="stackPanelRoomTip" Grid.Row="0"
            Background="Aqua" Orientation="Horizontal"
            VerticalAlignment="Center">
        <TextBlock Name="textBlockRoomNumber" Text="房间号: " Margin="5 0 0 0"/>
        <TextBlock Name="textBlockBlackUserName" Text="黑方: " Margin="10 0 0 0"/>
        <TextBlock Name="textBlockWhiteUserName" Text="白方: " Margin="10 0 0 0"/>
        <StackPanel Name="stackPanelGameTip" Orientation="Horizontal"
                Margin="20 0 0 0">
            <TextBlock Text="该"/>
            <Image Name="blackImage" Visibility="Visible" Margin="5 0 0 0"
                Stretch="None" Source="images/black.gif"/>
            <Image Name="whiteImage" Visibility="Visible" Stretch="None"
                Source="images/white.gif"/>
            <TextBlock Margin="5 0 0 0" Text="落子"/>
        </StackPanel>
    </StackPanel>
    <Canvas Name="canvas1" Grid.Row="1">
        <Image Name="imageGameTable" Stretch="None" Source="images/grid.gif"
         MouseDown="Image_MouseDown" />
    </Canvas>
    <DockPanel Grid.Row="2" Background="AliceBlue" Margin="0 5 0 5">
        <Button Name="btnStart" Content="开始" Click="btnStart_Click"
                Margin="5 0 0 0" Width="40"/>
        <Button Name="btnReturn" Content="返回大厅" Click="btnReturn_Click"
                Margin="5 0 0 0" Width="56"/>
```

```xml
            <TextBlock Text="对话: " Margin="5 0 0 0" DockPanel.Dock="Left"
                    VerticalAlignment="Center"/>
            <Button Name="btnSend" Click="btnSend_Click" Content="发送" Width="40"
                    DockPanel.Dock="Right" Margin="5 0 5 0"/>
            <TextBox Name="textBoxTalk" KeyDown="textBoxTalk_KeyDown"/>
        </DockPanel>
    </Grid>
    <Grid Name="gridMessage" Grid.Row="1" Grid.Column="2">
        <Grid.RowDefinitions>
            <RowDefinition Height="20"/>
            <RowDefinition Height="*"/>
        </Grid.RowDefinitions>
        <TextBlock Name="textBlockMessage" Grid.Row="0"
            Text="在线人数: 0" Background="Beige" TextAlignment="Center"/>
        <ListBox Name="listBoxMessage" Grid.Row="1"
                BorderThickness="1" Padding="0 5 0 0"
                ScrollViewer.VerticalScrollBarVisibility="Visible"/>
    </Grid>
</Grid>
</Window>
```

（2）ClientWindow.xaml.cs 文件

ClientWindow.xaml.cs 的主要代码如下。

```csharp
public partial class ClientWindow : Window, IGobangServiceCallback
{
    public string UserName
    {
        get { return textBoxUserName.Text; }
        set { textBoxUserName.Text = value; }
    }
    private int nextColor = -1;          //该哪一方放置棋子（-1:不允许，0：黑方，1：白方）
    private bool isGameStart = false;   //是否已开始游戏
    private const int max = 16;          //棋盘行列最大值（0～16）
    private int maxTables;               //服务端开设的最大房间号
    private int tableIndex = -1;         //房间号（所坐的游戏桌号）
    private int tableSide = -1;          //座位号
    private Border[,] gameTables;        //开设的房间（每个房间一桌）
    private int[,] grid = new int[max, max];   //保存棋盘上每个棋子的颜色(16*16的交叉点)
    private Image[,] images = new Image[max, max];   //保存棋盘上每个棋子
    //private bool isFromServer;          //是否为服务端发送过来的操作
    private GobangServiceClient client;  //客户端实例
    public ClientWindow()
    {
        InitializeComponent();
        //确保关闭窗口时关闭客户端
        this.Closing += ClientWindow_Closing;
        ChangeRoomsInfoVisible(false);
        ChangeRoomVisible(false);
        SetNextColor(-1);
    }
    void ClientWindow_Closing(object sender, System.ComponentModel.CancelEventArgs e)
```

```
    {
        ChangeState(btnLogin, true, btnLogout, false);
        if (client != null)
        {
            if (tableIndex != -1)  //如果在房间内，要求先返回大厅
            {
                MessageBox.Show("请先返回大厅，然后从大厅退出");
                e.Cancel = true;
            }
            else
            {
                client.Logout(UserName);  //从大厅退出
                //注意不能再调用 client.Close()，因为调用 Logout 后服务端已关闭与该用户的连接
            }
        }
    }
    private void ChangeRoomsInfoVisible(bool visible)
    {
        if (visible == false)
        {
            gridRooms.Visibility = System.Windows.Visibility.Collapsed;
            gridMessage.Visibility = System.Windows.Visibility.Collapsed;
        }
        else
        {
            gridRooms.Visibility = System.Windows.Visibility.Visible;
            gridMessage.Visibility = System.Windows.Visibility.Visible;
        }
    }
    private void ChangeRoomVisible(bool visible)
    {
        if (visible == false)
        {
            gridRoom.Visibility = System.Windows.Visibility.Collapsed;
        }
        else
        {
            gridRoom.Visibility = System.Windows.Visibility.Visible;
        }
    }
    private void SetNextColor(int next)
    {
        nextColor = next;
        if (nextColor == 0)
        {
            stackPanelGameTip.Visibility = System.Windows.Visibility.Visible;
            blackImage.Visibility = System.Windows.Visibility.Visible;
            whiteImage.Visibility = System.Windows.Visibility.Collapsed;
        }
        else if (nextColor == 1)
        {
            stackPanelGameTip.Visibility = System.Windows.Visibility.Visible;
            blackImage.Visibility = System.Windows.Visibility.Collapsed;
            whiteImage.Visibility = System.Windows.Visibility.Visible;
        }
```

```
        else
        {
            stackPanelGameTip.Visibility = System.Windows.Visibility.Collapsed;
            blackImage.Visibility = System.Windows.Visibility.Collapsed;
            whiteImage.Visibility = System.Windows.Visibility.Collapsed;
        }
    }
    private void AddMessage(string str)
    {
        TextBlock t = new TextBlock();
        t.Text = str;
        t.Foreground = Brushes.Blue;
        listBoxMessage.Items.Add(t);
    }
    private void AddColorMessage(string str, SolidColorBrush color)
    {
        TextBlock t = new TextBlock();
        t.Text = str;
        t.Foreground = color;
        listBoxMessage.Items.Add(t);
    }
    private static void ChangeState(Button btnStart, bool isStart, Button btnStop, bool
isStop)
    {
        btnStart.IsEnabled = isStart;
        btnStop.IsEnabled = isStop;
    }
    #region 鼠标和键盘事件
    //单击登录按钮引发的事件
    private void btnLogin_Click(object sender, RoutedEventArgs e)
    {
        UserName = textBoxUserName.Text;
        this.Cursor = Cursors.Wait;
        client = new GobangServiceClient(new InstanceContext(this));
        try
        {
            client.Login(textBoxUserName.Text);
            serviceTextBlock.Text = "服务端地址: " +
                client.Endpoint.ListenUri.ToString();
            ChangeState(btnLogin, false, btnLogout, true);
        }
        catch (Exception ex)
        {
            MessageBox.Show("与服务端连接失败: " + ex.Message);
            return;
        }
        this.Cursor = Cursors.Arrow;
    }
    //单击退出按钮引发的事件
    private void btnLogout_Click(object sender, RoutedEventArgs e)
    {
        this.Close();  //在窗口的Closing事件中处理退出操作
    }
    //在某个座位坐下时引发的事件
```

```
private void RoomSide_MouseDown(object sender, MouseButtonEventArgs e)
{
    btnLogout.IsEnabled = false;
    Border border = e.Source as Border;
    if (border != null)
    {
        string s = border.Tag.ToString();
        tableIndex = int.Parse(s[0].ToString());
        tableSide = int.Parse(s[1].ToString());
        client.SitDown(UserName, tableIndex, tableSide);
    }
}
//单击发送按钮引发的事件
private void btnSend_Click(object sender, RoutedEventArgs e)
{
    client.Talk(tableIndex, UserName, textBoxTalk.Text);
}
//在对话文本框中按回车键时引发的事件
private void textBoxTalk_KeyDown(object sender, KeyEventArgs e)
{
    if (e.Key == Key.Enter)
    {
        client.Talk(tableIndex, UserName, textBoxTalk.Text);
    }
}
//单击开始按钮引发的事件
private void btnStart_Click(object sender, RoutedEventArgs e)
{
    client.Start(UserName, tableIndex, tableSide);
    btnStart.IsEnabled = false;
    SetNextColor(-1);
}
//单击返回大厅按钮引发的事件
private void btnReturn_Click(object sender, RoutedEventArgs e)
{
    client.GetUp(tableIndex, tableSide);
}
//在棋盘上单击鼠标左键时引发的事件
private void Image_MouseDown(object sender, MouseButtonEventArgs e)
{
    if (isGameStart == false) return;
    Point point = e.GetPosition(canvas1);
    int x = (int)(point.X + 10) / 20;
    int y = (int)(point.Y + 10) / 20;
    if (!(x < 1 || x > max || y < 1 || y > max))
    {
        int i = x - 1;
        int j = y - 1;
        if (grid[i, j] == -1 && nextColor == tableSide)
        {
            client.SetDot(tableIndex, i, j);
        }
    }
}
```

```
#endregion //鼠标和键盘事件
#region 实现服务端指定的 IRndGameServiceCallback 接口
/// <summary>有用户登录</summary>
public void ShowLogin(string loginUserName, int maxTables)
{
    if (loginUserName == UserName)
    {
        ChangeRoomsInfoVisible(true);
        this.maxTables = maxTables;
        this.CreateTables();
    }
    AddMessage(loginUserName + "进入大厅。");
}
/// <summary>其他用户退出</summary>
public void ShowLogout(string userName)
{
    AddMessage(userName + "退出大厅。");
}
/// <summary>用户入座</summary>
public void ShowSitDown(string userName, int side)
{
    stackPanelGameTip.Visibility = System.Windows.Visibility.Collapsed;
    if (side == tableSide)
    {
        isGameStart = false;
        btnLogout.IsEnabled = false;
        btnStart.IsEnabled = true;
        listBoxRooms.IsEnabled = false;//返回大厅前不允许再坐到另一个位置
        textBlockRoomNumber.Text = "桌号：" + (tableIndex + 1);
        ChangeRoomVisible(true);
    }
    if (side == 0)
    {
        textBlockBlackUserName.Text = "黑方：" + userName;
        AddMessage(string.Format("{0}在房间{1}黑方入座。", userName, tableIndex + 1));
    }
    else
    {
        textBlockWhiteUserName.Text = "白方：" + userName;
        AddMessage(string.Format("{0}在房间{1}白方入座。", userName, tableIndex + 1));
    }
}
/// <summary>用户离座</summary>
public void ShowGetUp(int side)
{
    stackPanelGameTip.Visibility = System.Windows.Visibility.Collapsed;
    if (side == tableSide)
    {
        isGameStart = false;
        btnLogout.IsEnabled = true;
        listBoxRooms.IsEnabled = true;//返回大厅后允许再坐到另一个位置
```

```
            AddMessage(UserName + "返回大厅。");
            this.tableIndex = -1;
            this.tableSide = -1;
            ChangeRoomVisible(false);
        }
        else
        {
            if (isGameStart)
            {
                AddMessage("对方回大厅了，游戏终止。");
                isGameStart = false;
                btnStart.IsEnabled = true;
            }
            else
            {
                AddMessage("对方返回大厅。");
            }
            if (side == 0) textBlockBlackUserName.Text = "";
            else textBlockWhiteUserName.Text = "";
        }
    }
    public void ShowStart(int side)
    {
        ResetGrid();
        if (side == 0) AddMessage("黑方已开始。");
        else AddMessage("白方已开始。");
    }
    public void ShowTalk(string userName, string message)
    {
        AddColorMessage(string.Format("{0}: {1}", userName, message), Brushes.Black);
    }
    /// <summary>设置棋子状态。参数：行，列，颜色</summary>
    public void ShowSetDot(int i, int j, int color)
    {
        grid[i, j] = color;
        if (color == 0) images[i, j] = new Image() { Source = blackImage.Source };
        else images[i, j] = new Image() { Source = whiteImage.Source };
        Canvas.SetLeft(images[i, j], (i + 1) * 20 - 10);
        Canvas.SetTop(images[i, j], (j + 1) * 20 - 10);
        canvas1.Children.Add(images[i, j]);
        SetNextColor((color + 1) % 2);
    }
    public void GameStart()
    {
        stackPanelGameTip.Visibility = System.Windows.Visibility.Visible;
        this.isGameStart = true;  //为 true 时才可以放棋子
        SetNextColor(0);
        blackImage.Visibility = System.Windows.Visibility.Visible;
    }
    public void GameWin(string message)
    {
        AddColorMessage("\n" + message + "\n", Brushes.Red);
        btnStart.IsEnabled = true;
        stackPanelGameTip.Visibility = System.Windows.Visibility.Collapsed;
```

```
            this.isGameStart = false;
            SetNextColor(-1);
            blackImage.Visibility = System.Windows.Visibility.Collapsed;
            whiteImage.Visibility = System.Windows.Visibility.Collapsed;
        }
        public void UpdateTablesInfo(string tablesInfo, int userCount)
        {
            textBlockMessage.Text = string.Format("在线人数: {0}", userCount);
            for (int i = 0; i < maxTables; i++)
            {
                for (int j = 0; j < 2; j++)
                {
                    if (tableIndex == -1)
                    {
                        if (tablesInfo[2 * i + j] == '0')
                        {
                            gameTables[i, j].Child.Visibility =
                                    System.Windows.Visibility.Hidden;
                            gameTables[i, j].Child.IsEnabled = true;
                        }
                        else
                        {
                            gameTables[i, j].Child.Visibility =
                                    System.Windows.Visibility.Visible;
                            gameTables[i, j].Child.IsEnabled = false;
                        }
                    }
                    else
                    {
                        gameTables[i, j].Child.IsEnabled = false;
                        if (tablesInfo[2 * i + j] == '0')
                        {
                            gameTables[i, j].Child.Visibility =
                                System.Windows.Visibility.Hidden;
                        }
                        else gameTables[i, j].Child.Visibility =
                                System.Windows.Visibility.Visible;
                    }
                }
            }
        }
        #endregion //实现服务端指定的 IRndGameServiceCallback 接口
        #region 接口调用的方法
        /// <summary>创建游戏桌</summary>
        private void CreateTables()
        {
            this.gameTables = new Border[maxTables, 2];
            //isFromServer = false;
            //创建游戏大厅中的房间（每房间一个游戏桌）
            for (int i = 0; i < maxTables; i++)
            {
                int j = i + 1;
                StackPanel sp = new StackPanel()
                {
```

```
                Orientation = Orientation.Horizontal,
                Margin = new Thickness(5)
            };
            TextBlock text = new TextBlock()
            {
                Text = "房间" + (i + 1),
                VerticalAlignment = System.Windows.VerticalAlignment.Center,
                Width = 40
            };
            gameTables[i, 0] = new Border()
            {
                Tag = i + "0",
                Background = Brushes.White,
                Child = new Image()
                {
                    Source = ((Image)this.Resources["player"]).Source,
                    Height = 25
                }
            };
            Image image = new Image()
            {
                Source = ((Image)this.Resources["smallBoard"]).Source,
                Height = 25
            };
            gameTables[i, 1] = new Border()
            {
                Tag = i + "1",
                Background = Brushes.White,
                Child = new Image()
                {
                    Source = ((Image)this.Resources["player"]).Source,
                    Height = 25
                }
            };
            gameTables[i, 0].MouseDown += RoomSide_MouseDown;
            gameTables[i, 1].MouseDown += RoomSide_MouseDown;
            sp.Children.Add(text);
            sp.Children.Add(gameTables[i, 0]);
            sp.Children.Add(image);
            sp.Children.Add(gameTables[i, 1]);
            listBoxRooms.Items.Add(sp);
        }
        //ChangeRoomsInfoVisible(true);
    }
    /// <summary>重置棋盘</summary>
    private void ResetGrid()
    {
        for (int i = 0; i < max; i++)
        {
            for (int j = 0; j < max; j++)
            {
                if (grid[i, j] != -1)
                {
                    grid[i, j] = -1;
                    canvas1.Children.Remove(images[i, j]);
```

```
                            images[i, j] = null;
                    }
                }
            }
        }
        #endregion //接口调用的方法
}
```

3. 修改主界面

为了方便观察，这个例子在同一个项目中同时创建了两个客户端窗口，用于分别模拟不同的用户。源程序见 MainWindow.xaml 及其代码隐藏类。

（1）MainWindow.xaml 文件

MainWindow.xaml 的主要代码如下。

```
<Window x:Class="Client.MainWindow"
        xmlns="http://schemas.microsoft.com/winfx/2006/xaml/presentation"
        xmlns:x="http://schemas.microsoft.com/winfx/2006/xaml"
        Title="客户端示例" Height="100" Width="300"
        WindowStartupLocation="CenterScreen">
    <StackPanel VerticalAlignment="Center" Button.Click="btn_Click">
        <Button Name="btn2" Margin="5" Width="150" Content="同时启动 2 个客户端"/>
    </StackPanel>
</Window>
```

（2）MainWindow.xaml.cs 文件

MainWindow.xaml.cs 的主要代码如下。

```
private void btn_Click(object sender, RoutedEventArgs e)
{
    StartWindow("西西", 580, 300);
    StartWindow("瓜瓜", 0, 0);
}
private void StartWindow(string userName, int left, int top)
{
    ClientWindow w = new ClientWindow();
    w.Left = left;
    w.Top = top;
    w.UserName = userName;
    w.Owner = this;
    w.Show();
}
```

至此，我们完成了客户端的代码设计。

将 Client 设置为启动项目，运行程序，测试游戏运行效果。

习　　题

1. 编写基于 C/S 的 HTTP 应用程序时，有哪几种实现技术？各自的特点是什么？
2. WCF 客户端和服务端的消息交换模式有哪些？

第9章
WCF 和 TCP 应用编程

TCP 是 Transmission Control Protocol（传输控制协议）的简称，是 TCP/IP 体系中面向连接的运输层协议，在网络中提供双工和可靠的服务。

9.1　TCP 应用编程概述

这一节我们简单介绍 TCP 的主要特点，并介绍编写 TCP 应用程序时有哪些实现技术。

9.1.1　TCP 的特点

TCP 是面向连接的传输层协议，它负责把用户数据按一定的格式和长度组成多个数据报，通过网络传输到目标后，再按分解顺序重新组装和恢复为用户数据。

TCP 的主要特点如下。

1．一对一通信

利用 TCP 编写应用程序时，必须先建立 TCP 连接。一旦通信双方建立了 TCP 连接，连接中的任何一方都能向对方发送数据和接收对方发送来的数据。

每个 TCP 连接只能有两个端点，而且只能一对一通信，不能一点对多点直接通信。

2．安全顺序传输

通过 TCP 连接传送的数据，能保证数据无差错、不丢失、不重复地准确到达接收方，并且保证各数据到达的顺序与数据发出的顺序相同。

3．通过字节流收发数据

利用 TCP 传输数据时，数据以字节流的形式进行传输。

客户端与服务端建立连接后，发送方需要先将要发送的数据转换为字节流发送到内存的发送缓冲区中，TCP 会自动从发送缓冲区中取出一定数量的数据，将其组成 TCP 报文段逐个发送到 IP 层，再通过网卡将其发送出去。

接收端从 IP 层接收到 TCP 报文段后，将其暂时保存在接收缓冲区中，这时程序员就可以通过程序依次读取接收缓冲区中的数据，从而达到相互通信的目的。

4．传输的数据无消息边界

由于 TCP 是将数据组装为多个数据报以字节流的形式进行传输，因此可能会出现发送方单次发送的消息与接收方单次接收的消息不一致的现象，或者说，不能保证单个 Send 方法发送的数据与单个 Receive 方法读取的数据一致，这种现象称为无消息边界。

例如，发送方第一次发送的字符串数据为"12345"，第二次发送的字符串数据为"abcde"，按照常规的理解，接收方接收的字符串应该是第一次接收"12345"，第二次接收"abcde"。但是，由于 TCP 传输的数据没有消息边界，当收发速度非常快时，接收方也可能一次接收到的内容就是"12345abcde"，即两次或者多次发送的内容一起接收。

9.1.2 TCP 应用编程的技术选择

有以下几种编写 TCP 应用程序的技术。

1. 用 Socket 类实现

如果程序员希望 TCP 通信过程中的所有细节全部通过自己编写的程序来控制，可以直接用 System.Net.Sockets 命名空间下的 Socket 类来实现，这种方式最灵活，无论是标准 TCP 协议，还是自定义的新协议，都可以用它去实现。但是，用 Socket 类实现时，需要程序员编写的代码也最多。这就像设计一座大楼，设计人员除了规划大楼和各楼层以及各房间的样式以外，水泥、钢铁、玻璃、砖块等所有材料也都需要自己去制造，或者说，这些材料的制造细节也都需要设计人员自己去考虑。

除非我们准备定义一些新的协议或者对底层的细节进行更灵活的控制，否则，一般不需要用 Socket 类去实现，而是使用对 Socket 进一步封装后的 TcpListener 类、TcpClient 类以及 UdpClient 类来实现。这主要是因为用 Socket 编写程序比较复杂，容易出错。

2. 用 TcpClient 和 TcpListener 以及多线程实现

System.Net.Sockets 命名空间下的 TcpClient 和 TcpListener 类是.NET 框架对 Socket 进一步封装后的类，这是一种粗粒度的封装，在一定程度上简化了用 Socket 编写 TCP 程序的难度，但灵活性也受到一定的限制（只能用这两个类编写标准 TCP 应用程序，不能用它编写其他协议和自定义的新协议程序）。另外，TCP 数据传输过程中的监听和通信细节（比如消息边界问题）仍然需要程序员自己通过代码去解决。这就像设计大楼时，盖楼用的砖块、玻璃、钢铁都可以直接用，不需要再考虑这些材料的制造细节，但是，砖块、玻璃、钢铁都只有标准大小，而不是各种大小各种形状的都可以提供。

如果读者希望理解如何用 TcpClient 和 TcpListener 类编写 TCP 应用程序，请参看《C#网络应用编程》（第 2 版，马骏主编，人民邮电出版社出版），该书通过完整的源程序阐释了用这两个类实现标准 TCP 应用程序的基本设计思路。

3. 用 TcpClient 和 TcpListener 以及多任务实现

用 TcpClient 和 TcpListener 以及基于任务的编程模型编写 TCP 应用程序时，不需要开发人员考虑多线程创建、管理以及负载平衡等实现细节，只需要将多线程看作是多个任务来实现即可。

4. 用 WCF 实现

用 WCF 编写 TCP 应用程序时，监听和无消息边界等问题均由 WCF 内部自动完成，程序员只需要考虑传输过程中的业务逻辑即可，而不需要再去考虑 TCP 通信过程中如何监听，也不需要考虑如何解决无消息边界等细节问题。另外，利用 WCF 还可以实现自定义的协议。

总之，从顶层的业务逻辑控制到底层的套接字实现，无论程序员希望对细节控制到什么程度，都可以用 WCF 提供的相关类去完成。

在.NET 框架 4.0 及更高版本中，第 3 种和第 4 种是建议的做法。在.NET 框架 3.5 及更低版本中，只能用第 1 种和第 2 种方式实现。

9.2　利用传统技术实现 TCP 应用编程

在 C/S 网络应用编程中，利用 TCP 实现的应用程序非常多，例如，QQ、飞信、360 安全卫士、各种大型网络游戏、网络办公、股票交易、行业商品交易等。这些软件的共同特点是都要求将客户端程序安装到本地计算机上。

9.2.1　TcpClient 类和 TcpListener 类

为了简化网络编程的复杂度，.NET 对套接字又进行了适当的封装，封装后的类就是 System.Net.Sockets 命名空间下的 TcpListener 类和 TcpClient 类。但是，TcpListener 和 TcpClient 只支持标准协议编程。如果开发自定义协议的程序，传统的技术只能用套接字来实现。

TcpListener 类用于监听客户端连接请求，TcpClient 类用于提供本地主机和远程主机的连接信息。

1. TcpClient 类

TcpClient 类位于 System.Net.Socket 命名空间下。该类提供的构造函数主要用于客户端编程，而服务器端程序是通过 TcpListener 对象的 AcceptTcpClient 方法得到 TcpClient 对象的，所以不需要使用 TcpClient 类的构造函数来创建 TcpClient 对象。

TcpClient 的构造函数有以下重载形式。

```
TcpClient( )
TcpClient(string hostname, int port)
TcpClient(AddressFamily family)
TcpClient(IPEndPoint iep)
```

在这些构造函数中，最常用的是前两种。

（1）不带参数的构造函数

用不带参数的构造函数创建 TcpClient 对象时，系统会自动分配 IP 地址和端口号，例如：

```
TcpClient tcpClient=new TcpClient( );
tcpClient.Connect("www.abcd.com", 51888);
```

（2）带 hostname 和 port 参数的构造函数

这是使用最方便的一种构造函数，该构造函数会自动为客户端分配 IP 地址和端口号，并自动与远程主机建立连接。其中，参数中的 hostname 表示要连接到的远程主机的 DNS 名或 IP 地址，port 表示要连接到的远程主机的端口号。例如：

```
TcpClient tcpClient = new TcpClient("www.abcd.com", 51888);
```

它相当于：

```
TcpClient client = new TcpClient( );
Client.Connect("www.abcd.com",51888);
```

一旦创建了 TcpClient 对象，就可以利用该对象的 GetStream 方法得到 NetworkStream 对象，然后再利用 NetworkStream 对象和该客户端通信。

（3）带 family 参数的构造函数

这种构造函数创建的 TcpClient 对象也能自动分配本地 IP 地址和端口号，但是它使用

AddressFamily 枚举指定使用哪种网络协议（IPv4 或者 IPv6）。例如：

```
TcpClient tcpClient = new TcpClient(AddressFamily.InterNetwork);
tcpClient.Connect("www.abcd.com", 51888);
```

（4）带终节点参数的构造函数

该构造函数的参数 iep 用于指定本机（客户端）IP 地址与端口号。当客户端有一个以上的 IP 地址时，如果程序员希望指定 IP 地址和端口号，可以使用这种方式。例如：

```
IPAddress[] address = Dns.GetHostAddresses(Dns.GetHostName( ));
IPEndPoint iep = new IPEndPoint(address[0], 51888);
TcpClient tcpClient = new TcpClient(iep);
tcpClient.Connect("www.abcd.com", 51888);
```

不论采用哪种构造函数，都需要用 NetworkStream 对象收发数据。

由于 NetworkStream 处理消息边界比较繁琐，所以一般用从该对象继承的其他对象与对方通信，比如 BinaryReader 对象、BinaryWriteer 对象、StreamReader 对象以及 StreamWriter 对象等。

2. TcpListener 类

TcpListener 类用于在服务端监听和接收客户端传入的连接请求。该类的构造函数常用的有以下两种重载形式。

```
TcpListener(IPEndPoint iep)
TcpListener(IPAddress localAddr, int port)
```

第 1 种构造函数通过 IPEndPoint 类型的对象在指定的 IP 地址与端口监听客户端连接请求，iep 包含了本机的 IP 地址与端口号。

第 2 种构造函数直接指定本机 IP 地址和端口，并通过指定的本机 IP 地址和端口监听客户端传入的连接请求。使用这种构造函数时，也可以将本机 IP 地址指定为 IPAddress.Any，将本地端口号指定为 0，此时表示监听所有 TCP 连接请求。

创建了 TcpListener 对象后，就可以监听客户端的连接请求了。在同步工作方式下，对应有 Start 方法、Stop 方法、AcceptSocket 方法和 AcceptTcpClient 方法。另外，与这些同步方法对应的异步方法都有 Async 后缀，例如 AcceptTcpClientAsync 方法。

（1）Start 方法

TcpListener 对象的 Start 方法用于启动监听，语法如下。

```
public void Start( )
public void Start(int backlog)
```

参数中的 backlog 表示请求队列的最大长度，即最多允许的客户端连接个数。调用 Start 方法后，系统会自动将 LocalEndPoint 和底层套接字绑定在一起，并自动监听来自客户端的请求。当接收到一个客户端请求后，它就将该请求插入到请求队列中，然后继续监听下一个请求，直到调用 Stop 方法为止。

当 TcpListener 接收的请求超过请求队列的最大长度时，会向客户端抛出 SocketException 类型的异常。

（2）Stop 方法

TcpListener 对象的 Stop 方法用于关闭 TcpListener 并停止监听请求，语法如下。

```
public void Stop( )
```

程序执行 Stop 方法后，会立即停止监听客户端连接请求，此时等待队列中所有未接收的连接请求都会丢失，从而导致等待连接的客户端引发 SocketException 类型的异常，并使服务端的

AcceptTcpClient 方法也产生异常。但是要注意，该方法不会关闭已经接收的连接请求。

Stop 方法还会关闭基础 Socket。如果在调用 Stop 方法之前在基础 Socket 中设置了一些属性，这些属性对新创建的 Socket 不起作用。

（3）AcceptTcpClient 方法

AcceptTcpClient 方法用于在同步阻塞方式下获取并返回一个封装了 Socket 的 TcpClient 对象，同时从传入的连接队列中移除该客户端的连接请求。得到该对象后，就可以通过该对象的 GetStream 方法生成 NetworkStream 对象，再利用 NetworkStream 对象与客户端通信。

（4）AcceptSocket 方法

AcceptSocket 方法用于在同步阻塞方式下获取并返回一个用来接收和发送数据的 Socket 对象，同时从传入的连接队列中移除该客户端的连接请求。该套接字同时包含了本地和远程主机的 IP 地址与端口号，得到该对象后，可直接通过 Socket 对象的 Send 和 Receive 方法和该客户端进行通信。

如果应用程序仅需要同步 I/O，只需要调用 AcceptTcpClient 方法即可，如果还希望进行更细化的行为控制，则用 AcceptSocket 方法来实现。

3. 用 TcpListener 和 TcpClient 编写 TCP 应用程序的一般步骤

在服务端，程序员需要编写程序不断地监听客户端是否有连接请求，一旦根据连接请求得到了客户端对象，就能识别是哪个客户；对于客户端来说，只需要指定连接到哪个服务端即可。一旦双方建立了连接，就可以相互传输数据了。在程序实现中，发送和接收数据的方法都是一样的，区别仅是方向不同。

（1）编写 TCP 服务端代码的一般步骤

使用 TcpClient 类和 TcpListener 类编写 TCP 服务器端代码的一般步骤如下。

1）创建一个 TcpListener 对象，然后调用该对象的 Start 方法在指定的端口进行监听。

2）在单独的线程中，循环调用 TcpListener 对象的 AcceptTcpClient 方法接收客户端连接请求，并根据该方法返回的结果得到与该客户端对应的 TcpClient 对象。

3）每得到一个新的 TcpClient 对象，就创建一个与该客户端对应的线程，然后通过该线程与对应的客户端通信。

4）根据传送信息的情况确定是否关闭与客户端的连接。

（2）编写 TCP 客户端代码的一般步骤

使用对套接字封装后的 TcpClient 类编写 TCP 客户端代码的一般步骤如下。

1）利用 TcpClient 的构造函数创建一个 TcpClient 对象，并利用该对象与服务端建立连接。

2）利用 TcpClient 对象的 GetStream 方法得到网络流，然后利用该网络流与服务端进行数据传输。

3）创建一个线程监听指定的端口，循环接收并处理服务端发送过来的信息。

4）完成通信工作后，向服务端发送关闭信息，并关闭与服务器的连接。

4. 解决 TCP 无消息边界问题的办法

接收方解析发送方发送过来的命令时，为了保证不出现解析错误，编程时必须考虑 TCP 的消息边界问题，否则就可能会出现丢失命令等错误结果。例如，对于两次发送的消息单次全部接收的情况，虽然接收的内容并没有少，可如果在程序中认为每次接收的都只有一条命令，此时就会丢失另一条命令，从而引起逻辑上的错误。例如通过网络下棋，丢失了一步，整个逻辑关系就全乱套了。

有以下几种解决 TCP 消息边界问题的办法。

（1）发送固定长度的消息

这种办法适用于消息长度固定的场合。具体实现时，可通过 System.IO 命名空间下的 BinaryReader 对象每次向网络流发送一个固定长度的数据。例如，每次发送一个 int 类型的 32 位整数。BinaryReader 和 BinaryWriter 对象提供了多种重载方法，利用它发送和接收具有固定长度类型的数据非常方便，而且可以发送任何类型的数据。例如：

```
TcpClient client = new TcpClient("www.abcd.com", 51888);
NetworkStream networkStream = client.GetStream( );
BinaryWriter bw = new BinaryWriter(networkStream, Encoding.UTF8);
bw.Write(35);
```

（2）将消息长度与消息一起发送

这种办法一般在每次发送的消息前面用 4 个字节表明本次消息的长度，然后将其和消息一起发送到对方；对方接收到消息后，首先从前 4 个字节获取实际的消息长度，再根据消息长度值依次接收发送方发送的数据。这种办法适用于任何场合，而且一样可以利用 BinaryReader 对象和 BinaryWriter 对象方便地实现。

BinaryWriter 对象提供了很多重载的 Write 方法。例如，向网络流写入字符串时，该方法会自动计算出字符串占用的字节数，并使用 4 个字节作为前缀将其附加到字符串的前面；接收方使用 BinaryReader 对象的 ReadString 方法接收字符串时，会首先自动读取字符串前缀，并自动根据字符串前缀读取指定长度的字符串。

（3）使用特殊标记分隔消息

这种办法主要用于消息本身不包含特殊标记的场合。

对于字符串处理来说，用这种办法最方便的途径就是 StreamWriter 对象和 StreamReader 对象。发送方每次用 StreamWriter 对象的 WriteLine 方法将发送的字符串写入网络流，接收方每次用 StreamReader 对象的 ReadLine 方法将以回车换行作为分隔符的字符串从网络流中读出。

总之，解决 TCP 消息边界问题的办法各有优缺点，编程时应该根据实际情况选择一种合适的解决方式。

9.2.2 基本用法示例

本节通过一个简化的群发聊天程序，说明 TcpClient 类和 TcpListener 类的基本用法。

1. 用多线程实现

利用 TcpClient、TcpListener 实现 TCP 应用编程时，传统的技术（.NET 框架 3.5 或更低版本）直接以多线程为目标来实现。使用这种技术时，由于需要开发人员自己管理多线程，因此开发人员必须熟练掌握多线程实现的所有细节，才能编写出实际的 TCP 应用程序。

【例 9-1】利用多线程以及 TcpClient 和 TcpListener 对象，编写一个简单的群发聊天程序，服务端和客户端运行效果如图 9-1 所示。

  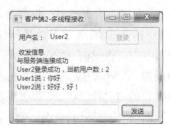

图 9-1　例 9-1 服务端和客户端运行效果

下面分别介绍相关的要求和代码实现。

本例子的基本功能要求如下。

● 任何一个客户均可以与服务端通信。

● 当客户端与服务端连接成功后，服务端要及时告知所有客户端该客户已登录，并将当前在线人数告知所有客户端。

● 客户可以通过服务端群发聊天信息。

● 不论客户何时退出程序，服务端都要做出正确判断，同时将该客户是否在线的情况告诉其他所有在线的客户。

这里再次强调一下，服务端和客户端只是相对的概念，当我们把服务端程序安装在 A 机上，把客户端程序安装在 B 机上，则 A 机就是服务端，B 机就是客户端，反之亦然。

在这个例子中，之所以使用 BinaryReader 对象和 BinaryWriter 对象而不是 StreamReader 对象和 StreamWriter 对象，是因为客户发送的信息可能不只一行，而 StreamReader 对象和 StreamWriter 对象处理单行信息是比较合适的，对于可能包含多行的信息，用 BinaryReader 对象和 BinaryWriter 对象来实现更方便。

从 TCP 的特点中，我们知道客户端只能和服务端通信，无法和另一个客户端直接通信。那么如何实现一个客户和另一个客户通信呢？解决办法其实很简单，所有客户一律先把聊天信息发送给服务端，服务端收到信息后，再将该信息转发给其他客户即可。

（1）服务端编程

服务端的代码实现步骤如下。

1）创建一个名为 ChatServer 的 WPF 应用程序。

2）在【解决方案资源管理器】中，添加一个文件名为 User.cs 的类，用于处理与某个客户通信的信息，代码如下。

```csharp
public class User
{
    public BinaryReader br { get; private set; }
    public BinaryWriter bw { get; private set; }
    private string userName;
    private TcpClient client;
    public User(TcpClient client, bool isTask)
    {
        this.client = client;
        NetworkStream networkStream = client.GetStream();
        br = new BinaryReader(networkStream);
        bw = new BinaryWriter(networkStream);
        if (isTask)
        {
            Task.Run(() => ReceiveFromClient());
        }
        else
        {
            Thread t = new Thread(ReceiveFromClient);
            t.Start();
        }
    }
    public void Close()
    {
        br.Close();
        bw.Close();
        client.Close();
    }
    /// <summary>处理接收的客户端数据</summary>
    public void ReceiveFromClient()
```

```
{
    while (true)
    {
        string receiveString = null;
        try
        {
            receiveString = br.ReadString();
        }
        catch
        {
            CC.RemoveUser(this); return;
        }
        string[] split = receiveString.Split(',');
        switch (split[0])
        {
            case "Login":   //格式: Login, 用户名
                userName = split[1];
                CC.SendToAllClient(split[1] +
                    "登录成功, 当前用户数: " + CC.userList.Count);
                break;
            case "Logout":   //格式: Logout,用户名
                CC.RemoveUser(this);
                return;
            case "Talk":   //格式: Talk, 对话信息
                CC.SendToAllClient(userName + "说: " + receiveString.Remove(0, 5));
                break;
            default:
                throw new Exception("无法解析: " + receiveString);
        }
    }
}
```

在这个例子中，数据处理逻辑比较简单，仅有 Login、Logout 和 Talk 命令。

3）添加一个文件名为 CC.cs 的类，用于处理所有客户，代码如下。

```
public class CC
{
    public static List<User> userList { get; set; }   //保存连接的所有用户
    public static IPAddress localIP { get; set; }   //使用的本机 IPv4 地址
    public static int port { get; set; }   //监听端口
    static CC()
    {
        userList = new List<User>();
        port = 51888;
        IPAddress[] ips = Dns.GetHostAddresses(Dns.GetHostName());
        foreach (var v in ips)
        {
            if (v.AddressFamily == AddressFamily.InterNetwork)
            {
                localIP = v; break;
            }
        }
    }
```

```
public static void RemoveUser(User user)
{
    userList.Remove(user);
    SendToAllClient("有用户退出或失去连接，当前用户数：" + userList.Count);
}
public static void SendToAllClient(string message)
{
    for (int i = 0; i < userList.Count; i++)
    {
        try
        {
            userList[i].bw.Write(message);
            userList[i].bw.Flush();
        }
        catch
        {
            RemoveUser(userList[i]);
        }
    }
}
public static void ChangeState(Button btn1, bool b1, Button btn2, bool b2)
{
    btn1.IsEnabled = b1;
    btn2.IsEnabled = b2;
}
}
```

4）添加一个文件名为 ThreadServer.xaml 的窗口，用于启动和停止监听。
ThreadServer.xaml 的主要代码如下。

```
<Window ...... Title="服务端-用多线程实现" Height="200" Width="300">
    <DockPanel>
        <StackPanel DockPanel.Dock="Bottom" Orientation="Horizontal"
                    HorizontalAlignment="Center" Margin="5 0 5 10">
            <Button Name="btnStart" Content="开始监听" Padding="10 0 10 0"
                    Click="btnStart_Click"/>
            <Button Name="btnStop" Content="停止监听" Padding="10 0 10 0"
                    Margin="20 0 0 0" Click="btnStop_Click"/>
        </StackPanel>
        <Border DockPanel.Dock="Top" Margin="10"
                BorderBrush="Black" BorderThickness="1">
            <ScrollViewer>
                <TextBlock Name="textBlock1"/>
            </ScrollViewer>
        </Border>
    </DockPanel>
</Window>
```

ThreadServer.xaml.cs 的主要代码如下。

```
public partial class ThreadServer : Window
{
    private TcpListener myListener;
    public ThreadServer()
    {
        InitializeComponent();
```

```
            this.Closing += ThreadServer_Closing;
            btnStop.IsEnabled = false;
        }
        void ThreadServer_Closing(object sender, System.ComponentModel.CancelEventArgs e)
        {
            if (myListener != null) { myListener.Stop(); }
        }
        private void btnStart_Click(object sender, RoutedEventArgs e)
        {
            CC.ChangeState(btnStart, false, btnStop, true);
            myListener = new TcpListener(CC.localIP, CC.port);
            myListener.Start();
            textBlock1.Text += string.Format("开始在{0}:{1}监听客户连接",
                    CC.localIP, CC.port);
            Thread myThread = new Thread(ListenClientConnect);
            myThread.IsBackground = true;
            myThread.Start();
        }
        private void btnStop_Click(object sender, RoutedEventArgs e)
        {
            myListener.Stop();
            textBlock1.Text += "\n 监听已停止!";
            CC.ChangeState(btnStart, true, btnStop, false);
        }
        private void ListenClientConnect()
        {
            TcpClient newClient = null;
            while (true)
            {
                try
                {
                    newClient = myListener.AcceptTcpClient();
                    User user = new User(newClient, false);
                    CC.userList.Add(user);
                }
                catch { break; }
            }
        }
    }
```

例子中先使用 Dns 类的静态 GetHostAddresses 方法获取本机所有 IP 地址数组，再从中得到 IPv4 地址。服务端监听的端口号为 51888。

5）修改 MainWindow.xaml 及其代码隐藏类，让其显示该例子的服务端监听窗口。

MainWindow.xaml 的主要代码如下。

```
<Window ...... Title="服务端" Height="200" Width="300">
    <StackPanel HorizontalAlignment="Center" VerticalAlignment="Center">
        <Button Name="btn1" Content="例 1-用多线程实现"
                Padding="10 0 10 0" Click="btn1_Click"/>
        <Button Name="btn2" Content="例 2-用多任务实现" Padding="10 0 10 0"
                Margin="0 20 0 0" Click="btn2_Click"/>
    </StackPanel>
</Window>
```

MainWindow.xaml.cs 中与该例子相关的代码如下。

```
private void btn1_Click(object sender, RoutedEventArgs e)
{
    this.Hide();
    ThreadServer server = new ThreadServer();
    server.ShowDialog();
    this.Close();
}
```

6）按<F5>键调试运行。

（2）客户端编程

客户端的代码实现步骤如下。

1）创建一个名为 ChatClient 的 WPF 应用程序。

2）在【解决方案资源管理器】中，添加一个文件名为 ThreadClientWindow.xaml 的窗口，用于处理客户端界面。

ThreadClientWindow.xaml 的主要代码如下。

```
<Window ...... Title="ThreadClientWindow" Height="300" Width="350">
    <DockPanel Background="#FFEEF5F5">
        <StackPanel DockPanel.Dock="Top" Orientation="Horizontal" Margin="5">
            <Label Content="用户名: "/>
            <TextBox Name="textBoxUserName" Width="100"/>
            <Button Name="btnLogin" Content="登录" Width="60" Margin="10 0 10 0"
                    Click="btnLogin_Click"/>
        </StackPanel>
        <DockPanel DockPanel.Dock="Bottom" Margin="5">
            <Button Name="btnSend" DockPanel.Dock="Right" Content="发送"
                    Width="60" Margin="5 0 5 0" Click="btnSend_Click"/>
            <TextBox Name="textBoxSend" />
        </DockPanel>
        <GroupBox Header="收发信息">
            <TextBlock Name="textBlock1" Background="White"/>
        </GroupBox>
    </DockPanel>
</Window>
```

ThreadClientWindow.xaml.cs 的主要代码如下。

```
public partial class ThreadClientWindow : Window
{
    private bool isExit = false;
    private TcpClient client;
    private BinaryReader br;
    private BinaryWriter bw;
    private string remoteHost;
    private int remotePort = 51888;
    public ThreadClientWindow()
    {
        InitializeComponent();
        this.Closing += ClientWindow_Closing;
        remoteHost = Dns.GetHostName();
    }
    void ClientWindow_Closing(object sender, System.ComponentModel.CancelEventArgs e)
    {
        if (client != null)
        {
```

```
            SendMessage("Logout," + textBoxUserName.Text);//格式：Logout,用户名
            isExit = true;
            br.Close();
            bw.Close();
            client.Close();
        }
    }
    private void AddInfo(string format, params object[] args)
    {
        textBlock1.Dispatcher.InvokeAsync(() =>
        {
            textBlock1.Text += string.Format(format, args) + "\n";
        });
    }
    private void btnLogin_Click(object sender, RoutedEventArgs e)
    {
        try
        {
            client = new TcpClient(remoteHost, remotePort);
            AddInfo("与服务端连接成功");
            btnLogin.IsEnabled = false;
        }
        catch
        {
            AddInfo("与服务端连接失败");
            return;
        }
        NetworkStream networkStream = client.GetStream();
        br = new BinaryReader(networkStream);
        bw = new BinaryWriter(networkStream);
        SendMessage("Login," + textBoxUserName.Text);//格式：Login,用户名
        Thread threadReceive = new Thread(new ThreadStart(ReceiveData));
        threadReceive.IsBackground = true;
        threadReceive.Start();
    }
    private void btnSend_Click(object sender, RoutedEventArgs e)
    {
        SendMessage("Talk," + textBoxSend.Text);//格式：Talk,对话信息
        textBoxSend.Clear();
    }
    /// <summary>处理接收的服务器端数据</summary>
    private void ReceiveData()
    {
        string receiveString = null;
        while (isExit == false)
        {
            try { receiveString = br.ReadString(); }
            catch
            {
                if (isExit == false) AddInfo("与服务器失去联系。");
                break;
            }
            AddInfo(receiveString);
        }
    }
    /// <summary>向服务器端发送信息</summary>
    private void SendMessage(string message)
```

```
    {
        try { bw.Write(message); bw.Flush(); }
        catch { AddInfo("发送失败!"); }
    }
}
```

3）修改 MainWindow.xaml 及其代码隐藏类，让其显示该例子的客户端窗口。

MainWindow.xaml 的主要代码如下。

```
<Window ......
        Title="客户端" Height="200" Width="300" WindowStartupLocation="CenterScreen" >
    <StackPanel HorizontalAlignment="Center" VerticalAlignment="Center">
        <Button Name="btn1" Content="例1-用多线程实现" Padding="10 0 10 0"
                Click="btn1_Click"/>
        <Button Name="btn2" Content="例2-用多任务实现" Padding="10 0 10 0"
                Margin="0 20 0 0" Click="btn2_Click"/>
    </StackPanel>
</Window>
```

MainWindow.xaml.cs 中与该例子相关的代码如下。

```
private void btn1_Click(object sender, RoutedEventArgs e)
{
    ThreadClientWindow w1 = new ThreadClientWindow()
    {
        Title = "客户端1-多线程接收",
        Left = this.Left - 130,
        Top = this.Top + 70,
    };
    w1.textBoxUserName.Text = "User1"; w1.Owner = this; w1.Show();
    ThreadClientWindow w2 = new ThreadClientWindow()
    {
        Title = "客户端2-多线程接收",
        Left = this.Left + 260,
        Top = this.Top + 70,
    };
    w2.textBoxUserName.Text = "User2"; w2.Owner = this; w2.Show();
}
```

4）按<F5>键调试运行。

这里需要提醒的是，在实际的项目中，一个应用程序中应该只创建一个客户端。例子中之所以同时创建两个客户端，仅仅是为了方便读者理解和观察。

2. 用多任务实现

如果不使用 WCF，而是用 TcpClient、TcpListener 编写 TCP 应用程序，建议用基于任务的编程模型（异步编程或者并行编程）来实现。

用多任务实现时，即使开发人员对多线程、线程池以及资源冲突和负载平衡等所有技术实现细节不太熟悉，一样可以快速编写出实际的 TCP 应用程序，而且程序的健壮性比直接用多线程来实现要高得多。

本节仍然通过例 9-1 中介绍的聊天程序，说明用 TcpClient 类和 TcpListener 类以及多任务模型实现群聊的基本用法。

【例 9-2】利用多任务模型以及 TcpClient 和 TcpListener 对象，实现与例 9-1 相同的功能，服务端和客户端运行效果如图 9-2 所示。

图9-2　例9-2 服务端和客户端运行效果

下面分别介绍服务端和客户端实现代码。

（1）服务端编程

在服务端实现中，用多任务实现的代码与直接用多线程实现的代码主要区别有两点：一是监听窗口中 btnStart_Click 事件的处理代码不一样，多任务是利用基于任务的异步模式来实现的；二是 User 类的构造函数中处理方式不一样，在多任务实现中，每个客户都有一个对应的任务负责与该客户端通信。

实际上，真正的区别并不是代码有多少，而是本质含义不同。基于任务的 TCP 编程是在线程池中执行的，它会自动解决资源争用和多核负载平衡等问题，而例9-1 的实现代码则完全没考虑这些问题，更不用说解决了。对于例9-1 来说，如果有数百个客户甚至数千个客户同时登录，会立即引发严重的内存资源争用等一系列问题。

这就是为什么我们建议用基于任务的编程模型去实现多线程功能而不是像例9-1 那样直接用 Thread 类去实现。或者说，Task 类已经帮我们解决了在实际的应用程序中必须去解决的很多复杂问题，我们直接用它就行了。

该例子涉及的 CC.cs 文件、User.cs 文件源代码与例9-1 相同，这里不再重复。服务端其他文件的代码实现如下。

1）在 ChatServer 项目中，添加一个文件名为 TaskServer.xaml 的窗口，用于启动和停止监听。由于该文件的界面（XAML 代码）和上一个例子中的 ThreadServer.xaml 相似，此处不再列出。TaskServer.xaml.cs 的主要代码如下。

```
public partial class TaskServer : Window
{
    private TcpListener myListener;
    public TaskServer()
    {
        InitializeComponent();
        this.Closing += TaskServer_Closing;
        btnStop.IsEnabled = false;
    }
    void TaskServer_Closing(object sender, System.ComponentModel.CancelEventArgs e)
    {
        if (myListener != null) myListener.Stop();
    }
    private async void btnStart_Click(object sender, RoutedEventArgs e)
    {
        CC.ChangeState(btnStart, false, btnStop, true);
        myListener = new TcpListener(CC.localIP, CC.port);
        myListener.Start();
        textBlock1.Text += string.Format("开始在{0}:{1}监听客户连接",
            CC.localIP, CC.port);
        while (true)
        {
```

```
            try
            {
                TcpClient newClient = await myListener.AcceptTcpClientAsync();
                User user = new User(newClient,true);
                CC.userList.Add(user);
            }
            catch { break; }
        }
    }
    private void btnStop_Click(object sender, RoutedEventArgs e)
    {
        myListener.Stop();
        textBlock1.Text += "\n 监听已停止!";
        CC.ChangeState(btnStart, true, btnStop, false);
    }
}
```

2）修改 MainWindow.xaml 及其代码隐藏类，让其显示该例子的服务端监听窗口。
MainWindow.xaml.cs 中与该例子对应的相关代码如下。

```
private void btn2_Click(object sender, RoutedEventArgs e)
{
    this.Hide();
    TaskServer server = new TaskServer();
    server.ShowDialog();
    this.Close();
}
```

3）按<F5>键调试运行。

（2）客户端编程

在客户端实现中，该例子与例 9-1 的区别在于只有 btnLogin_Click 中的代码不一样。在该事件处理程序中，将创建多线程改为创建多任务即可。

具体来说，将 ThreadClientWindow.xaml.cs 中下面的代码

```
private void btnLogin_Click(object sender, RoutedEventArgs e)
{
    ......
    Thread threadReceive = new Thread(new ThreadStart(ReceiveData));
    threadReceive.IsBackground = true;
    threadReceive.Start();
}
```

改为用多任务来实现就行了。TaskClientWindow.xaml.cs 中与这部分代码不同的部分如下。

```
private void btnLogin_Click(object sender, RoutedEventArgs e)
{
    ......
    Task.Run(() => ReceiveData());
}
```

9.3　利用 WCF 实现 TCP 应用编程

在面向服务的分布式应用程序项目中，建议用 WCF 实现 TCP 应用编程，而不是用传统的技

术去实现。特别是在企业级应用程序项目中，负载均衡问题、避免网络攻击问题、网络传输安全保障问题等始终是让程序员倍感头痛和棘手的问题，而用 WCF 来实现，这些问题就可以交给 WCF 内部去解决，程序员只需要将重点放在接口的定义和业务逻辑功能的实现上即可。

9.3.1　WCF 与 TCP 相关的绑定

利用 WCF 编写 TCP 应用程序时，只需要在服务端配置文件中设置相关的绑定，就可以轻松实现相应的功能，而且不容易出错。

1．NetTcpBinding

NetTcpBinding 类用于将 WCF 和 TCP 绑定在一起，并以服务的形式提供 TCP 服务端和客户端之间的通信。

在服务端配置文件中，用<netTcpBinding>元素来配置，默认配置如下。

- 安全模式：Transport（保证传输安全）。
- 消息编码方式：Binary（采用二进制消息编码器）。
- 传输协议：TCP。
- 会话：提供传输会话（也可以配置为可靠对话）。
- 事务：无事务处理功能（也可以配置为支持事务处理）。
- 双工：支持。

既然绑定的是 TCP，为什么还要加一个 Net 前缀呢？这是因为 WCF 有一个约定：凡是具有 Net 前缀的绑定默认都使用二进制编码器对消息进行编码，而不带 Net 前缀的绑定则默认使用文本消息编码。

由于这种绑定的默认配置比 WSHttpBinding 和 WSDualHttpBinding 提供的配置传输速度更快，因此特别适用于双方都是基于 WCF 的通信，比如企业内部网之间的通信。

在本书的第 1 章中，我们已经介绍了 Internet 和 Intranet 的区别，此处不再重复介绍。

2．其他与 TCP 相关的绑定

除了 NetTcpBinding 以外，WCF 与 TCP 相关的绑定还有 MexTcpBinding、NetTcpContextBinding。下面我们学习如何将 WCF 和 NetTcpBinding 绑定在一起编写 TCP 应用程序。

9.3.2　利用 WCF 和 TCP 编写网络游戏

为了让读者理解如何将 WCF 和 TCP 绑定在一起编写网络应用程序，本节通过一个"吃棋子"网络小游戏，说明服务端和客户端的具体实现办法。

之所以用这个游戏作为例子，是因为吃棋子小游戏和五子棋游戏的操作过程刚好相反。五子棋游戏是玩家在棋盘上放棋子，而吃棋子小游戏则是棋盘上不停地自动产生棋子，玩家的目标是尽快将自己颜色的棋子拿掉。另外，该游戏除了能体现 TCP 的速度快之外，还能让读者理解服务端如何主动发送消息给客户端，以及如何单击消去棋盘上的棋子。

【例 9-3】通过"吃棋子"小游戏，演示利用 WCF 编写 TCP 应用程序的基本用法，程序运行效果如图 9-3 和图 9-4 所示。

图 9-3　服务端运行界面

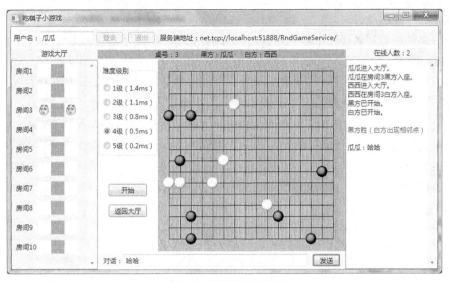

图 9-4　客户端运行效果

由于该例子和五子棋游戏的设计方法和实现代码非常相似，区别仅仅是绑定配置和游戏规则不同，因此这里只介绍主要的实现步骤。

1. 吃棋子游戏规则和功能描述

吃棋子游戏虽然也和五子棋一样逻辑功能较少，但它同样是"麻雀虽小、五脏俱全"。如果读者理解了编写的方法，自然也就明白了如何用 WCF 编写各种 TCP 应用程序。

（1）游戏规则

本例子的游戏规则如下。

● 玩家通过网络和坐在同一桌的另一个玩家对弈，一个玩家选择黑方，另一个玩家选择白方。

● 游戏开始后，服务端自动以固定的时间间隔，不停地产生指定颜色棋子的位置，并通知客户端在棋盘上自动将其显示出来。

● 玩家的目标是快速单击自动出现在棋盘上自己颜色的棋子，让单击的棋子从棋盘上消失，以免自己颜色的棋子出现相邻的情况。

● 如果棋盘上有两个或者两个以上横向或纵向相邻的同色棋子，游戏就结束了，此时出现同色相邻棋子颜色的玩家就是失败者。

（2）功能要求

在这个例子中，服务端游戏大厅和游戏桌的情况和五子棋游戏相似。

该游戏功能要求如下。

● 服务端可以同时服务多桌游戏，每桌只允许有两个玩家（黑方和白方）。

● 玩家可自由选择坐在哪一方。如果两个玩家坐在同一桌，双方应都能看到对方的状态。两个玩家都单击开始按钮后，游戏才正式开始。

● 玩家坐到游戏桌座位上后，不论游戏是否开始，该玩家都可以随时告诉服务端立即调整产生棋子的时间间隔。

● 同一桌的两个玩家可以聊天。

2. 服务端编程

服务端主要设计步骤如下。

無

（1）创建服务端项目

创建一个解决方案名和项目名均为 NetTcpServer 的 WPF 应用程序项目。

（2）添加服务

鼠标右键单击项目名，选择【添加】→【新建项】命令，在弹出的窗口中找到并选中【WCF 服务】选项，将服务名称修改为 RndGameService.cs，单击【添加】按钮。

此时系统会自动在项目中添加 RndGameService.cs 和 IRndGameService.cs，并在 App.config 文件中自动添加服务配置，同时还会自动在【引用】中添加对 System.ServiceModel 命名空间的引用。

（3）定义协定

在 IRndGameService.cs 文件中定义服务端和客户端通信的协定（接口），代码如下。

```csharp
//需要服务端实现的协定
[ServiceContract(Namespace = "RandomGameExample",
    SessionMode = SessionMode.Required,
    CallbackContract = typeof(IRndGameServiceCallback))]
public interface IRndGameService
{
    [OperationContract(IsOneWay = true)] void Login(string userName);
    [OperationContract(IsOneWay = true)] void Logout(string userName);
    [OperationContract(IsOneWay = true)]
    void SitDown(string userName, int index, int side);
    [OperationContract(IsOneWay = true)] void GetUp(int index, int side);
    [OperationContract(IsOneWay = true)]
    void Start(string userName, int index, int side);
    [OperationContract(IsOneWay = true)] void SetLevel(int index, int level);
    [OperationContract(IsOneWay = true)] void UnsetDot(int index, int row, int col);
    [OperationContract(IsOneWay = true)]
    void Talk(int index, string userName, string message);
}
//需要客户端实现的接口
public interface IRndGameServiceCallback
{
    [OperationContract(IsOneWay = true)]
    void ShowLogin(string loginUserName, int maxTables);
    [OperationContract(IsOneWay = true)] void ShowLogout(string userName);
    [OperationContract(IsOneWay = true)] void ShowSitDown(string userName, int side);
    [OperationContract(IsOneWay = true)] void ShowGetUp(string userName, int side);
    [OperationContract(IsOneWay = true)] void ShowStart(int side);
    [OperationContract(IsOneWay = true)]
    void ShowTalk(string userName, string message);
    [OperationContract(IsOneWay = true)] void GameStart();
    [OperationContract(IsOneWay = true)] void ShowWin(string message);
    [OperationContract(IsOneWay = true)]
    void UpdateTablesInfo(string tablesInfo, int userCount);
    [OperationContract(IsOneWay = true)] void UpdateLevel(int lavel);
    [OperationContract(IsOneWay = true)] void GridSetDot(int row, int col, int color);
    [OperationContract(IsOneWay = true)] void GridUnsetDot(int row, int col);
}
```

（4）创建 User 类

鼠标右键单击项目名，选择【添加】→【类】命令，将文件名修改为 User.cs，单击【添加】按钮。该文件用于保存每个登录用户的游戏状态等信息，主要代码如下。

```
public class User
{
    public string UserName { get; set; }
    public readonly IRndGameServiceCallback callback;
    public bool IsSitDown { get; set; }
    public int Index { get; set; }
    public int Side { get; set; }
    public bool IsStarted { get; set; }
    public User(string userName, IRndGameServiceCallback callback)
    {
        this.UserName = userName;
        this.callback = callback;
    }
}
```

（5）创建 CC 类

在项目中添加一个文件名为 CC.cs 的类文件。该文件中的静态方法用于保存连接的用户数以及每桌游戏情况，主要代码如下。

```
public class CC
{
    public static List<User> Users { get; set; }
    public const int maxRooms = 10;
    public static Room[] Rooms { get; set; }
    public static User GetUser(string userName)
    {
        User user = null;
        foreach (var v in Users)
        {
            if (v.UserName == userName)
            {
                user = v; break;
            }
        }
        return user;
    }
}
```

（6）创建 Room 类

在项目中添加一个文件名为 Room.cs 的类文件。该文件用于管理每房间游戏，每个房间只有一个游戏桌。主要代码如下。

```
public class Room
{
    private const int max = 16; //网格最大的行列数
    public User[] players { get; set; }
    private int[,] grid = new int[max, max];
    public System.Timers.Timer timer { get; set; }
    private int nextColor = 0;
    private Random rnd = new Random();
    public Room()
    {
        players = new User[2];
        timer = new System.Timers.Timer();
        timer.Interval = 500; //默认难度级别：4 级
```

```
        timer.Elapsed += new System.Timers.ElapsedEventHandler(timer_Elapsed);
        timer.Enabled = false;
        ResetGrid();
    }
    public void ResetGrid()
    {
        for (int i = 0; i < max; i++)
        {
            for (int j = 0; j < max; j++)
            {
                grid[i, j] = -1;    //-1 表示无棋子
            }
        }
    }
    private void timer_Elapsed(object sender, EventArgs e)
    {
        int x, y;
        //随机产生一个格内没有棋子的单元格位置
        do
        {
            x = rnd.Next(max);   //产生一个小于 max 的非负整数
            y = rnd.Next(max);
        } while (grid[x, y] != -1);
        players[0].callback.GridSetDot(x, y, nextColor);
        players[1].callback.GridSetDot(x, y, nextColor);
        CheckDot(x, y, nextColor);
        nextColor = (nextColor + 1) % 2;    //设定下次分发的棋子颜色
    }
    private void CheckDot(int i, int j, int color)
    {
        grid[i, j] = color;
        #region 判断当前行是否有相邻点
        int k1, k2;                          //k1:循环初值, k2:循环终值
        if (i == 0) k1 = k2 = 1;             //如果是首行, 只需要判断下边的点
        else if (i == max - 1) k1 = k2 = max - 2;  //如果是最后一行, 只需要判断上边的点
        else k1 = i - 1; k2 = i + 1;         //如果是中间的行, 上下两边的点都要判断
        for (int x = k1; x <= k2; x += 2)
        {
            if (grid[x, j] == color) { ShowFail(color); break; }
        }
        #endregion
        #region 判断当前列是否有相邻点
        if (j == 0) k1 = k2 = 1;
        else if (j == max - 1) k1 = k2 = max - 2;
        else k1 = j - 1; k2 = j + 1;
        for (int y = k1; y <= k2; y += 2)
        {
            if (grid[i, y] == color) { ShowFail(color); break; }
        }
        #endregion
    }
    private void ShowFail(int color)
    {
```

```
        timer.Enabled = false;
        players[0].IsStarted = false;
        players[1].IsStarted = false;
        if (color == 0)
        {
            players[0].callback.ShowWin("白方胜（黑方出现相邻点）");
            players[1].callback.ShowWin("白方胜（黑方出现相邻点）");
        }
        else
        {
            players[0].callback.ShowWin("黑方胜（白方出现相邻点）");
            players[1].callback.ShowWin("黑方胜（白方出现相邻点）");
        }
        this.ResetGrid();
    }
    public void UnsetGridDot(int i, int j)
    {
        grid[i, j] = -1;
        players[0].callback.GridUnsetDot(i, j);
        players[1].callback.GridUnsetDot(i, j);
    }
}
```

（7）实现协定

需要服务端实现的协定在 RndGameService.cs 文件中，代码如下。

```
public class RndGameService : IRndGameService
{
    public RndGameService()
    {
        if (CC.Users == null)
        {
            CC.Users = new List<User>();
            CC.Rooms = new Room[CC.maxRooms];
            for (int i = 0; i < CC.maxRooms; i++)
            {
                CC.Rooms[i] = new Room();
            }
        }
    }
    public void Login(string userName)
    {
        OperationContext context = OperationContext.Current;
        IRndGameServiceCallback callback =
            context.GetCallbackChannel<IRndGameServiceCallback>();
        User newUser = new User(userName, callback);
        CC.Users.Add(newUser);
        foreach (var user in CC.Users)
        {
            user.callback.ShowLogin(userName, CC.maxRooms);
        }
        SendRoomsInfoToAllUsers();
    }
    public void Logout(string userName)
    {
```

```
                    User logoutUser = CC.GetUser(userName);
                    foreach (var user in CC.Users)
                    {
                        if (user.UserName != logoutUser.UserName)
                        {
                            user.callback.ShowLogout(userName);
                        }
                    }
                    CC.Users.Remove(logoutUser);
                    logoutUser = null;  //将其设置为 null 后，WCF 会自动关闭该客户端
                    SendRoomsInfoToAllUsers();
                }
                public void SitDown(string userName, int index, int side)
                {
                    User p = CC.GetUser(userName);
                    p.Index = index;
                    p.Side = side;
                    CC.Rooms[index].players[side] = p;
                    p.callback.ShowSitDown(userName, side);
                    int anotherSide = (side + 1) % 2;   //同一桌的另一个玩家
                    User p1 = CC.Rooms[index].players[anotherSide];
                    if (p1 != null)
                    {
                        //告诉入座玩家另一个玩家是谁
                        p.callback.ShowSitDown(p1.UserName, anotherSide);
                        //告诉另一个玩家入座玩家是谁
                        p1.callback.ShowSitDown(p.UserName, side);
                    }
                    //重新将游戏室各桌情况发送给所有用户
                    SendRoomsInfoToAllUsers();
                }
                public void GetUp(int index, int side)
                {
                    CC.Rooms[index].timer.Stop();
                    User p0 = CC.Rooms[index].players[side];
                    User p1 = CC.Rooms[index].players[(side + 1) % 2];
                    p0.callback.ShowGetUp(p0.UserName, side);
                    CC.Rooms[index].players[side] = null; //注意该语句执行后 p0!=null
                    if (p1 != null)
                    {
                        p1.callback.ShowGetUp(p0.UserName, side);
                        p1.IsStarted = false;
                    }
                    SendRoomsInfoToAllUsers();
                }
                public void Start(string userName, int index, int side)
                {
                    User p0 = CC.Rooms[index].players[side];
                    p0.IsStarted = true;
                    p0.callback.ShowStart(side);
                    int anotherSide = (side + 1) % 2;   //对方座位号
                    User p1 = CC.Rooms[index].players[anotherSide];
                    if (p1 != null)
                    {
```

```
            p1.callback.ShowStart(side);
            if (p1.IsStarted)
            {
                CC.Rooms[index].ResetGrid();
                p0.callback.GameStart();
                p1.callback.GameStart();
                CC.Rooms[index].timer.Start();
            }
        }
    }
    public void UnsetDot(int tableIndex, int row, int col)
    {
        CC.Rooms[tableIndex].UnsetGridDot(row, col);
    }
    public void SetLevel(int index, int level)
    {
        CC.Rooms[index].timer.Interval = 1400 - (level - 1) * 300;
        if (CC.Rooms[index].players[0] != null)
        {
            CC.Rooms[index].players[0].callback.UpdateLevel(level);
        }
        if (CC.Rooms[index].players[1] != null)
        {
            CC.Rooms[index].players[1].callback.UpdateLevel(level);
        }
    }
    public void Talk(int index, string userName, string message)
    {
        User p0 = CC.Rooms[index].players[0];
        User p1 = CC.Rooms[index].players[1];
        if (p0 != null) p0.callback.ShowTalk(userName, message);
        if (p1 != null) p1.callback.ShowTalk(userName, message);
    }
    private string GetTablesInfo()
    {
        string str = "";
        for (int i = 0; i < CC.Rooms.Length; i++)
        {
            for (int j = 0; j < 2; j++)
            {
                str += CC.Rooms[i].players[j] == null ? "0" : "1";
            }
        }
        return str;
    }
    private void SendRoomsInfoToAllUsers()
    {
        int userCount = CC.Users.Count;
        string roomInfo = this.GetTablesInfo();
        foreach (var user in CC.Users)
        {
            user.callback.UpdateTablesInfo(roomInfo, userCount);
        }
    }
}
```

（8）修改主程序

主程序设计界面和实现代码见 MainWindow.xaml 及其代码隐藏类。由于设计界面比较简单，这里不再列出 XAML 代码，只列出代码隐藏类中的实现代码。

MainWindow.xaml.cs 文件的主要代码如下。

```csharp
public partial class MainWindow : Window
{
    private ServiceHost host;
    public MainWindow()
    {
        InitializeComponent();
        this.Closing += MainWindow_Closing;
    }
    void MainWindow_Closing(object sender, System.ComponentModel.CancelEventArgs e)
    {
        if (host != null)
        {
            if (host.State == CommunicationState.Opened)
            {
                host.Close();
            }
        }
    }
    private void btnStart_Click(object sender, RoutedEventArgs e)
    {
        ChangeState(btnStart, false, btnStop, true);
        host = new ServiceHost(typeof(RndGameService));
        host.Open();
        textBlock1.Text += "本机服务已启动，监听的 Uri 为：\n";
        foreach (var v in host.Description.Endpoints)
        {
            textBlock1.Text += v.ListenUri.ToString() + "\n";
        }
    }
    private void btnStop_Click(object sender, RoutedEventArgs e)
    {
        host.Close();
        textBlock1.Text += "本机服务已关闭\n";
        ChangeState(btnStart, true, btnStop, false);
    }
    private static void ChangeState(Button btnStart, bool isStart,
        Button btnStop, bool isStop)
    {
        btnStart.IsEnabled = isStart;
        btnStop.IsEnabled = isStop;
    }
}
```

（9）更改服务端配置

将 App.config 文件改为下面的代码。

```xml
<?xml version="1.0" encoding="utf-8" ?>
<configuration>
    <startup>
        <supportedRuntime version="v4.0" sku=".NETFramework,Version=v4.5" />
    </startup>
  <system.serviceModel>
```

```
    <behaviors>
      <serviceBehaviors>
        <behavior name="">
          <serviceMetadata httpGetEnabled="true" httpsGetEnabled="true" />
          <serviceDebug includeExceptionDetailInFaults="true" />
        </behavior>
      </serviceBehaviors>
    </behaviors>
    <services>
      <service name="NetTcpServer.RndGameService">
        <endpoint address="net.tcp://localhost:51888/RndGameService/"
                  binding="netTcpBinding" contract="NetTcpServer.IRndGameService">
        <identity>
          <dns value="localhost" />
        </identity>
      </endpoint>
      <host>
        <baseAddresses>
<add baseAddress = "http://localhost:8733/Design_Time_Addresses/RndGameService/" />
        </baseAddresses>
      </host>
    </service>
  </services>
  </system.serviceModel>
</configuration>
```

代码中的 "http://localhost:8733/Design_Time_Addresses/RndGameService/" 是调试用的默认 URI，调试程序时不要修改 Design_Time_Addresses 这个关键字，此关键字的用途是可确保即使以非管理员身份运行 VS2012，也能正常调试和运行自承载程序。

按<F5>键调试运行。

客户端添加服务引用时，服务端必须处于运行状态，否则无法找到对应的服务。

3. 客户端编程

客户端使用的也是【WPF 应用程序】模板，完整的源程序见 NetTcpClient 解决方案，下面介绍主要设计步骤。

（1）添加服务引用

运行服务端程序，并确保已经启动了服务，然后鼠标右键单击【引用】，选择【添加服务引用】命令，在添加服务引用地址栏中输入下面的地址：

```
http://localhost:8733/Design_Time_Addresses/RndGameService/
```

此时系统自动找到对应的服务 RndGameService，选中该服务，并将服务引用的名称修改为 RndGameServiceReference，单击【确定】按钮，此时系统就会自动生成客户端代码，并自动修改客户端配置。

（2）编写客户端代码

客户端主要实现代码在 ClientWindow.xaml 及其代码隐藏类中。由于客户端界面设计以及其他源程序中的代码与 HTTP 应用编程中五子棋游戏客户端相关文件的代码非常相似，所以这里不再一一列出，而是只列出 ClientWindow.xaml.cs 文件的代码实现。

ClientWindow.xaml.cs 文件的主要代码如下。

```
public partial class ClientWindow : Window, IRndGameServiceCallback
{
```

```
public string UserName
{
    get { return textBoxUserName.Text; }
    set { textBoxUserName.Text = value; }
}
private const int max = 16;  //棋盘行列最大值
private int maxTables;
private int tableIndex = -1;  //房间中所坐的游戏桌号，-1 表示未进入房间
private int tableSide = -1;   //游戏桌座位号,0:黑方,1:白方,-1:未入座
private bool isGameStart = false;  //是否已开始游戏
private Border[,] rooms;  //每个房间一桌
private int[,] grid = new int[max, max]; //保存颜色，用于消点时进行判断
private bool isFromServer;
private Image[,] images = new Image[max, max];
RndGameServiceReference.RndGameServiceClient client;
public ClientWindow()
{
    InitializeComponent();
    this.Closing += MainWindow_Closing;
    ChangeRoomsVisible(false);
    ChangePlayerRoomVisible(false);
}
void MainWindow_Closing(object sender, System.ComponentModel.CancelEventArgs e)
{
    ChangeState(btnLogin, true, btnLogout, false);
    if (client != null)
    {
        if (tableIndex != -1)  //如果在房间内，要求先返回大厅
        {
            MessageBox.Show("请先返回大厅，然后再退出");
            e.Cancel = true;
        }
        else
        {
            client.Logout(UserName);  //从大厅退出
            client.Close();
        }
    }
}
private void ChangeRoomsVisible(bool visible)
{
    if (visible == false)
    {
        gridRooms.Visibility = System.Windows.Visibility.Collapsed;
        gridMessage.Visibility = System.Windows.Visibility.Collapsed;
    }
    else
    {
        gridRooms.Visibility = System.Windows.Visibility.Visible;
        gridMessage.Visibility = System.Windows.Visibility.Visible;
    }
}
private void ChangePlayerRoomVisible(bool visible)
```

```
{
    if (visible == false)
    {
        gridRoom.Visibility = System.Windows.Visibility.Collapsed;
    }
    else
    {
        gridRoom.Visibility = System.Windows.Visibility.Visible;
    }
}
private void AddMessage(string str)
{
    TextBlock t = new TextBlock();
    t.Text = str;
    t.Foreground = Brushes.Blue;
    listBoxMessage.Items.Add(t);
}
private void AddColorMessage(string str, SolidColorBrush color)
{
    TextBlock t = new TextBlock();
    t.Text = str;
    t.Foreground = color;
    listBoxMessage.Items.Add(t);
}
private static void ChangeState(Button btnStart, bool isStart,
                               Button btnStop, bool isStop)
{
    btnStart.IsEnabled = isStart;
    btnStop.IsEnabled = isStop;
}
//单击登录按钮引发的事件
private void btnLogin_Click(object sender, RoutedEventArgs e)
{
    this.Cursor = Cursors.Wait;
    UserName = textBoxUserName.Text;
    InstanceContext context = new InstanceContext(this);
    client = new RndGameServiceReference.RndGameServiceClient(context);
    serviceTextBlock.Text = "服务端地址: " + client.Endpoint.ListenUri.ToString();
    try
    {
        client.Login(textBoxUserName.Text);
        ChangeState(btnLogin, false, btnLogout, true);
    }
    catch (Exception ex)
    {
        MessageBox.Show("与服务端连接失败: " + ex.Message);
        return;
    }
    this.Cursor = Cursors.Arrow;
}
//单击退出按钮引发的事件
private void btnLogout_Click(object sender, RoutedEventArgs e)
{
    this.Close(); //在窗口的 Closing 事件中处理退出操作
```

```
    }
    //在某个座位坐下时引发的事件
    private void RoomSide_MouseDown(object sender, MouseButtonEventArgs e)
    {
        btnLogout.IsEnabled = false;
        Border border = e.Source as Border;
        if (border != null)
        {
            string s = border.Tag.ToString();
            tableIndex = int.Parse(s[0].ToString());
            tableSide = int.Parse(s[1].ToString());
            client.SitDown(UserName, tableIndex, tableSide);
        }
    }
    //单击发送按钮引发的事件
    private void btnSend_Click(object sender, RoutedEventArgs e)
    {
        client.Talk(tableIndex, UserName, textBoxTalk.Text);
    }
    //在对话文本框中按回车键时引发的事件
    private void textBoxTalk_KeyDown(object sender, KeyEventArgs e)
    {
        if (e.Key == Key.Enter)
        {
            client.Talk(tableIndex, UserName, textBoxTalk.Text);
        }
    }
    /// <summary>当游戏难度级别发生变化时引发的事件</summary>
    private void radioButton_Checked(object sender, RoutedEventArgs e)
    {
        if (client == null) return;
        if (isFromServer == true) return;
        RadioButton r = (RadioButton)e.Source;
        client.SetLevel(tableIndex, int.Parse(r.Name[2].ToString()));
    }
    //单击开始按钮引发的事件
    private void btnStart_Click(object sender, RoutedEventArgs e)
    {
        client.Start(UserName, tableIndex, tableSide);
        btnStart.IsEnabled = false;
    }
    //单击返回大厅按钮引发的事件
    private void btnReturn_Click(object sender, RoutedEventArgs e)
    {
        client.GetUp(tableIndex, tableSide);
        if (tableSide == 0) textBlockBlackUserName.Text = "";
        else textBlockWhiteUserName.Text = "";
        this.tableIndex = -1;
        this.tableSide = -1;
        ChangeState(btnStart, true, btnLogout, true);
        listBoxMessage.Items.Clear();
        ChangePlayerRoomVisible(false);
    }
    //在棋盘上单击鼠标左键时引发的事件
```

```csharp
private void Image_MouseDown(object sender, MouseButtonEventArgs e)
{
    if (isGameStart == false) return;
    Point point = e.GetPosition(canvas1);
    int x = (int)(point.X + 10) / 20;
    int y = (int)(point.Y + 10) / 20;
    if (!(x < 1 || x > max - 1 || y < 1 || y > max - 1))
    {
        if (grid[x - 1, y - 1] != -1)
        {
            client.UnsetDot(tableIndex, x - 1, y - 1);
        }
    }
}
#region 实现 IRndGameServiceCallback 接口
/// <summary>有用户登录</summary>
public void ShowLogin(string loginUserName, int maxTables)
{
    if (loginUserName == UserName)
    {
        ChangeRoomsVisible(true);
        this.maxTables = maxTables;
        this.CreateTables();
    }
    AddMessage(loginUserName + "进入大厅。");
}
/// <summary>其他用户退出</summary>
public void ShowLogout(string userName)
{
    AddMessage(userName + "退出大厅。");
}
/// <summary>用户入座</summary>
public void ShowSitDown(string userName, int side)
{
    if (side == tableSide)
    {
        isGameStart = false;
        btnLogout.IsEnabled = false;
        btnStart.IsEnabled = true;
        listBoxRooms.IsEnabled = false;//返回大厅前不允许再坐到另一个位置
        textBlockRoomNumber.Text = "桌号: " + (tableIndex + 1);
        ChangePlayerRoomVisible(true);
    }
    if (side == 0)
    {
        textBlockBlackUserName.Text = "黑方: " + userName;
        AddMessage(string.Format("{0}在房间{1}黑方入座。", userName, tableIndex + 1));
    }
    else
    {
        textBlockWhiteUserName.Text = "白方: " + userName;
        AddMessage(string.Format("{0}在房间{1}白方入座。", userName, tableIndex + 1));
    }
```

```
    }
    /// <summary>用户离座</summary>
    public void ShowGetUp(string userName, int side)
    {
        if (side == tableSide)
        {
            isGameStart = false;
            btnLogout.IsEnabled = true;
            listBoxRooms.IsEnabled = true;//返回大厅后允许再坐到另一个位置
            AddMessage(UserName + "返回大厅。");
            this.tableIndex = -1;
            this.tableSide = -1;
            ChangePlayerRoomVisible(false);
        }
        else
        {
            if (isGameStart)
            {
                AddMessage(userName + "逃回大厅，游戏终止。");
                isGameStart = false;
                btnStart.IsEnabled = true;
            }
            else
            {
                AddMessage(userName + "返回大厅。");
            }
            if (side == 0) textBlockBlackUserName.Text = "";
            else textBlockWhiteUserName.Text = "";
        }
    }
    public void ShowStart(int side)
    {
        ResetGrid();
        if (side == 0) AddMessage("黑方已开始。");
        else AddMessage("白方已开始。");
    }
    public void ShowTalk(string userName, string message)
    {
        AddColorMessage(string.Format("{0}: {1}", userName, message), Brushes.Black);
    }
    public void GameStart()
    {
        this.isGameStart = true;   //为 true 时才可以放棋子
    }
    public void ShowWin(string message)
    {
        AddColorMessage("\n" + message + "\n", Brushes.Red);
        btnStart.IsEnabled = true;
        this.isGameStart = false;
    }
    public void UpdateTablesInfo(string tablesInfo, int userCount)
    {
        textBlockMessage.Text = string.Format("在线人数: {0}", userCount);
```

```
        for (int i = 0; i < maxTables; i++)
        {
            for (int j = 0; j < 2; j++)
            {
                if (tableIndex == -1)
                {
                    if (tablesInfo[2 * i + j] == '0')
                    {
                        rooms[i, j].Child.Visibility = System.Windows.Visibility.Hidden;
                        rooms[i, j].Child.IsEnabled = true;
                    }
                    else
                    {
                        rooms[i, j].Child.Visibility =
                            System.Windows.Visibility.Visible;
                        rooms[i, j].Child.IsEnabled = false;
                    }
                }
                else
                {
                    rooms[i, j].Child.IsEnabled = false;
                    if (tablesInfo[2 * i + j] == '0')
                    {
                        rooms[i, j].Child.Visibility = System.Windows.Visibility.Hidden;
                    }
                    else rooms[i, j].Child.Visibility =
                            System.Windows.Visibility.Visible;
                }
            }
        }
    }
    public void UpdateLevel(int level)
    {
        isFromServer = true;
        switch (level)
        {
            case 1: rb1.IsChecked = true; break;
            case 2: rb2.IsChecked = true; break;
            case 3: rb3.IsChecked = true; break;
            case 4: rb4.IsChecked = true; break;
            case 5: rb5.IsChecked = true; break;
        }
        isFromServer = false;
    }
    /// <summary>设置棋子状态。参数：行，列，颜色</summary>
    public void GridSetDot(int i, int j, int color)
    {
        grid[i, j] = color;
        if (color == 0) images[i, j] = new Image() { Source = blackImage.Source };
        else images[i, j] = new Image() { Source = whiteImage.Source };
        Canvas.SetLeft(images[i, j], (i + 1) * 20 - 10);
        Canvas.SetTop(images[i, j], (j + 1) * 20 - 10);
        images[i, j].MouseLeftButtonDown += GridImage_MouseLeftButtonDown;
        canvas1.Children.Add(images[i, j]);
    }
    void GridImage_MouseLeftButtonDown(object sender, MouseButtonEventArgs e)
```

```
{
    Point point = e.GetPosition(canvas1);
    int x = (int)(point.X + 10) / 20;
    int y = (int)(point.Y + 10) / 20;
    if (!(x < 1 || x > max || y < 1 || y > max))
    {
        if (grid[x - 1, y - 1] != -1)
        {
            client.UnsetDot(tableIndex, x - 1, y - 1);
        }
    }
}
public void GridUnsetDot(int i, int j)
{
    grid[i, j] = -1;
    canvas1.Children.Remove(images[i, j]);
    images[i, j] = null;
    canvas1.InvalidateVisual();
}
#endregion
#region 接口调用的方法
/// <summary>创建游戏桌</summary>
private void CreateTables()
{
    this.rooms = new Border[maxTables, 2];
    //创建游戏大厅中的房间（每房间一个游戏桌）
    for (int i = 0; i < maxTables; i++)
    {
        int j = i + 1;
        StackPanel sp = new StackPanel()
        {
            Orientation = Orientation.Horizontal,
            Margin = new Thickness(5)
        };
        TextBlock text = new TextBlock()
        {
            Text = "房间" + (i + 1),
            VerticalAlignment = System.Windows.VerticalAlignment.Center,
            Width = 40
        };
        rooms[i, 0] = new Border()
        {
            Tag = i + "0",
            Background = Brushes.White,
            Child = new Image()
            {
                Source = ((Image)this.Resources["player"]).Source,
                Height = 25
            }
        };
        Image image = new Image()
        {
            Source = ((Image)this.Resources["smallBoard"]).Source,
            Height = 25
        };
```

```
        rooms[i, 1] = new Border()
        {
            Tag = i + "1",
            Background = Brushes.White,
            Child = new Image()
            {
                Source = ((Image)this.Resources["player"]).Source,
                Height = 25
            }
        };
        rooms[i, 0].MouseDown += RoomSide_MouseDown;
        rooms[i, 1].MouseDown += RoomSide_MouseDown;
        sp.Children.Add(text);
        sp.Children.Add(rooms[i, 0]);
        sp.Children.Add(image);
        sp.Children.Add(rooms[i, 1]);
        listBoxRooms.Items.Add(sp);
    }
}
/// <summary>重置棋盘</summary>
private void ResetGrid()
{
    for (int i = 0; i < max; i++)
    {
        for (int j = 0; j < max; j++)
        {
            if (grid[i, j] != -1)
            {
                grid[i, j] = -1;
                canvas1.Children.Remove(images[i, j]);
                images[i, j] = null;
            }
        }
    }
}
#endregion //接口调用的方法
}
```

按<F5>键调试运行。

再次提醒一下，在实际的项目中，一个应用程序中应该只创建一个客户端。例子中同时创建两个客户端的目的仅仅是为了方便读者理解和观察。

习　　题

1. TCP 有哪些主要特点？
2. 解决 TCP 的无消息边界问题有哪些常用的办法？
3. 简述基于任务的异步 TCP 编程和直接用 Thread 实现的主要区别。
4. 简要回答用 WCF 编写 TCP 服务器端和客户端程序的一般步骤。

第 10 章
WCF 和 UDP 应用编程

UDP（User Datagram Protocol，用户数据报协议）是简单的、面向数据报的无连接协议，提供了快速但不一定可靠的传输服务。

10.1 UDP 应用编程概述

UDP 也是构建于 IP 之上的传输层协议。编写 UDP 应用程序时，不必与对方先建立连接，这与发手机短信非常相似，只要输入对方的手机号码就可以了，不用考虑对方手机处于什么状态。

10.1.1 UDP 基本知识

UDP 的主要作用是将网络数据流量压缩成数据报的形式，每一个数据报用 8 个字节描述报头信息，剩余字节包含具体的传输数据。

1. UDP 的特点

由于 UDP 传输速度快，而且可以一对多传输，因此特别适用于向多个用户同时发送消息的场合。比如即时新闻发布、股票即时行情发布、网络会议、电视转播、影音传输等都可以用 UDP 来实现。

在这些应用中，由于发送方需要向大量客户同时发送相同的信息，此时如果用 TCP 或者 HTTP 作为传输协议，就会导致发送方带宽急剧消耗和网络拥挤。当然，如果重点在于信息的完整性而不是速度，此时应该用 TCP 或者 HTTP 来实现。

从应用的角度来看，UDP 的特点如下。

（1）UDP 可以一对多传输

UDP 不但支持一对一通信，而且支持一对多通信。或者说，利用 UDP 可以使用多播技术同时向多个接收方发送信息。TCP 虽然可以保证数据可靠传输、有序到达，但 TCP 仅支持一对一的传输，传输时需要在发送方和每一个接收方之间都建立单独的数据通道。

（2）UDP 传输速度比 TCP 快

由于 UDP 不需要先与对方建立连接，也不需要传输确认，因此其数据传输速度比 TCP 快得多。

（3）UDP 有消息边界

使用 UDP 不需要考虑消息边界问题。

（4）UDP 不保证有序传输

UDP 不确保数据的发送顺序和接收顺序一致。对于突发性的数据报，有可能会乱序。但是，这种乱序性基本上很少出现，通常只会在网络非常拥挤的情况下才有可能发生。

（5）UDP 可靠性不如 TCP

UDP 不提供数据传送的保证机制。如果在从发送方到接收方的传递过程中出现数据报的丢失，协议本身并不能做出任何检测或提示。因此，通常人们把 UDP 称为不可靠的传输协议。

2．单播、广播和多播

用 UDP 实现通信时，有单播、广播和组播几种形式。

（1）单播

单播是指只向某个指定的远程主机发送信息，这种方式本质上属于一对一的通信。

（2）广播

广播是指同时向子网中的多台计算机发送消息，分为本地广播和全球广播。

本地广播是指向子网中的所有计算机发送广播消息，其他网络不会受到本地广播的影响。全球广播是指使用所有位全为 1 的 IP 地址（对于 IPv4 来说指 255.255.255.255），但是，由于路由器默认会自动过滤掉全球广播，所以使用这个地址没有实际意义。

在前面的学习中，我们已经知道了 IP 地址分为两部分，即网络标识部分和主机标识部分，这两部分是靠子网掩码来区分的，我们把主机标识部分二进制表示全部为 1 的地址称为本地广播地址。例如，对于 B 类网络 192.168.0.0，使用子网掩码 255.255.0.0，则本地广播地址是 192.168.255.255，用二进制表示为 11000000.10101000.11111111.11111111。其中，前两个字节（网络标识部分）表示子网编号；后两个字节（主机标识部分）全为 1，表示向该子网内的所有用户发送消息。

仍以 192.168.0.0 为例，如果子网掩码为 255.255.255.0，则本地广播地址是 192.168.0.255。192.168.0 为网络标识部分，255 表示 192.168.0 子网中的所有主机。

当所有接收者都位于单个子网中时，广播的通信模式能够满足一对多的通信需要，比如在学生上机练习的机房内发送"5 分钟内将要关闭"的广播通知等。

当接收者分布于多个不同的子网内时，比如跨国公司的各个子公司、即时通信软件中的"群"等应用，广播将不再适用，对于这些情况，可以用多路广播来实现。

（3）多播（组播）

多播也叫多路广播，由于多播是分组的，所以也叫组播。

对于 IPv4 来说，多播是指在 224.0.0.0 到 239.255.255.255 的 D 类 IP 地址范围内进行广播（第 1 个字节在 224～239 之间）。或者说，发送方程序通过这些范围内的某个地址发送数据，接收方程序也监听并接收来自这些地址范围的数据。

用 C#语言判断某个 IP 地址是否在多播（组播）范围内的代码如下。

```
private bool IsMulticastAddress(IPAddress address)
{
    if (address.AddressFamily == AddressFamily.InterNetwork)
    {
        //该地址为IPv4
        byte[] addressBytes = address.GetAddressBytes();
        //将第1个字节和11100000相与，如果结果仍为11100000,说明该地址在多播范围内
        return ((addressBytes[0] & 0xE0) == 0xE0);
    }
    else
    {
```

```
                        //该地址为 IPv6
        return address.IsIPv6Multicast;//true 表示该地址在 IPv6 多播范围内
    }
}
```

这段代码检查发送方地址的第一个字节，查看它是否包含 0xE0，如果包含 0xE0，说明该地址是一个多播地址。

但是，多播只能将消息从一台计算机发送到加入指定多播组的计算机上。如果安装在目标计算机上的程序不加入多播组，则无法收到多播信息，我们使用 QQ 时，不加入某个群就无法收到群消息就是这个道理。

10.1.2　UDP 应用编程的技术选择

编写 UDP 应用程序时，可选择以下技术。

1. 用 Socket 类实现

第 1 种方式是直接用 System.Net.Sockets 命名空间下的 Socket 类来实现。采用这种方式时，需要程序员编写的代码最多，所有底层处理的细节都需要程序员自己去考虑。

2. 用 UdpClient 和多线程实现

第 2 种方式是用 System.Net.Sockets 命名空间下的 UdpClient 类和 Thread 类来实现。UdpClient 类对基础 Socket 进行了封装，发送和接收数据时不必考虑套接字收发时必须处理的细节问题，在一定程度上降低了用 Socket 编写 UDP 应用程序的难度，提高了编程效率。

3. 用 UdpClient 和多任务实现

第 3 种方式是用 UdpClient 类以及基于任务的编程模型（Task 类）来实现。用多任务实现比直接用多线程实现更有优势。

4. 用 WCF 实现

第 4 种方式是用 WCF 来实现，即将 WCF 和 UDP 通过配置绑定在一起，这是对 Socket 进行的另一种形式的封装。利用它编写 UDP 应用程序时，程序员只需要将重点放在如何实现业务逻辑功能即可，而 UDP 通信过程中涉及的所有底层细节则由 WCF 自己去处理。采用这种方式时，既能确保应用程序的健壮性，又能实现快速开发。

在.NET 框架 4.0 及更高版本中，第 3 种和第 4 种是建议的做法。在.NET 框架 3.5 及更低版本中，只能用第 1 种和第 2 种方式实现。

10.2　利用任务模型实现 UDP 应用编程

UDP 的重要用途是除了一对一通信外，还可以通过广播或组播实现一对多的通信，即可以一次性地把数据发送到一组远程主机中。例如，用 UDP 实现类似 QQ、飞信等即时通信软件的群发功能等，此时加入到某个"群"实际上就是加入到某个多播组。

10.2.1　利用 UdpClient 类发送和接收数据

System.Net.Sockets 名称空间下的 UdpClient 类对基础套接字进行了一定程度的封装，同时还可以用它直接调用基础套接字提供的功能。

TCP 有 TcpListener 类和 TcpClient 类，而 UDP 只有 UdpClient 类，这是因为 UDP 是无连接的协议，所以只需要一种 Socket。

用 UdpClient 对象和基于任务的编程模型编写 UDP 应用程序时，重点在于如何实现数据的发送和接收。由于 UDP 不需要发送方和接收方先建立连接，因此发送方可以在任何时候直接向指定的远程主机发送 UDP 数据报。在这种模式中，发送方是客户端，具有监听功能的接收方是服务端。

1. UdpClient 类的常用构造函数

UdpClient 类提供了多种重载的构造函数，分别用于 IPv4 和 IPv6 的数据收发。在这些构造函数中，最常用的重载形式就是带本地终节点参数的构造函数，语法如下。

```
public UdpClient(IPEndPoint localEp)
```

用这种构造函数创建的 UdpClient 对象会自动与参数中指定的本地终结点绑定在一起。绑定的目的是为了监听来自其他远程主机的数据报。例如：

```
IPAddress localAddress = ...//得到一个 IPv4 地址，此处省略了相关代码
IPEndPoint localEndPoint = new IPEndPoint(localAddress, 51666);
UdpClient client =new UdpClient(localEndPoint);
```

用这种构造函数创建 UdpClient 对象后，利用它调用 Send 方法发送数据时，系统会自动选择本地合适的 IP 地址和端口号，参数中只需要指定远程主机的终节点即可。

除了该构造函数以外，其他的构造函数都是为了某些特殊用途，这里不再介绍。

2. 同步发送和接收数据

在同步阻塞方式下，可以用 UdpClient 对象的 Send 方法向远程主机发送数据，用 Receive 方法接收来自远程主机的数据。

（1）发送数据

用 UdpClient 对象的 Send 方法同步发送数据时，该方法返回已发送的字节数。

Send 方法有多种重载形式，这里只介绍最常用的重载形式，语法如下。

```
public int Send(byte[] data, int length, IPEndPoint remoteEndPoint)
```

采用这种方式同步发送数据时，只需要指定远程终节点，而本机终节点则由系统自动提供（即自动使用绑定的本地终节点）。另外，如果远程主机已经加入到多路广播组中，还可以用它发送多播信息，即实现群发功能。

下面的代码演示了如何利用 UdpClient 对象向指定的远程主机发送信息。

```
......
byte[] sendBytes= Encoding.Unicode.GetBytes("你好!");
client.Send(sendBytes , sendBytes.Length, remoteIPEndPoint);
```

（2）接收数据

UdpClient 对象的 Receive 方法用于获取来自远程主机的 UDP 数据报，语法如下。

```
public byte[] Receive(ref IPEndPoint remoteEndPoint)
```

下面的代码演示了如何在单独的线程中利用任务同步接收所有远程主机发来的数据报。

```
void ChatExample_Loaded(object sender, RoutedEventArgs e)
{
    client = new UdpClient(localEndPoint);
    Task.Run(() =>
    {
```

```
    while (true)
    {
        IPEndPoint remote = null;
        byte[] bytes = client.Receive(ref remote);
        string s = Encoding.Unicode.GetString(bytes);
    }
});
}
```

由于刚开始并不知道谁会向本地监听的端口发来数据，所以 remote 初值为 null。但是，一旦
Receive 方法接收到数据，即可通过 remote 知道远程主机是谁。

为了方便理解，也可以用下面的语句代替这段代码中与 remote 相关的语句。

```
IPEndPoint remote = new IPEndPoint(IPAddress.Any, 0);
```

在这条语句中，参数中的 IPAddress.Any 表示发送方的 IP 地址可以是任何 IP 地址，0 表示发
送方的端口号可以是任何端口号。换句话说，不论对方的 IP 地址和端口号是什么，只要向本地监
听的端口发数据，通过这种方式都能接收到。但是，由于在接收到数据报之前并不知道谁会发来
数据，所以该对象的初值实际上就是 null。

当程序执行到 Receive 方法时，调用该方法的线程将阻止执行，即不会继续执行其下面的语
句，直到接收到远程主机发来的数据为止。

3. 异步发送和接收数据

对于执行时间可能较长的任务，或者无法预测用时到底有多长的任务，最好用基于任务的异
步编程来实现（调用 UdpClient 对象的 SendAsync 方法和 ReceiveAsync 方法）。使用这种办法的好
处是收发数据时，用户界面不会出现停顿现象。

下面的代码演示了如何异步发送数据。

```
private async void btnSend_Click(object sender, RoutedEventArgs e)
{
    ......
    await client.SendAsync(bytes, bytes.Length, remoteEndPoint);
}
```

下面的代码演示了如何异步接收数据。

```
void ChatExample_Loaded(object sender, RoutedEventArgs e)
{
    ......
    Task.Run(() => ReceiveDataAsync());
}
public async void ReceiveDataAsync()
{
    while (true)
    {
        var result = await client.ReceiveAsync();
        string s = Encoding.Unicode.GetString(result.Buffer);
        textBlock1.Dispatcher.Invoke(() =>
        {
            textBlock1.Text += string.Format(
                "来自{0}: {1}\n", result.RemoteEndPoint, s);
        });
    }
}
```

异步接收数据时，ReceiveAsync 方法没有参数，通过该方法的返回值可判断接收的数据来自哪个远程主机。另外，任务是在后台通过单独的线程执行的，当关闭窗口时，会自动停止该任务。

如果不使用单独的后台线程执行任务，也可以直接调用异步方法。例如：

```
void ChatExample_Loaded(object sender, RoutedEventArgs e)
{
    ......
    ReceiveDataAsync();
}
```

这种方式的好处是代码中可直接与界面交互，不需要再通过控件的调度器来实现。在网络会议讨论的例子中，采用的就是这种办法。

4. 基本用法示例

下面通过例子说明利用 UdpClient 收发数据的基本方法。

【例 10-1】演示用 UdpClient 收发数据的基本用法，运行效果如图 10-1 所示。

图 10-1　例 10-1 的运行效果

该例子的源程序在 UdpClientExamples 项目的 ChatExample.xaml 及其代码隐藏类中。ChatExample.xaml.cs 的主要代码如下。

```
public partial class ChatExample : Window
{
    public IPEndPoint localEndPoint { get; set; }
    public IPEndPoint remoteEndPoint { get; set; }
    private UdpClient client;
    public ChatExample()
    {
        InitializeComponent();
        this.Loaded += ChatExample_Loaded;
    }
    void ChatExample_Loaded(object sender, RoutedEventArgs e)
    {
        client = new UdpClient(localEndPoint);
        AddInfo("监听的 IP 地址和端口: {0}\n", localEndPoint);
        Task.Run(() => ReceiveDataAsync());
    }
    public async void ReceiveDataAsync()
    {
        while (true)
        {
            var result = await client.ReceiveAsync();
            string s = Encoding.Unicode.GetString(result.Buffer);
            AddInfo("来自{0}: {1}\n", result.RemoteEndPoint, s);
        }
    }
```

```
        private async void btnSend_Click(object sender, RoutedEventArgs e)
        {
            string s = textBoxSend.Text;
            byte[] bytes = Encoding.Unicode.GetBytes(s);
            await client.SendAsync(bytes, bytes.Length, remoteEndPoint);
            AddInfo("向{0}发送: {1}\n", remoteEndPoint, s);
        }
        private void AddInfo(string format, params object[] args)
        {
            textBlock1.Dispatcher.Invoke(() =>
            {
                textBlock1.Text += string.Format(format, args);
            });
        }
    }
```

在这个例子中，为了观察方便，在 MainWindow.xaml.cs 中同时创建了两个客户端，一个客户端监听端口 8001，另一个客户端监听端口 8002。注意由于两个客户端运行在同一台计算机上，而 UdpClient 规定一台计算机只允许一个端口处理数据报，所以不能两个客户端同时监听同一个端口。

MainWindow.xaml.cs 中的相关代码如下。

```
public partial class MainWindow : Window
{
    private IPAddress ip;
    public MainWindow()
    {
        InitializeComponent();
        //获取本机所有 IPv4 地址
        IPAddress[] ips = Dns.GetHostAddresses(Dns.GetHostName());
        foreach (var v in ips)
        {
            //判断是否为 IPv4
            if (v.AddressFamily == AddressFamily.InterNetwork)
            {
                ip = v;  break;
            }
        }
    }
    private void btn1_click(object sender, RoutedEventArgs e)
    {
        ChatExample w1 = new ChatExample()
        {
            Title = "客户端1",  Owner = this,
            Left = this.Left - 360,  Top = this.Top - 50,
            localEndPoint = new IPEndPoint(ip, 8001),
            remoteEndPoint = new IPEndPoint(ip, 8002)
        };
        w1.textBoxSend.Text = "你还好吧! ";   w1.Show();
        ChatExample w2 = new ChatExample()
        {
            Title = "客户端2",  Owner = this,
            Left = this.Left + 210,  Top = this.Top - 50,
            localEndPoint = new IPEndPoint(ip, 8002),
```

```
            remoteEndPoint = new IPEndPoint(ip, 8001)
        };
        w2.textBoxSend.Text = "嗯? ";  w2.Show();
    }
}
```

分别在不同的客户端窗口中发送一些信息，观察另一个窗口是否能收到消息。

10.2.2　利用 UdpClient 实现群发功能

通过一对多的方式，可以将 UDP 数据报发送到多台远程主机中，从而实现网络会议通知、即时新闻、广告、网络信息公告等应用中的群发功能，比如某个企业集团向其所属的分公司或子网发布信息公告等。

不论实现的逻辑功能是什么，利用 UDP 发送和接收数据的程序编写思路都是一样的，区别仅仅是一些实现细节不同。

1. 加入和退出多播组

前面我们说过，多播是指在 224.0.0.0 到 239.255.255.255 的 D 类 IP 地址范围内进行广播（第 1 个字节在 224～239 之间）。如果指定的地址在此范围之外，或者所请求的路由器不支持多路广播，则 UdpClient 将引发 SocketException 异常。

多播组可以是永久的，也可以是临时的。在实际应用中，大多数多播组都是临时的，即仅在多播组中有成员的时候才存在。

凡是加入到多播组的接收端都可以接收来自多播发送端发送的数据。但是，如果不加入多播组，则无法接收多播数据。

在 QQ 软件中，我们说创建一个群实际上就是创建一个多播组。

向多播组发送数据时，需要先创建一个 UdpClient 对象。例如：

```
UdpClient client = new UdpClient("224.0.0.1", 8001);
```

使用多播时，应注意的是该对象 TTL（Time To Live，生存周期）值的设置。TTL 值是允许路由器转发的最大次数，默认值为 64，当达到这个最大值时，数据包就会被丢弃。

利用 UdpClient 对象的 Ttl 属性可修改 TTL 的默认值，例如：

```
UdpClient udpClient = new UdpClient( );
udpClient.Ttl = 50;
```

该语句设置 TTL 的值为 50，即最多允许 50 次路由器转发。

（1）加入多播组

利用 UdpClient 对象的 JoinMulticastGroup 方法可加入到指定的多播组中，该方法有两种常用的重载形式。

```
JoinMulticastGroup(IPAddress multicastAddr)
JoinMulticastGroup(IPAddress multicastAddr,int timeToLive)
```

调用 JoinMulticastGroup 方法后，基础 Socket 会自动让该对象成为多播组的成员。一旦成为多播组成员，就可以用该对象接收来自该多播组的数据。例如：

```
//创建 UdpClient 的实例并设置本地监听的端口号
UdpClient udpClient=new UdpClient(8001);
udpClient.JoinMulticastGroup(IPAddress.Parse("224.0.0.1"));
```

也可以将 TTL 与 UdpClient 一起添加到多路广播组。例如：

```
UdpClient udpClient=new UdpClient(8001);
udpClient.JoinMulticastGroup(IPAddress.Parse("224.100.0.1"), 50);
```

代码中的 50 为 TTL 值。

（2）退出多播组

利用 UdpClient 的 DropMulticastGroup 方法可以退出多播组。参数中指出要退出多播组的 IPAddress 对象。调用 DropMulticastGroup 方法后，基础 Socket 会自动请求从指定的多播组中退出。UdpClient 从组中退出之后，将不能再接收发送到该组的数据报。例如：

```
udpClient.DropMulticastGroup(IPAddress.Parse("224.100.0.1"));
```

2. 是否允许接收多播

利用 UdpClient 对象的 MulticastLoopback 属性可控制是否允许接收多播信息。该属性默认为 true，即允许接收多播。例如，加入到某个群后，如果不希望接收来自该群的信息，此时将该属性设置为 false 即可。

3. 基本用法示例

下面通过例子说明多播的基本用法。

【例 10-2】演示用 UdpClient 实现多播的基本用法，运行效果如图 10-2 所示。

图 10-2　例 10-2 的运行效果

为了便于观察，例子在同一台计算机上分别监听了 8001 和 8002 两个端口。在实际的项目中，由于一个应用程序只需要一个客户端，所以只需要监听一个端口就行了。

该例子的源程序在 UdpClientExamples 项目的 MulticastGroupExample.xaml 及其代码隐藏类中。MulticastGroupExample.xaml.cs 的主要代码如下。

```csharp
public partial class MulticastGroupExample : Window
{
    public IPEndPoint localEndPoint { get; set; }
    private IPAddress multicastAddress = IPAddress.Parse("224.0.0.1");
    private IPEndPoint multicastEndPoint1, multicastEndPoint2;
    private bool isExit = false;
    private UdpClient client;
    public MulticastGroupExample()
    {
        InitializeComponent();
        multicastEndPoint1 = new IPEndPoint(multicastAddress, 8001);
        multicastEndPoint2 = new IPEndPoint(multicastAddress, 8002);
        this.Loaded += BroadcastExample_Loaded;
        this.Closing += BroadcastExample_Closing;
```

```
    }
    void BroadcastExample_Loaded(object sender, RoutedEventArgs e)
    {
        textBlockTip.Text = string.Format("在端口{0}监听，加入的多播组为{1}",
            localEndPoint.Port, multicastAddress);
        client = new UdpClient(localEndPoint);
        client.JoinMulticastGroup(multicastAddress);
        Task.Run(() => ReceiveDataAsync());
    }
    void BroadcastExample_Closing(object sender, System.ComponentModel.CancelEventArgs e)
    {
        isExit = true;
    }
    private async void ReceiveDataAsync()
    {
        while (isExit == false)
        {
            var result = await client.ReceiveAsync();
            await textBlockReceiveTip.Dispatcher.InvokeAsync(() =>
            {
                textBlockReceiveTip.Text += string.Format("来自{0}: {1}\n",
                    result.RemoteEndPoint, Encoding.Unicode.GetString(result.Buffer));
            });
        }
        client.DropMulticastGroup(multicastEndPoint1.Address);
    }
    private async void btnSend_Click(object sender, RoutedEventArgs e)
    {
        byte[] bytes = Encoding.Unicode.GetBytes(textBoxSend.Text);
        //由于例子是在同一台计算机上同时测试两个客户端，
        //而同一台计算机上 UdpClient 监听的端口不能相同，所以需要分别发送。
        //在实际应用中，一个客户端只需要一个 UdpClient 对象，只向一个端口发送即可
        await client.SendAsync(bytes, bytes.Length,multicastEndPoint1);
        await client.SendAsync(bytes, bytes.Length, multicastEndPoint2);
    }
}
```

MainWindow.xaml.cs 中的相关代码如下。

```
private void btn2_click(object sender, RoutedEventArgs e)
{
    MulticastGroupExample w1 = new MulticastGroupExample()
    {
        Title = "客户端1", Owner = this,
        Left = this.Left - 360, Top = this.Top - 50,
        localEndPoint = new IPEndPoint(ip, 8001),
    };
    w1.textBoxSend.Text = "同志们好! "; w1.Show();
    MulticastGroupExample w2 = new MulticastGroupExample()
    {
        Title = "客户端2", Owner = this,
        Left = this.Left + 210, Top = this.Top - 50,
        localEndPoint = new IPEndPoint(ip, 8002),
    };
```

```
    w2.textBoxSend.Text = "同志们辛苦了! "; w2.Show();
}
```

10.2.3 利用 UdpClient 实现网络会议讨论

网络会议是基于互联网（Internet）或者企业内部网（Intranet）的实时交互应用系统，由于它具有低成本、可扩展的优点，已经被广泛应用于各个领域中。编写这类程序时，一般用多播方式来实现。

下面我们通过例子说明如何利用多播实现网络会议讨论。在这个例子中，加入到网络会议讨论组中的任何人都可以参与讨论，由于所有发言者发送的信息都会通过多播发送到指定的会议讨论组，所以讨论组的每个人都能看到这些信息。

【例 10-3】演示用多播技术实现网络会议讨论的基本用法，运行效果如图 10-3 所示。

  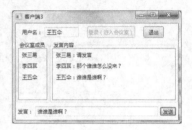

图 10-3　例 10-3 的运行效果

为了便于观察和理解，这个例子会同时启动 3 个客户端来模拟 3 个用户。

当用户单击【进入会议室】按钮后，即启动一个任务，该任务首先将该用户加入到指定的多播组，然后向讨论组发送消息，告知所有与会人员该用户加入到该组参加讨论。

当用户单击【离开会议室】按钮时，程序向多播组发送消息，告知所有与会人员该用户离开会议室，并退出多播组，即不再接收来自该多播组的消息。

当用户在文本框中输入发言信息，按回车键或者单击【发送】按钮后，文本内容即发送到多播组，此时讨论组的每个人就能看到来自该用户的信息。

1. 定义消息格式

在这个例子中，消息由命令和参数两大部分组成，命令与参数之间用逗号分隔。

（1）Login，用户名

含义：用户请求进入会议室。

当用户单击【进入会议室】按钮时，程序将向多播组发送 Login 消息，此时所有接收方收到 Login 消息之后，一方面在"相关信息"中提示有新用户进入会议室，另一方面将向发送方发送 List 消息，告知该用户会议室当前人员的情况。

（2）List，会议室现有人员列表

含义：接收方收到 List 消息之后，将该用户添加到"会议室现有成员"中。

（3）Logout，用户名

含义：用户请求退出会议室。接收方收到 Logout 消息之后，提示该用户离开会议室，并将该用户从会议室现有人员列表中删除。

（4）Say，用户名，发言信息

含义：与会人员发出的谈话内容。

2. 代码实现

该例子的源程序在 RoomService.cs 和 NetMeetingClient.xaml 及其代码隐藏类中。

（1）RoomService.cs 文件

RoomService.cs 文件中包含 2 个类，一个是 RoomService 类，相当于会议室管理员，每个房间都有一个管理员；另一个是 User 类，用于和客户端通信。主要代码如下。

```
public class RoomService
{
    private Dictionary<string, User> users = new Dictionary<string, User>();
    private UdpClient client;
    private IPAddress multicastAddress = IPAddress.Parse("224.0.0.1");
    public bool isExit { get; set; }
    public IPEndPoint localEndPoint { get; set; }
    public RoomService(IPAddress localAddress,int servicePort)
    {
        localEndPoint = new IPEndPoint(localAddress, servicePort);
        client = new UdpClient(localEndPoint);
        ReceiveDataAsync();
    }
    public void CloseService()
    {
        isExit = true;
    }
    private async void ReceiveDataAsync()
    {
        client.JoinMulticastGroup(multicastAddress);
        while (isExit == false)
        {
            try
            {
                var result = await client.ReceiveAsync();
                string message = Encoding.UTF8.GetString(result.Buffer);
                string[] split = message.Split(',');
                string command = split[0];
                string args = message.Remove(0, split[0].Length + 1);
                switch (command)
                {
                    case "Login":  //格式: Login,用户名
                        {
                            string userName = args;
                            if (users.ContainsKey(userName))
                            {
                                byte[] bytes = System.Text.Encoding.UTF8.GetBytes(
                                        "CanNotLogin,已有该用户名");
                                client.Send(bytes, bytes.Length, result.RemoteEndPoint);
                            }
                            else
                            {
                                User user = new User()
                                {
                                    UserName = userName,
                                    UserEndPoint = result.RemoteEndPoint
                                };
                                ShowCurrentUsers(user);
```

```
                                users.Add(userName, user);
                                Multicast(message);
                            }
                            break;
                    }
                    case "Logout":  //格式：Logout,用户名
                        {
                            string userName = args;
                            users.Remove(userName);
                            Multicast(message);
                            break;
                        }
                    case "Say":  //格式：Say,用户名,发言内容
                        {
                            Multicast(message);
                            break;
                        }
                }
            }
            catch (Exception ex)
            {
                MessageBox.Show(ex.ToString());
            }
        }
        client.DropMulticastGroup(multicastAddress);
        client.Close();
    }
    /// <summary>用户刚登录时，将会议室现有人员列表发送给该用户</summary>
    private void ShowCurrentUsers(User user)
    {
        if (users.Count == 0) return;
        string s = "List"; //格式：List,以逗号分隔的人员姓名列表
        foreach (var userName in users.Keys)
        {
            s += "," + userName;
        }
        byte[] bytes = System.Text.Encoding.UTF8.GetBytes(s);
        client.Send(bytes, bytes.Length, user.UserEndPoint);
    }
    private void Multicast(string message)
    {
        string hostname = multicastAddress.ToString();
        byte[] bytes = System.Text.Encoding.UTF8.GetBytes(message);
        for (int i = 8001; i < 8004; i++)
        {
            client.Send(bytes, bytes.Length, hostname, i);
        }
    }
}
public class User
{
    public string UserName { get; set; }
    public IPEndPoint UserEndPoint { get; set; }
}
```

（2）NetMeetingClient.xaml 及其代码隐藏类

NetMeetingClient 窗口是每个与会人员都能看到的客户端界面，这里只列出代码隐藏类中的代码。NetMeetingClient.xaml.cs 的主要代码如下。

```
public partial class NetMeetingClient : Window
{
    public IPEndPoint localEndPoint { get; set; }
    public IPEndPoint remoteEndPoint { get; set; }
    public string UserName
    {
        get { return textBoxUserName.Text; }
        set { textBoxUserName.Text = value; }
    }
    private IPAddress multicastAddress = IPAddress.Parse("224.0.0.1");
    private UdpClient client;
    private bool isExit = false;
    private bool isLogin = false;
    public NetMeetingClient()
    {
        InitializeComponent();
        this.Loaded += NetMeeting_Loaded;
        this.Closing += NetMeeting_Closing;
    }
    void NetMeeting_Loaded(object sender, RoutedEventArgs e)
    {
        btnLogout.IsEnabled = false;
    }
    void NetMeeting_Closing(object sender, System.ComponentModel.CancelEventArgs e)
    {
        if (isLogin)
        {
            SendMessage("Logout," + UserName);
        }
        isExit = true;
    }
    private void btnLogin_Click(object sender, RoutedEventArgs e)
    {
        client = new UdpClient(localEndPoint);
        ReceiveDataAsync();
        SendMessage("Login," + UserName);
        isLogin = true;
        btnLogin.IsEnabled = false;
        btnLogout.IsEnabled = true;
    }
    private void btnLogout_Click(object sender, RoutedEventArgs e)
    {
        this.Close();
    }
    private void btnSend_Click(object sender, RoutedEventArgs e)
    {
        SendMessage("Say," + UserName + "," + textBoxTalk.Text);
    }
    private void SendMessage(string sendString)
    {
```

```
                byte[] bytes = System.Text.Encoding.UTF8.GetBytes(sendString);
                client.Send(bytes, bytes.Length, remoteEndPoint);
            }
            private void AddUser(string userName)
            {
                Label label = new Label();
                label.Content = userName;
                listBox1.Items.Add(label);
            }
            private void RemoveUser(string userName)
            {
                for (int i = 0; i < listBox1.Items.Count; i++)
                {
                    Label label = listBox1.Items[i] as Label;
                    if (label.Content.ToString() == userName)
                    {
                        listBox1.Items.Remove(label);
                        break;
                    }
                }
            }
            private void AddTalk(string format, params object[] args)
            {
                Label label = new Label();
                label.Content = string.Format(format, args);
                listBox2.Items.Add(label);
            }
            private async void ReceiveDataAsync()
            {
                client.JoinMulticastGroup(multicastAddress);
                while (isExit == false)
                {
                    var result = await client.ReceiveAsync();
                    string str = Encoding.UTF8.GetString(result.Buffer);
                    string[] split = str.Split(',');
                    string args = str.Remove(0, split[0].Length + 1);
                    string command = split[0];
                    int s = split[0].Length;
                    switch (split[0])
                    {
                        case "Login":   //格式: Login,用户名
                            {
                                string userName = args;
                                AddUser(userName);
                                break;
                            }
                        case "List":  //格式: List,以逗号分隔的人员姓名列表
                            {
                                for (int i = 1; i < split.Length; i++)
                                {
                                    AddUser(split[i]);
                                }
                                break;
                            }
                        case "Say":   //格式: Say,用户名,发言内容
```

```
                   AddTalk("{0}: {1}", split[1], args.Remove(0, split[1].Length + 1));
                   break;
           case "Logout": //格式: Logout,用户名
               {
                   string userName = args;
                   if (userName != this.UserName)
                   {
                       RemoveUser(userName);
                   }
                   break;
               }
           case "CanNotLogin":
               MessageBox.Show("无法进入会议室, 原因: " + args);
               this.Close();
               break;
           }
       }
       client.DropMulticastGroup(this.multicastAddress);
       client.Close();
   }
}
```

10.3　利用 WCF 实现 UDP 应用编程

　　理解了用 UdpClient 实现 UDP 应用编程的基本设计思路后，我们再来看 WCF 是如何对其进行封装，从而进一步简化 UDP 编程的难度的。

　　在面向服务的分布式应用程序中，建议用 WCF 实现 UDP 应用编程，而不是用传统的技术去实现。

　　WCF 中与 UDP 相关的绑定只有<udpBinding>，对应的类为 UdpBinding 类。

　　【例 10-4】演示用 WCF 和 UDP 实现网络会议讨论的基本用法，运行效果如图 10-4 所示。

图 10-4　例 10-4 的运行效果

　　与上一个例子相似，这个例子也会同时启动 3 个客户端来模拟 3 个用户。

　　下面分小节介绍相关的设计思路和实现代码。

10.3.1　定义和实现协定

　　用 WCF 实现多播时，只需要一个项目。该项目既是服务端，也是客户端。

　　（1）创建一个项目名和解决方案名都是 WcfNetMeeting 的 WPF 应用程序项目。

　　（2）鼠标右键单击项目名，选择【添加】→【新建项】→【WCF 服务】，将服务名改为 MeetingService.

cs，单击【添加】按钮。此时它会自动生成 MeetingService.cs 文件和 IMeetingService.cs 文件，并自动在 App.config 文件中添加服务配置，同时还会自动添加对 System.ServiceModel 命名空间的引用。

（3）删除 MeetingService.cs，这是因为我们准备在 MainWindow.xaml.cs 中实现服务协定，因此不需要 MeetingService.cs 这个文件。

（4）在 IMeetingService.cs 文件中定义服务协定，代码如下。

```
[ServiceContract(Namespace = "NetMeetingExample")]
public interface IMeetingService
{
    [OperationContract(IsOneWay = true)] void EnterRoom(string userName);
    [OperationContract(IsOneWay = true)] void Say(string userName, string message);
    [OperationContract(IsOneWay = true)] void ExitRoom(string userName);
}
```

这里需要注意，多播只负责将信息发送出去，不支持"请求/应答"模式，所以所有操作都必须指定为单向模式。

（5）在 MainWindow.xaml.cs 中实现服务协定。由于客户端代码还没有编写，所以这里只需要先将方法定义出来，相关代码如下。

```
public partial class MainWindow : Window, IMeetingService
{
    ......
    public void EnterRoom(string userName) { }
    public void Say(string userName, string message) { }
    public void ExitRoom(string userName) { }
}
```

10.3.2　承载和配置 WCF 服务

将 WCF 与 UDP 绑定时，只能用自承载方式来实现，实现步骤如下。

（1）在 MainWindow.xaml.cs 中添加自承载代码。相关代码如下。

```
private ServiceHost host;
public MainWindow()
{
    InitializeComponent();
    this.Loaded += MainWindow_Loaded;
    this.Closing += MainWindow_Closing;
}
void MainWindow_Loaded(object sender, RoutedEventArgs e)
{
    try
    {
        host = new ServiceHost(typeof(MainWindow));
        host.Open();
        textBlock1.Text = "监听的 Uri 为: ";
        foreach (var v in host.Description.Endpoints)
        {
            textBlock1.Text += v.ListenUri.ToString() + "\n";
        }
    }
    catch (Exception ex)
    {
```

```
        MessageBox.Show(ex.ToString());
        Application.Current.Shutdown();
    }
}
void MainWindow_Closing(object sender, System.ComponentModel.CancelEventArgs e)
{
    Application.Current.Shutdown();
}
```

由于调用 Shutdown 方法时会自动关闭 host，所以不需要调用 host 的 Close 方法。

（2）修改服务配置。将 App.config 的<service>节改为下面的内容。

```
<service name="WcfNetMeeting.MainWindow">
  <endpoint address="soap.udp://224.0.0.1:8000/MeetingService/"
    binding="udpBinding" contract="WcfNetMeeting.IMeetingService">
    <identity>
      <dns value="localhost" />
    </identity>
  </endpoint>
  <host>
    <baseAddresses>
      <add baseAddress=
 "http://localhost:8733/Design_Time_Addresses/WcfNetMeeting/MeetingService/"/>
    </baseAddresses>
  </host>
</service>
```

（3）按<F5>键调试运行，确保能在界面中看到监听的 URI。

（4）结束调试运行。

10.3.3　添加服务引用

由于该项目既是服务端又是客户端，因此，添加服务引用时有一个小技巧，步骤如下。

（1）鼠标右键单击项目名，选择【在文件资源管理器中打开文件夹】命令，然后切换到该项目的 bin\Debug\文件夹下，双击 WcfNetMeeting.exe 运行该文件。

（2）在【解决方案资源管理器】中，鼠标右键单击【引用】，选择【添加服务引用】，在地址栏中输入 App.config 文件中 baseAddress 指定的地址，单击【转到】按钮找到 MeetingService 服务，将服务引用名改为 MeetingServiceReference，单击【添加】按钮。

此时系统会自动生成客户端代理类，并自动在 App.config 中添加相关的终节点配置。

（3）关闭运行 WcfNetMeeting.exe 时弹出的窗口。

以后只要修改了定义的服务协定，都需要重复这 3 个步骤，只是第 2 步不是选择【添加服务引用】命令，而是选择【更新服务引用】命令。

如果只是修改了实现服务协定的方法内的代码，不需要重复这 3 个步骤。

10.3.4　添加客户端窗口和调用代码

添加服务引用后，就可以通过客户端调用 WCF 服务了。

下面介绍具体的实现步骤。

（1）在项目中添加一个文件名为 MeetingRoom.xaml 的窗口，XAML 代码请参看源程序，这里不再列出。MeetingRoom.xaml.cs 的代码如下。

```
public partial class MeetingRoom : Window
{
    private MeetingServiceClient client = new MeetingServiceClient();
    public bool isInRoom { get; set; }
    public string UserName
    {
        get { return textBoxUserName.Text; }
        set { textBoxUserName.Text = value; }
    }
    public MeetingRoom()
    {
        InitializeComponent();
        this.Loaded += ClientWindow_Loaded;
        this.Closing += ClientWindow_Closing;
    }
    void ClientWindow_Loaded(object sender, RoutedEventArgs e)
    {
        btnExitRoom.IsEnabled = false;
    }
    void ClientWindow_Closing(object sender, System.ComponentModel.CancelEventArgs e)
    {
        client.Close();
    }
    private void btnLogin_Click(object sender, RoutedEventArgs e)
    {
        if(MainWindow.users.Contains(UserName))
        {
            MessageBox.Show("已经有人用此姓名");
        }
        else
        {
            foreach (var v in MainWindow.users)
            {
                AddUser(v);
            }
            btnEnterRoom.IsEnabled = false;
            client.EnterRoom(UserName);
        }
    }
    private void btnExitRoom_Click(object sender, RoutedEventArgs e)
    {
        client.ExitRoom(UserName);
        btnEnterRoom.IsEnabled = true;
        btnExitRoom.IsEnabled = false;
        isInRoom = false;
    }
    private void btnSay_Click(object sender, RoutedEventArgs e)
    {
        SendSay();
    }
    private void textBoxTalk_KeyDown(object sender, KeyEventArgs e)
    {
        if (e.Key == Key.Enter) SendSay();
    }
```

```
    private void SendSay()
    {
        if (isInRoom)
        {
            client.Say(UserName, textBoxTalk.Text);
            textBoxTalk.Text = "";
        }
    }
    public void AddUser(string userName)
    {
        TextBlock t = new TextBlock();
        t.Text = userName;
        listBoxMember.Items.Add(t);
    }
    public void RemoveUser(string userName)
    {
        for (int i = 0; i < listBoxMember.Items.Count; i++)
        {
            TextBlock t = listBoxMember.Items[i] as TextBlock;
            if (t.Text == userName)
            {
                listBoxMember.Items.Remove(t); break;
            }
        }
    }
    public void AddTalk(string format, params object[] args)
    {
        TextBlock t = new TextBlock();
        t.Text = string.Format(format, args);
        listBoxTalk.Items.Add(t);
    }
}
```

（2）修改 MainWindow.xaml.cs，将代码改为下面的内容。

```
public partial class MainWindow : Window, IMeetingService
{
    public static List<string> users = new List<string>();
    private static MeetingRoom[] rooms;
    private ServiceHost host;
    public MainWindow()
    {
        InitializeComponent();
        this.Loaded += MainWindow_Loaded;
        this.Closing += MainWindow_Closing;
    }
    void MainWindow_Loaded(object sender, RoutedEventArgs e)
    {
        try
        {
            host = new ServiceHost(typeof(MainWindow));
            host.Open();
            textBlock1.Text = "监听的 Uri 为：";
            foreach (var v in host.Description.Endpoints)
            {
                textBlock1.Text += v.ListenUri.ToString() + "\n";
```

```
                }
            }
            catch (Exception ex)
            {
                MessageBox.Show(ex.ToString());
                Application.Current.Shutdown();
            }
        }
        void MainWindow_Closing(object sender, System.ComponentModel.CancelEventArgs e)
        {
            host.Close();
            Application.Current.Shutdown();
        }
        private void btn_click(object sender, RoutedEventArgs e)
        {
            //说明：此例子仅为学习用，实际应用中一个应用程序应该只有一个客户端
            rooms = new MeetingRoom[3];
            rooms[0] = CreateRoom("客户端1", "张三易", -420, -150);
            rooms[1] = CreateRoom("客户端2", "李四耳", 360, -150);
            rooms[2] = CreateRoom("客户端3", "王五伞", -20, 160);
            foreach (var room in rooms) { room.Show(); }
        }
        private MeetingRoom CreateRoom(string head, string name, double dx, double dy)
        {
            MeetingRoom w = new MeetingRoom()
            {
                Title = head, Left = this.Left + dx, Top = this.Top + dy,
                Owner = this,
            };
            w.UserName = name;
            return w;
        }
        #region 实现 IMeetingService 接口
        public void EnterRoom(string userName)
        {
            users.Add(userName);
            foreach (var v in rooms)
            {
                if (userName == v.UserName)
                {
                    v.isInRoom = true;
                    v.btnExitRoom.IsEnabled = true;
                }
                if (v.isInRoom) v.AddUser(userName);
            }
        }
        public void Say(string userName, string message)
        {
            foreach (var v in rooms)
            {
                if (v.isInRoom) v.AddTalk("{0}: {1}", userName, message);
            }
        }
        public void ExitRoom(string userName)
```

```
    {
        users.Remove(userName);
        foreach (var v in rooms)
        {
            if (userName != v.UserName) v.RemoveUser(userName);
        }
    }
    #endregion
}
```

（3）按<F5>键调试运行。

实际上，MainWindow 相当于会议室管理员的角色。将该程序安装到不同的计算机上后，只要有客户端向 224.0.0.1:8000 发送多播信息，安装该程序的所有计算机都会接收到此信息。同时，MainWindow 又能直接和同一个项目中的客户端窗口交互（注意必须是静态的窗口对象），因此，在同一个项目中，可同时实现多播服务端和客户端的功能。

习　　题

1. UDP 和 TCP 的主要区别有哪些？

2. 什么是广播？什么是多路广播？两者有什么区别？

3. 简要回答利用 UdpClient 对象加入和退出多播组的步骤。

4. 简要回答用 WCF 和 UDP 编写多播程序与用 UdpClient 类编写多播程序有哪些主要的不同点？这两种实现方式中，各自的优缺点有哪些？

第 11 章
WCF 和 MSMQ 应用编程

消息队列（MSMQ 4.0 版）是 Windows 7 自带的 NT 服务，利用 WCF 中的 MSMQ 队列管理器，不论目标接收方是否开机，发送方都可以向目标发送消息，而且不会出现消息丢失的情况。

11.1　MSMQ 基础知识

在 WCF 一章中，我们已经简单介绍了消息队列（MSMQ）的基本概念，这里主要介绍 MSMQ 的特点以及 WCF 和 MSMQ 相关的绑定。

11.1.1　队列和事务

设计分布式应用程序时，在服务端和客户端之间选择正确的通信传输类型是非常重要的。使用的传输种类受多个因素影响，一个重要的因素是服务端、客户端和传输之间的隔离，它可确定是使用排队传输（如 MSMQ），还是使用直接传输（如 TCP 或 HTTP）。由于直接传输要求双方都必须在线，如果服务端或客户端停止工作或网络发生故障，通信就会停止。或者说，服务端、客户端和网络必须同时运行，应用程序才能工作。而排队传输可将服务端和客户端有效地隔离开，即如果服务端或客户端关机或发生故障或它们之间的通信链接出现问题，客户端和服务端仍然可以继续工作。换言之，即使通信双方或网络出现故障，利用队列也一样可以提供可靠的通信。

1. 队列

队列的用处是捕获和传送通信双方之间交换的消息，同时还可以通过延期处理来隔离出现故障的任意一方。

有两种类型的队列，一种是临时性的非事务队列（Nontransactional Volatile Queues），这种队列将消息保存在内存中，不使用事务来保护对消息的操作。使用这种队列时，一旦服务器发生问题，或者调用方出现异常，消息就会丢失。

另一种是永久性的事务队列（Transactional Queue），这种队列将消息保存在磁盘中，当服务器关机、重启或崩溃时，消息仍可以在系统恢复后被读取出来。同时，消息发布、获取和删除都在环境事务范围内操作，从而确保了消息的可靠性。

实际上，队列是一个分布式概念。它可以是任意一方的本地队列（称为传输队列），也可以是通信目标的远程队列（称为目标队列）。

所有队列都是靠队列管理器来管理的。

　　客户端将消息发送至队列时，队列管理器会将该消息定址到由服务队列管理器管理的目标队列。客户端上的队列管理器将消息发送至传输队列，然后队列管理器查找一个拥有目标队列的队列管理器的路径并将消息可靠地传输给它。

　　目标队列管理器用于接收并存储到目标队列的消息。当 WCF 服务发出从目标队列读取的请求时，目标队列管理器就会自动将消息传至目标应用程序。图 11-1 显示了客户端、服务、传输队列以及目标队列这四方之间的通信过程。

　　可见，利用队列管理器，在发送方或接收方单独出现故障时，不会影响实际的通信。另外，利用队列还可以提高节点间场工作的吞吐量。

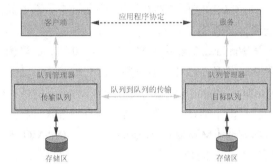

图 11-1　典型部署方案中的排队通信

2. 事务

　　事务是以保证数据的完整性和业务逻辑上的一致性为目的，在不破坏数据的正确性和完整性条件下，为单个逻辑工作而执行的一系列不可分割的操作。

　　利用事务可将一组操作组合到一起，如果其中的一个操作失败，则所有的操作都全部失败。比如某人使用 ATM 将存款账户中的 1,000 元转存到他的另一个账户中，此时需要的操作如下：先从存款账户中转出 1,000 元，然后将 1,000 元转入到另一个账户中。此时，如果第一步操作成功，即从存款账户中转出了 1,000 元，但没有完成第二步操作，则这 1,000 元就丢失了，因为这笔钱已经从存款账户中转出。为了保持账户处于有效状态，如果一个操作失败，则必须确保让两个操作都无效，这就是事务的用途。

　　通过事务将消息发送到队列中时，如果处理失败或出现故障，此时该事务将被回滚，其结果就像从未将消息发送至队列一样。同样，如果通过事务接收消息，当该事务被回滚时，则结果就像从未接收过消息一样，即消息仍然被保留在要读取的队列中。

　　由于通过队列发送消息后，无法知道需要多长时间消息才能到达目标队列，也不会知道需要多长时间服务端才能处理该消息。因此，不要使用单个事务来发送消息、接收消息以及处理消息。这样创建的事务才不会出现不确定的时间量。

　　客户端和服务端使用事务用队列进行通信时，会涉及两个事务：一个在客户端上，另一个在服务端上。客户端事务处理并发送消息。提交事务时，消息位于传输队列。在服务上，事务读取来自目标队列的消息，处理消息，然后提交事务。如果在处理期间发生错误，则消息将被回滚并重新置于目标队列中。

3. MSMQ

　　MSMQ 利用队列将源和目标相分离。在 MSMQ 中，队列可以是事务性的（不会丢失消息），也可以是非事务性的（可能会丢失消息）。对于事务性的队列，由于 MSMQ 的队列管理器实现了可靠的消息传输协议，因此它能确保不会在传输过程中丢失消息。

　　由于 MSMQ 能自动将消息缓存起来，因此，利用消息队列实现不同计算机之间的通信时，先启动服务端还是先启动客户端都无所谓，既不要求对方一直处于监听状态，而且也不要求发送方发送消息的速率和接收方接收消息的速率相匹配。

　　MSMQ 是作为可选组件随 Windows 操作系统一起提供的，并作为 NT 服务运行，使用 MSMQ 的前提是要确保 MSMQ 能正常运行。

在 Windows 7 操作系统下，查看是否正确安装了 MSMQ 的具体步骤为：【开始】→【控制面板】→【程序】→【程序和功能】→【打开或关闭 Windows 功能】，在弹出的窗口中，展开【Microsoft Message Queue (MSMQ)服务器】→【Microsoft Message Queue (MSMQ)服务器核心】，确保选中了其下面的选项，如图 11-2 所示。

Windows 7 自带的 MSMQ 为 4.0 版，如果调试程序时发现 MSMQ 不可用，可先取消【Microsoft Message Queue (MSMQ)服务器核心】下的所有选项，单击【确定】按钮，然后再重新进入该界面，重新勾选【Microsoft Message Queue (MSMQ)服务器核心】下的所有选项，此时系统就会自动重装 MSMQ 4.0。

图 11-2　安装或重新安装 MSMQ

11.1.2　WCF 与 MSMQ 相关的绑定

WCF 与 MSMQ 相关的绑定最常用的是 NetMsmqBinding 类，在配置文件中对应的绑定元素为<netMsmqBinding>。该绑定在传输层提供队列支持，并且为松耦合应用程序、故障隔离、负载均衡和断开连接的操作提供支持。

大部分情况下，使用 NetMsmqBinding 就足以满足各种业务要求，而且还能提高最佳的功能。当在不同计算机上通过消息队列实现 WCF 应用程序之间的通信时，使用这种绑定非常方便。

将 WCF 和 NetMsmqBinding 绑定后，客户端和服务端通过队列交换消息时，从开发人员的实现代码上来看，其用法和其他绑定的用法基本上没有什么大的区别，从而极大地简化了消息队列编程的复杂度。

但是，从内部实现来看，客户端实际上是先通过 WCF 将消息发送到本机的传输队列（不要求服务端保持运行），当服务端运行时，客户端的 MSMQ 再将消息从本机的传输队列发送到服务端的目标队列，服务端再通过 WCF 服务读取目标队列的消息，由于此过程全部是自动完成的，因此不需要程序员去编写发送、接收以及维护队列的代码，只需要指定创建哪些队列即可。

1．WCF 和 MSMQ 绑定适用的场合

什么时候需要将 WCF 和 MSMQ 绑定在一起来使用呢？当接收方不一定持续保持正常运行（比如接收方在某个时间段内关机了，过一段时间又开机了），而且该业务可容忍高延时（比如生产订单，推迟几个小时再处理也不影响），此时应该用消息队列来实现，而不是用 HTTP 或者 TCP来实现（HTTP 和 TCP 要求双方都保持运行时才能传送消息），也不能用 UDP 来实现（UDP 虽然不要求对方在线，但也不保证消息能到达接收方，即对方不在线就丢弃）。

具体来说，WCF 支持以下 MSMQ 的实现方案。

（1）松耦合应用程序

发送应用程序可以将消息发送到队列，而无需知道接收应用程序是否正在运行。另外，发送应用程序发送消息的速率不依赖于接收应用程序的处理消息的速率。由于向队列发送消息的操作与消息处理的操作不是紧密耦合的，因此会提高系统的整体可用性。

（2）故障隔离

应用程序与队列之间发送或接收消息时，两种操作互不影响。例如，如果接收应用程序失败，

发送应用程序仍然可以继续向队列发送消息。接收方再次启动时，即可处理队列中的消息。这种故障隔离措施提高了整体系统的可靠性和可用性。

（3）负载调节

发送应用程序发出的消息可能使接收应用程序过载。队列可以管理不匹配的消息生成率和处理率，以使接收方不会过载。

（4）断开连接的操作

在高延迟网络或有限可用性网络上通信（例如移动设备）时，发送、接收和处理操作可能会断开连接。队列允许这些操作继续执行，即使终节点断开连接也是如此。重新建立连接后，队列会自动继续将消息转发到接收应用程序。

2. 服务终结点和队列寻址

WCF 客户端为了将消息发送到服务端，首先需要确定该消息在目标队列中的地址。服务端的服务为了从队列中读取消息，也需要在目标队列中设置它的侦听地址。

WCF 中的寻址基于统一资源标识符（URI），而消息队列（MSMQ）队列名称不是基于 URI。因此，将 WCF 和 MSMQ 绑定时必须了解如何对在 MSMQ 中创建的队列进行寻址。

（1）MSMQ 寻址

MSMQ 使用路径和格式名来标识队列。路径名映射到格式名（FormatNames）以确定地址的其他方面，包括路由和队列管理器传输协议。

队列管理器支持两种传输协议：本机 MSMQ 协议和 SOAP 可靠消息协议（SRMP）。

MSMQ 带有 Active Directory 集成支持。安装带有 Active Directory 集成的 MSMQ 时，计算机必须属于某个 Windows 域。Active Directory 用于发布可供发现的队列，此类队列称为"公共队列"。对队列进行寻址时，可以用 Active Directory 对队列进行解析，这种解析方式与使用域名系统（DNS）解析 IP 地址的方式相似。

NetMsmqBinding 中的 UseActiveDirectory 属性是一个布尔值，该值指示排队通道是否必须使用 Active Directory 来解析队列 URI。默认情况下，此属性为 false。为了便于读者在不具有域管理功能的计算机上调试运行本章的例子，我们没有使用 Active Directory，而是用本机 MSMQ 协议来演示 WCF 和 MSMQ 的基本用法。例如在本章例子服务端 Service 项目的 App.config 配置文件中，通过下面的配置自定义队列名。

```
<appSettings>
  <add key="queueName" value=".\private$\WcfMsmqServiceExamplesTransacted" />
</appSettings>
```

注意 MSMQ 的队列名是在服务端定义的，即将其作为该服务专用的目标队列，在客户端添加服务引用时，它会自动在客户端生成与之对应的传输队列，不需要在客户端再去定义它。另外，MSMQ 使用的队列名中使用的是反斜杠（"\"），其中，".\private$" 中的点（.）表示当前主机，"Private$" 表示该队列是私有队列。如果不使用 Active Directory，必须用 "Private$" 指明该队列。

（2）WCF 中的队列寻址

WCF 中的 MSMQ 排队传输协议公开 net.msmq 方案。使用 net.msmq 方案寻址的任何消息都是使用 MSMQ 排队传输协议通道上的 NetMsmqBinding 来发送的。

在服务端的配置文件中，WCF 中的队列寻址形式如下：

```
net.msmq: // <host-name> / [private/] <queue-name>
```

注意 WCF 的寻址表示形式是基于 URI 的寻址方式，它和 MSMQ 寻址方式的区别是使用正斜杠

（"/"）。其中，"<host-name>"是承载目标队列的计算机的名称（localhost 表示当前主机）。[private]表示该队列是工作组计算机使用的专用队列，而不是在 Active Directory 目录服务中发布的专用队列。

例如，在本章例子服务端 Service 项目的 App.config 配置文件中，通过下面的配置来设置 WCF 使用的队列地址（与 MSMQ 寻址对应）：

```
<endpoint address="net.msmq://localhost/private/WcfMsmqServiceExamplesTransacted"
        ...... />
```

若要对公共队列寻址，不能指定 private。另外，WCF 的 URI 中不包含 "$"。

实际上，队列地址的作用等效于 TCP 套接字的监听端口，在服务端定义队列与我们使用 TCP 时在服务端设置监听端口非常类似。但是一定要注意，在配置文件中，WCF 使用的地址必须和 MSMQ 寻址相对应，否则将无法启动监听功能。

3. 服务配置中需要注意的问题

在服务配置中，有以下几点需要注意。

（1）配置队列名

使用 MSMQ 传输时，必须提前创建所使用的队列，MSMQ 队列名是在配置文件的 appSettings 节中指定的。

（2）建议一个队列对应一个终节点

一个队列中的消息可以只实现一个操作协定，也可以实现多个不同的操作协定。如果实现多个操作协定，推荐的办法是为一个队列指定一个实现所有操作协定的终节点，即一个队列对应一个终节点，而不是一个队列对应多个终节点。

如果为一个队列分别指定具有不同操作协定的终节点，必须确保所有终节点都使用相同的 NetMsmqBinding 对象。

（3）在加入到域中的计算机上使用 MSMQ

NetMsmqBinding 默认启用传输安全。MSMQ 传输安全有两个相关的属性，即 MsmqAuthenticationMode 和 MsmqProtectionLevel。身份验证模式默认设置为 Windows，保护级别默认设置为 Sign。如果希望让 MSMQ 提供身份验证和签名功能，MSMQ 必须是域的一部分，并且必须安装 MSMQ 的 Active Directory 集成选项，如果不满足这些条件，运行时将会收到错误。

（4）在加入到工作组的计算机上使用 MSMQ

如果计算机不是域成员或未安装 Active Directory 集成，即仅在加入到工作组的计算机上运行，此时必须将身份验证模式和保护级别设置为 None 以关闭传输安全性，例如：

```
<bindings>
    <netMsmqBinding>
        <binding ......>
            <security mode="None" />
        </binding>
    </netMsmqBinding>
</bindings>
```

将 security mode 设置为 None 等效于将 MsmqAuthenticationMode、MsmqProtectionLevel 和 Message 安全性都设置为 None。

本章的例子都是在仅加入到工作组这种模式下 MSMQ 的配置。

（5）利用服务器资源管理器创建、删除或观察队列

也可以通过【服务器资源管理器】创建、删除或观察队列，具体操作为：在 VS2012 开发环

境下，单击主菜单的【视图】→【服务器资源管理器】命令，然后展开主机名，找到【消息队列】，即可看到【公共队列】、【系统队列】以及【专用队列】这三大类队列，分别展开相应的队列，即可观察对应队列下现有队列的消息和日记消息。

鼠标右键单击对应的队列，然后选择【创建新队列】命令，可直接创建新队列。鼠标右键单击创建的队列名，选择【删除】可删除不再使用的队列。

4．本章示例说明

为了让读者理解如何利用 WCF 和 MSMQ 实现实际的业务处理，从下一节开始，我们以假想的机场气象预报为例，通过将气象预报业务分解后的多个例子，分别说明如何利用 WCF 和 MSMQ 实现消息队列通信服务。这些分解后的例子都只是为了解决某一个方面的问题，等这些问题都解决后，读者自然就明白了如何在一个应用程序中同时处理这些不同的情况。

在这些例子中，假定准备完成的功能与以下业务有关。

（1）A 机场利用互联网定时向其他相关机场发送气象报文，而且该机场也会不停地接收来自卫星或其他多个机场的报文，A 机场接收的这些报文可能与 A 机场的业务飞行有关，也可能无关，接收方应该根据报文内容分别进行处理。

（2）例子假定每个机场发送的报文只有本机场的短期气象预报，比如发布的报文信息为从发布预报开始的 3 小时内的本机场天气情况等，这种预报信息的时效性强，对接收方指挥或调度飞行任务参考价值很大。除此之外，实际上还有其他预报信息，比如某种卫星报文预报的是第 2 天或者下一周的天气情况，或者是空中某个范围内的气象情况等，这些预报信息对安排或调整机场飞行计划有参考作用，可在规定的有限延时期间内处理。

当然，例子只是方便从某个实际应用中抽取一些实现目标并通过简化的实现解释对应的技术，因此假设的情况与世界上各机场实际使用的气象报文的规定并不相符（实际上各种气象报文的规定相当复杂）。另外，例子的目标不是处理报文，而只是为了演示各种不同情况的报文传递思路和基本用法，因此例子并不实现报文解析等操作，只是简单地将模拟的报文显示出来，而且报文的处理逻辑也与实际的处理逻辑不一样。

在这种情况下，由于每个机场都会向其他机场发送报文，显然，从整体来看这是一个多对多的通信（分布式），网络中会同时存在多个相互关联的服务节点和客户端节点。但仅仅从每"两个"机场之间的通信过程来看，它又是一对一的通信（发送方是客户端，接收方是服务端）。

11.2　WCF 和 MSMQ 基本用法示例

这一节我们以 A 机场发送报文给 B 机场为例，用不同的例子分别说明发送和接收报文的过程，以及处理业务逻辑时可能会遇到的问题。

11.2.1　可靠排队通信和快速排队通信

A 机场通过消息队列将报文发送到 B 机场，此时 A 是 WCF 客户端，B 是 WCF 服务端。实现此过程涉及服务协定以及 WCF 客户端队列和 WCF 服务端队列之间的消息传递，同时还需要考虑两种情况：处理时是可靠性更重要还是时效性更重要？即是否采用事务来处理，这是因为机场气象预报有的报文非常重要，有的报文过了某个时间段就没用了，这种预报业务不像银行转账，银行转账不论什么情况都必须采用事务处理来确保每一笔业务的可靠性。

这里再次说明，用队列交换消息时，不需要先运行服务端，即先运行服务端还是先运行客户端都无所谓，而且 A 机场发送报文消息给 B 机场时，B 机场的计算机不论是否运行都不会影响报文的发送。或者说，A 机场发送报文后，只要 B 机场一开机，它就能自动收到 A 机场发送的报文信息。

1. NetMsmqBinding 中的相关属性

NetMsmqBinding 中的 ExactlyOnce 和 Durable 这两个属性（Property）影响消息在队列之间的传输方式。一般在服务端配置文件中以特性（Attribute）的形式来设置这两个属性。例如：

```
<binding name="volatileBinding" durable="false" exactlyOnce="false">
  <security mode="None" />
</binding>
```

当然，由于气象报文并不是什么保密信息，所以作为练习实现的技术，我们可以暂不考虑安全性问题。

（1）ExactlyOnce

如果不设置 ExactlyOnce 属性，该值默认为 true，表示排队通道可确保消息在传递时不会重复，即排队通道只接收一次由此绑定处理的消息，同时还可确保消息到达目标队列，而不会丢失消息。另外，如果无法传递消息，或在传递消息前已超过消息的生存时间，则将在死信队列中记录传递失败的消息以及失败原因，此时应用程序可通过读取死信队列来确定采用哪种补偿处理方案。

将 ExactlyOnce 设置为 true 时，发送的消息必须只发送到事务性队列。

当将 ExactlyOnce 设置为 false 时，排队通道将尽量传输消息，在这种情况下，可以任意选择一个死信队列来存储无法传递或已过期的消息。

（2）Durable

如果不在配置中设置 Durable，该值默认为 true，表示排队通道确保 MSMQ 将消息永久存储在磁盘上。在这种情况下，如果 MSMQ 服务要停止并重新启动，则保存在磁盘上的消息会自动传输到目标队列或传递到服务。

当将该属性值设置为 false 时，此时消息存储在可变存储区中，而且在停止并重新启动 MSMQ 服务时，消息将丢失。

使用 NetMsmqBinding 时，如果将 ExactlyOnce 设置为 true，可以使用事务来发送或接收消息。当将 ExactlyOnce 设置为 false，或将 Durable 设置为 false 时，此时无法使用事务发送或接收消息。

2. 可靠排队通信

有两种利用队列实现消息交互的方式——可靠排队通信和快速排队通信。

可靠排队通信将要处理的业务包含在事务范围内来实现，不论通信时 WCF 服务端是否运行，这种方式都能确保客户端发送的消息能到达服务端的目标队列。

在可靠排队通信模式下，需要将 ExactlyOnce 属性设置为 true 以确保端对端传输的可靠性。而 Durable 属性（默认为 true）既可以设置为 true 也可以设置为 false，具体取决于具体需求，该值通常设置为 true，代价是性能稍微有些损失，但优点是可使消息持久（即使队列管理器崩溃，消息也不会丢失）。

可见，可靠排队通信是使用事务来确保端对端可靠性的。利用可靠排队通信时，有两个单独的事务——客户端本地事务和服务端本地事务。客户端事务负责发送消息，服务端事务负责接收消息。

当然，不使用事务也可以发送消息，但如果服务崩溃，发送的这些消息就会丢失。这是因为

ExactlyOnce 仅能保证将消息传送到目标队列，但不保证从目标队列到服务的传递过程中不丢失消息。或者说，若要确保 WCF 服务也能接收到消息，必须使用事务发送消息。

下面通过例子说明客户端如何发送可靠排队消息到服务端。

【例 11-1】演示客户端发送可靠排队消息的基本用法，运行效果如图 11-3 所示。

图 11-3　例 11-1 的运行效果

下面介绍具体实现步骤。

（1）新建一个项目名和解决方案名都是 Service 的 WPF 应用程序。

（2）添加引用。通过添加引用的办法将 System.Configuration 和 System.Messaging 这两个引用添加到项目中。例如：鼠标右键单击项目中的【引用】→【添加引用】命令，在添加引用窗口的搜索框中键入"Config"，它就会自动找到 System.Configuration，勾选其左侧的复选框，将该引用添加到项目中。

（3）添加 AirportMessage 类，该类用于模拟发送的报文。源程序在 AirportMessage.cs 文件中，主要代码如下。

```
namespace Service.WcfService
{
    [DataContract(Namespace = "WcfMsmqExamples")]
    public class AirportMessage
    {
        [DataMember] public string AirportId; //4 位的机场编号
        [DataMember] public DateTime ForecastTime;  //预报时间
        [DataMember] public string ShortMessage; //短期预报信息
        public string MessageId //报文编号（机场编号+预报时间）
        {
            get
            {
                return string.Format("{0} {1:yyMM HHmm}", AirportId, ForecastTime);
            }
        }
        public string OriginalMessage //原始报文
        {
            get
            {
                return string.Format("{0} {1}", MessageId, ShortMessage);
            }
        }
```

```
        }
        public string Status { get; internal set; }
    }
}
```

（4）添加 AirportMessages 类，该类用于模拟保存的报文。源程序在 AirportMessages.cs 文件中，主要代码如下。

```
namespace Service.WcfService
{
    //报文集合（保存接收到的报文），例子只是为了演示，实际应用中应该保存到数据库中
    public class AirportMessages
    {
        static Dictionary<string, AirportMessage> messages =
            new Dictionary<string, AirportMessage>();
        public static void Add(AirportMessage message)
        {
            if (!messages.ContainsKey(message.MessageId))
            {
                messages.Add(message.MessageId, message);
            }
        }
        public static void DeleteMessage(string id)
        {
            if (messages[id] != null) messages.Remove(id);
        }
    }
}
```

（5）添加 WCF 服务。鼠标右键单击项目名，选择【添加】→【新建项】→【WCF 服务】，将文件名改为 AirportService.cs，单击【添加】按钮。此时系统会自动修改 App.config 中的配置，并自动添加对 System.ServiceModel 命名空间的引用，同时还自动添加 IAirportService.cs 和 AirportService.cs 文件。

（6）在 IAirportService.cs 文件中定义服务协定，主要代码如下。

```
[ServiceContract(Namespace = "WcfMsmqExamples")]
public interface IAirportService
{
    [OperationContract(IsOneWay = true)]
    void SubmitInfo(string info);
    [OperationContract(IsOneWay = true)]
    void SubmitAirportMessage(AirportMessage message);
}
```

（7）在 AirportService.cs 文件中实现服务协定，主要代码如下。

```
public class AirportService : IAirportService
{
    //TransactionScopeRequired 为 true 表示客户端必须在事务范围内调用此方法
    //TransactionAutoComplete 为 true 表示该方法完成后，自动完成该事务
    [OperationBehavior(TransactionScopeRequired = true,
                       TransactionAutoComplete = true)]
    public void SubmitInfo(string info)
    {
        MainWindow.AddInfo("收到: {0} ", info);
```

```
        }
        [OperationBehavior(TransactionScopeRequired = true,
                           TransactionAutoComplete = true)]
        public void SubmitAirportMessage(AirportMessage message)
        {
            //下面的代码应该对来自事务队列（可靠排队队列）的报文 message 进行解析处理
            //该例子没有演示报文解析过程，仅将原始报文显示出来
            MainWindow.AddInfo("收到：{0} ", message.OriginalMessage);
            //下面的代码应该是用事务进行入库处理，该例子仅将其添加到无事务功能的报文集合中
            AirportMessages.Add(message);
            //报文处理完毕
        }
    }
```

（8）修改服务配置。App.Config 文件中与该例子相关的代码如下。

```
<?xml version="1.0" encoding="utf-8"?>
  ......
  <appSettings>
  <add key="queueNameTransacted" value=".\private$\WcfMsmqExampleTransacted" />
  </appSettings>
  <system.serviceModel>
   ......
    <bindings>
      <netMsmqBinding>
        <binding name="TransactedBinding">
          <security mode="None" />
        </binding>
        ......
    </bindings>
    <services>
      <service name="Service.WcfService.AirportService">
        <endpoint address="net.msmq://localhost/private/WcfMsmqExampleTransacted"
                binding="netMsmqBinding"
                bindingConfiguration="TransactedBinding"
                contract="Service.WcfService.IAirportService">
          <identity>
            <dns value="localhost" />
          </identity>
        </endpoint>
        <host>
          <baseAddresses>
  <add baseAddress="http://localhost:8733/Design_Time_Addresses/AirportService/" />
          </baseAddresses>
        </host>
      </service>
      ......
    </services>
  </system.serviceModel>
</configuration>
```

（9）修改服务端主程序。

MainWindow.xaml.cs 中包含了本章所有例子的服务端代码，由于这些代码是统一实现的，因此在这里一起将其列出来。

```
public partial class MainWindow : Window
{
    private static TextBlock TextBlockInfo;
    private ServiceHost[] hosts;
    public MainWindow()
    {
        InitializeComponent();
        TextBlockInfo = textBlock1;
        hosts = new ServiceHost[4];
        //获取服务专用的队列名
        string q0 = ConfigurationManager.AppSettings["queueNameTransacted"];
        string q1 = ConfigurationManager.AppSettings["queueNameVolatile"];
        string q2 = ConfigurationManager.AppSettings["queueNameTwoWay"];
        string q3 = ConfigurationManager.AppSettings["queueNameDLQ"];
        //如果队列不存在则创建，true 表示创建事务队列，false 表示创建非事务队列
        if (!MessageQueue.Exists(q0)) MessageQueue.Create(q0, true);
        if (!MessageQueue.Exists(q1)) MessageQueue.Create(q1, false);
        if (!MessageQueue.Exists(q2)) MessageQueue.Create(q2, true);
        if (!MessageQueue.Exists(q3)) MessageQueue.Create(q3, true);
        this.Closing += MainWindow_Closing;
    }
    void MainWindow_Closing(object sender, System.ComponentModel.CancelEventArgs e)
    {
        foreach (var host in hosts)
        {
            if (host != null)
            {
                if (host.State == CommunicationState.Opened) host.Close();
            }
        }
    }
    private void btnStart_Click(object sender, RoutedEventArgs e)
    {
        textBlock1.Text = "";
        ChangeState(btnStart, false, btnStop, true);
        hosts[0] = new ServiceHost(typeof(WcfService.AirportService));
        hosts[1] = new ServiceHost(typeof(WcfService.AirportServiceVolatile));
        hosts[2] = new ServiceHost(typeof(WcfService.AirportServiceTwoWay));
        hosts[3] = new ServiceHost(typeof(WcfService.AirportServiceDLQ));
        foreach (var host in hosts)
        {
            host.Open();
        }
        AddInfo("服务已启动，监听的 Uri 为: ");
        foreach (var host in hosts)
        {
            foreach (var v in host.Description.Endpoints)
            {
                AddInfo(v.ListenUri.ToString());
            }
        }
        AddInfo("---------");
    }
    private void btnStop_Click(object sender, RoutedEventArgs e)
```

```
    {
        foreach (var host in hosts)
        {
            host.Close();
        }
        AddInfo("服务已关闭");
        ChangeState(btnStart, true, btnStop, false);
    }
    private static void ChangeState(Button btnStart, bool isStart,
                                    Button btnStop, bool isStop)
    {
        btnStart.IsEnabled = isStart;
        btnStop.IsEnabled = isStop;
    }
    public static void AddInfo(string format,params object[] args)
    {
        TextBlockInfo.Text += string.Format(format, args) + "\n";
    }
}
```

（10）按<F5>键调试运行服务端程序，确保没有语法错误。

（11）新建一个项目名和解决方案名都是 Client 的 WPF 应用程序项目。

（12）先运行服务端的 Service 项目，然后在客户端添加服务引用，如图 11-4 所示。

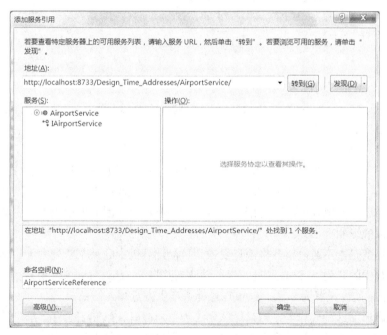

图 11-4　在 Client 项目中添加服务引用

（13）添加对 Systm.Transactions 的引用，以便客户端使用事务范围来处理发送的报文。

（14）编写客户端调用代码。源程序见 TransactedPage.xaml 及其代码隐藏类。
TransactedPage.xaml.cs 文件中的主要代码如下。

```
public partial class TransactedPage : Page
{
    AirportServiceClient client;
```

```
public TransactedPage()
{
    InitializeComponent();
    client = new AirportServiceClient();
    this.Unloaded += StandedPage_Unloaded;
}
void StandedPage_Unloaded(object sender, RoutedEventArgs e)
{
    client.Close();
}
private void btn1_Click(object sender, RoutedEventArgs e)
{
    client.SubmitInfo("例1"); //不通过事务发送（仅为演示，不建议这样用）
    AirportMessage m = new AirportMessage();
    m.AirportId = "0001";
    m.ForecastTime = DateTime.Now;
    m.ShortMessage = "0356 1157Z";
    //通过事务发送（建议的用法），如果出错，该事务范围内的所有操作都会回滚
    using (TransactionScope scope =
            new TransactionScope(TransactionScopeOption.Required))
    {
        client.SubmitAirportMessage(m); // 向队列提交报文
        scope.Complete(); // 完成事务
    }
    textBlock1.Text += "已发送。\n";
}
}
```

（15）按<F5>键调试运行客户端程序。

（16）关闭服务端程序，再次发送报文，然后再次运行服务端程序，查看服务端是否仍然能正常接收到客户端发送的报文。

3. 快速排队通信

在某些情况下，可能高效地及时送达消息（快速、高性能消息处理）比消息的可靠性更重要，此时不要用可靠排队通信和事务来实现，而应该用快速排队通信来实现。比如发布者发布股票行情时，由于发布者不停地发送即时行情，此时即时性最重要，因为即使丢失其中的一两个消息对接收者的观察来说影响也不大。

快速排队通信是指不通过事务将消息发送到目标计算机中的某个队列中（目标计算机内存中的队列或者磁盘中的队列），这是通过非事务性队列并将 ExactlyOnce 属性设置为 false 来实现的。此外，将 Durable 属性设置为 false，还可以选择不产生磁盘写入开销。

在快速排队通信这种模式下，当目标队列管理器崩溃时，虽然用于存储消息的非事务性队列可能还存在，但消息本身实际上已经不存在，因为消息并不存储在磁盘中。

通过快速排队通信发送没有可靠性保证的消息时，MSMQ 仅尽量快地传递消息，这不同于可靠排队通信的"一次性"保证。在具有"一次性"保证的通信模型中，MSMQ 可确保消息被送达且不会重复，如果无法送达消息，也会通过死信队列向发送方发出通知。

注意，不能使用 MSMQ 在某个事务范围内发送没有可靠性保证的消息，而且还必须在服务端创建非事务性队列来保存客户端发送的消息。比如下面的例子就是用没有事务处理功能的消息字典在内存中来保存消息的。

【例 11-2】演示客户端发送快速排队消息的基本用法，运行效果如图 11-5 所示。

图 11-5　例 11-2 的运行效果

该例子和例 1 的功能相似，唯一的区别就是没有使用事务发送消息。具体实现请参看源程序，这里不再列出源代码。

由于使用消息队列发送消息，因此不必同时启动和运行客户端和服务端。可以先运行客户端发送消息，将其关闭后再启动服务端，此时服务端仍然能收到客户端发送的消息。

11.2.2　双向通信

对于机场 A 来说，当它向 B 机场发送报文消息后，有些重要的报文可能还需要检测 B 机场对接收到的报文消息进行处理的情况（等待、正在处理、处理成功、处理失败等），此时就需要 B 机场将消息处理的状态返回给 A 机场，这可以用双向通信来实现。

将 WCF 和 MSMQ 绑定后，所有服务操作必须均为单向，原因是 WCF 中的默认排队绑定不支持使用队列进行双工通信。

虽然 MSMQ 不支持双工通信，但是，我们仍然可以用两个单向协定来实现双向通信，基本实现思路是：在客户端也定义和实现服务协定，这样一来，服务端就可以通过代理调用客户端提供的服务（实际上此时服务端变成了客户端，客户端变成了服务端），从而实现类似双工通信的功能。

下面通过例子说明实现办法。

【例 11-3】演示利用 WCF 和 MSMQ 实现双向通信的基本用法，运行效果如图 11-6 所示。

图 11-6　例 11-3 的运行效果

服务端的主要设计步骤如下。

（1）添加 WCF 服务。源程序见 IAirportServiceTwoWay.cs 和 AirportServiceTwoWay.cs。

IAirportServiceTwoWay.cs 文件的主要代码如下。

```
[ServiceContract(Namespace = "WcfMsmqExamples")]
public interface IAirportServiceTwoWay
{
    [OperationContract(IsOneWay = true)]
    void SubmitInfo(string info);
    [OperationContract(IsOneWay = true)]
    void SubmitAirportMessageTwoWay(AirportMessage message, string reportStatusTo);
}
```

AirportServiceTwoWay.cs 文件的主要代码如下。

```
public class AirportServiceTwoWay : IAirportServiceTwoWay
{
    [OperationBehavior(TransactionScopeRequired = true,
                       TransactionAutoComplete = true)]
    public void SubmitInfo(string info)
    {
        MainWindow.AddInfo("收到: {0} ", info);
    }
    [OperationBehavior(TransactionScopeRequired = true,
                       TransactionAutoComplete = true)]
    public void SubmitAirportMessageTwoWay(AirportMessage message,
                                           string reportStatusTo)
    {
        MainWindow.AddInfo("收到: {0} ", message.OriginalMessage);
        MainWindow.AddInfo("消息来自: {0}", reportStatusTo);
        message.Status = "正在处理";
        //下面的代码应该对报文进行解析处理, 此处省略了解析过程
        //......
        ReportStatus(message, reportStatusTo);
        //下面的代码省略了入库处理过程, 仅将其添加到报文集合中
        //......
        AirportMessages.Add(message);
        message.Status = "已处理";
        ReportStatus(message, reportStatusTo);
    }
    private static void ReportStatus(AirportMessage message, string reportStatusTo)
    {
        MainWindow.AddInfo("向该客户端回送处理状态: {0}",message.Status);
        //注意: 回调的客户端地址是对方通过 reportStatusTo 传递过来的地址
        AirportMessageStatusServiceClient client =
                new AirportMessageStatusServiceClient(
            "NetMsmqBinding_IAirportMessageStatusService",
             new EndpointAddress(reportStatusTo));
        using (TransactionScope scope =
                new TransactionScope(TransactionScopeOption.Required))
        {
            //向该客户端发送状态回调信息
            client.AirportMessageStatus(message.MessageId, message.Status);
            scope.Complete();
        }
        client.Close();
```

```
        }
    }
```

（2）修改服务配置。服务端 App.config 文件中的相关代码如下。

```xml
<?xml version="1.0" encoding="utf-8"?>
<configuration>
  ......
  <appSettings>
    <add key="queueNameTwoWay" value=".\private$\WcfMsmqExampleTwoWay" />
  </appSettings>
  <system.serviceModel>
    <client>
      <endpoint address="net.msmq://localhost/private/AirportMessageStatus"
              binding="netMsmqBinding"
              bindingConfiguration="NetMsmqBinding_IAirportMessageStatusService"
      contract="AirportMessageStatusServiceReference.IAirportMessageStatusService"
              name="NetMsmqBinding_IAirportMessageStatusService">
        <identity>
          <dns value="localhost" />
        </identity>
      </endpoint>
    </client>
    ......
    <bindings>
      <netMsmqBinding>
        <binding name="TransactedBinding">
          <security mode="None" />
        </binding>
        <binding name="NetMsmqBinding_IAirportMessageStatusService">
          <security mode="None" />
        </binding>
      </netMsmqBinding>
    </bindings>
    <services>
      <service name="Service.WcfService.AirportServiceTwoWay">
        <endpoint address="net.msmq://localhost/private/WcfMsmqExampleTwoWay"
                binding="netMsmqBinding"
                bindingConfiguration="TransactedBinding"
                contract="Service.WcfService.IAirportServiceTwoWay">
          <identity>
            <dns value="localhost" />
          </identity>
        </endpoint>
        <host>
          <baseAddresses>
            <add baseAddress="http://localhost:8733/Design_Time_Addresses/AirportService
TwoWay/" />
          </baseAddresses>
        </host>
      </service>
    </services>
  </system.serviceModel>
</configuration>
```

客户端的主要设计步骤如下。

（1）添加 WCF 服务。

源程序在 IAirportMessageStatusService.cs 和 AirportMessageStatusService 文件中。

IAirportMessageStatusService.cs 文件的主要代码如下。

```
[ServiceContract(Namespace = "WcfMsmqExamples")]
public interface IAirportMessageStatusService
{
    [OperationContract(IsOneWay = true)]
    void AirportMessageStatus(string id, string status);
}
```

AirportMessageStatusService.cs 文件的主要代码如下。

```
public class AirportMessageStatusService : IAirportMessageStatusService
{
    [OperationBehavior(TransactionAutoComplete = true,
                       TransactionScopeRequired = true)]
    public void AirportMessageStatus(string id, string status)
    {
        Client.Examples.TwoWayPage.AddInfo("收到--报文 id: {0}, 状态: {1} ", id, status);
    }
}
```

（2）编写客户端代码。源程序见 TwoWayPage.xaml 及其代码隐藏类。

TwoWayPage.xaml.cs 的主要代码如下。

```
public partial class TwoWayPage : Page
{
    private static TextBlock textBlockInfo;
    ServiceHost host;
    public TwoWayPage()
    {
        InitializeComponent();
        textBlockInfo = textBlock1;
        this.Loaded += TwoWayPage_Loaded;
        this.Unloaded += TwoWayPage_Unloaded;
    }
    void TwoWayPage_Unloaded(object sender, RoutedEventArgs e)
    {
        host.Close();
    }
    void TwoWayPage_Loaded(object sender, RoutedEventArgs e)
    {
        //获取队列名
        string q = ConfigurationManager.AppSettings["queueNameStatusService"];
        //如果队列不存在则创建，true 表示创建事务队列，false 表示创建非事务队列
        if (!MessageQueue.Exists(q)) MessageQueue.Create(q, true);
        host = new ServiceHost(typeof(AirportMessageStatusService));
        host.Open();
        textBlock1.Text = "接收状态通知的服务已启动\n";
    }
    private void btn1_Click(object sender, RoutedEventArgs e)
    {
        AirportServiceTwoWayClient client = new AirportServiceTwoWayClient();
```

```
client.SubmitInfo("例3");
AirportMessage m = new AirportMessage();
m.AirportId = "0003";
m.ForecastTime = DateTime.Now;
m.ShortMessage = "0333 1100Z";
using (TransactionScope scope =
        new TransactionScope(TransactionScopeOption.Required))
{
    string hostName = Dns.GetHostName();
    string address = "net.msmq://" + hostName + "/private/AirportMessageStatus";
    client.SubmitAirportMessageTwoWay(m, address);
    scope.Complete();
}
client.Close();
textBlock1.Text += "已发送。\n";
}
public static void AddInfo(string format, params object[] args)
{
    textBlockInfo.Text += string.Format(format, args) + "\n";
}
}
```

11.3　WCF 和 MSMQ 的高级处理功能

除了基本的 MSMQ 通信功能外，WCF 和 MSMQ 还提供了各种高级处理功能，利用这些高级功能，可解决通信时可能会遇到的各种问题。

作为高级应用的知识扩展（在实际应用中会用到这些高级技术，如果读者学习时间不够，可暂时将其作为了解内容），这一节我们简单介绍这些功能的处理思路。

11.3.1　使用死信队列处理消息传输故障

A 机场发送报文消息后，可能会因为各种原因导致消息没有到达接收方，由于消息只能被传送到发送方的传输队列中，因此，发送程序无法立即知道消息是否能发送成功。为了记录消息在传输到目标队列时的失败情况，失败消息将被传输到死信队列中。

死信队列（Dead-Letter Queues）是用于记录传送失败排队消息的特殊队列。传送失败可能是由于网络故障、队列已删除、队列已满、身份验证失败或未能在消息生存时间(TTL)内准时传送等原因而引起的。

1. NetMsmqBinding 与死信队列编程相关的属性

为了支持死信队列处理，NetMsmqBinding 提供了两个相关的属性：DeadLetterQueue 属性和 CustomDeadLetterQueue 属性。一般在服务端配置文件中以特性（Attribute）的形式来设置这两个属性。

（1）DeadLetterQueue

DeadLetterQueue 属性表示客户端需要的死信队列。该属性是一个枚举，可选值为 None、System 和 Custom。

- None：客户端不需要死信队列。如果消息传递失败，则不会在死信队列中保留该消息的任何记录。这是当 ExactlyOnce 设置为 false 时的默认值。
- System：用系统死信队列存储死消息。MSMQ 分别为事务性队列和非事务性队列提供了一个相应的死信队列，当消息传递失败时消息将被放入相应的队列中，这是当 ExactlyOnce 为 true 时的默认值。系统死信队列由计算机上运行的所有应用程序共享。

- Custom：用 CustomDeadLetterQueue 属性指定的自定义死信队列存储死消息。此功能仅在 Windows Vista 或者更高版本（例如 Windows 7、Windows 8）的操作系统中可用，无法在 Windows XP 中使用。或者说，只有 MSMQ 4.0 以及更高版本才支持自定义死信队列。当应用程序必须使用自己的死信队列而不与同一计算机上运行的其他应用程序共享该死信队列时，可以使用此功能。

死信队列可确保消息未能传递到目标队列时，客户端能收到相应的通知。

（2）CustomDeadLetterQueue

CustomDeadLetterQueue 属性指定应用程序自定义的死信队列，该值默认为 null。

如果 DeadLetterQueue 设置为 None 或 System，则 CustomDeadLetterQueue 必须设置为 null。如果 CustomDeadLetterQueue 不为 null，则 DeadLetterQueue 必须设置为 Custom。

2. 什么情况下消息会放入死信队列

死信队列是发送应用程序的队列管理器的其中一个队列，该队列位于客户端本地队列中，因此，应该在客户端处理死信队列中的消息。

以下情况会导致消息放入死信队列。

（1）消息超时

由于排队通信可能需要一定的休眠时间，因此可能需要在消息上关联生存期时间值，以确保超过该时间段后不再将消息发送到应用程序。当消息过期（即超过了消息生存期关联的时间值），MSMQ 会自动将消息放入死信队列中。

在配置文件中，可利用 timeToLive 设置消息生存期时间值（时:分:秒），例如：

```
<binding ......  timeToLive="00:00:30">
```

该值表示消息过期时间为 30 秒。

（2）消息传递失败

除了消息在传递给接收方之前过期以外，由于其他原因引起消息传递失败时，MSMQ 也会将消息放入死信队列中，这些原因包括：

- 事务性消息被发送到非事务性队列中。
- 非事务性消息被发送到事务性队列中。
- 未经身份验证的消息被发送到仅接收经过身份验证的消息的队列中。
- 未加密的消息被发送到仅接收加密消息的队列中。
- 超出了目标计算机的消息存储配额或目标队列的存储配额，或者在消息到达时目标计算机上没有可用的存储空间。
- 发送方没有在目标队列放置消息的权限。
- 附加到消息上的数字签名无效。
- 加密的消息不能由目标队列管理器解密。
- 目标队列在检索消息之前被清除或删除。

可见，导致消息传递失败的原因非常多，此时需要执行发送任务的客户端应用程序根据情况决定如何处理这些问题。

3. 死信队列处理方案

当出现死信时，客户端应用程序有以下选择方案。

（1）不执行任何操作（不处理死信）。

（2）读取死信队列中的消息，然后采取纠正或补偿措施。至于如何纠正或补偿，取决于失败的原因。例如，如果是过期引起的就重新发送该消息；如果是身份验证失败则更正附有消息的证书，然后重新发送；如果传送失败的原因是已达到目标队列的配额，则在配额问题解决后重新尝试发送；如果是其他原因引起的，就取消发送，或者将发送失败的原因显示出来，或者记录到某个发送情况记录文件中等。

如果同一台计算机上只有一个客户端，即该计算机上的 MSMQ 不存在多个队列共享的问题，此时直接利用系统死信队列处理死信即可。

如果同一台计算机的多个客户端同时向不同的目标队列发送消息，默认情况下位于本机的死信队列将共享 MSMQ 服务，即这些客户端发送的所有消息都将转到同一个死信队列。但这种处理办法有两个问题，一是系统死信队列中会包含混合消息，在某些情况下，如出于安全考虑，可能并不希望一个客户端从死信队列中读取另一个客户端的消息；二是共享死信队列要求客户端浏览该队列来查找发送的相关消息，当死信队列中的消息数量非常大时，这样做的开销可能会极其大。

因此，建议的方案是最好使用自定义的死信队列。

4．客户端从死信队列中读取消息

在客户端应用程序中，从死信队列中读取消息类似于服务端 WCF 服务读取目标队列的过程，但存在以下不同：

（1）客户端若要从系统的事务性死信队列中读取消息，URI 必须为以下形式：

```
net.msmq://localhost/system$;DeadXact
```

（2）客户端若要从系统的非事务性死信队列中读取消息，URI 必须为以下形式：

```
net.msmq://localhost/system$;DeadLetter
```

（3）客户端若要从自定义的死信队列中读取消息，URI 必须为以下形式：

```
net.msmq://localhost/private/<custom-dlq-name>
```

其中，<custom-dlq-name>是客户端自定义死信队列的名称，需要用实际的队列名替换它。

5．死信队列处理示例

下面通过例子说明如何在客户端自定义死信队列以及如何在客户端处理死信队列。

【例 11-4】演示客户端处理死信队列的基本用法，运行效果如图 11-7 所示。

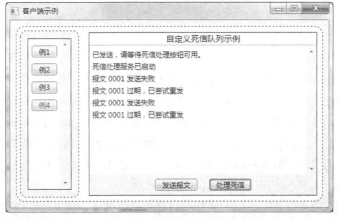

图 11-7　例 11-4 的运行效果

主要设计步骤如下。

（1）定义和实现服务协定。源代码见 Service 项目的 IAirportServiceDLQ.cs 和 AirportServiceDLQ.cs。这两个文件的内容与本章例1的服务协定及其实现代码完全相同。但是，由于服务端配置不同（不同的队列），因此不能直接使用第一个例子的服务协定。

（2）修改服务配置。相关代码如下。

```xml
<?xml version="1.0" encoding="utf-8"?>
<configuration>
......
  <appSettings>
   <add key="queueNameDLQ" value=".\private$\WcfMsmqExampleDLQ" />
  </appSettings>
  <system.serviceModel>
    <bindings>
      <netMsmqBinding>
        <binding name="TransactedBinding">
         <security mode="None" />
        </binding>
      </netMsmqBinding>
    </bindings>
    <services>
      </service>
      <service name="Service.WcfService.AirportServiceDLQ">
        <endpoint address="net.msmq://localhost/private/WcfMsmqExampleDLQ"
               binding="netMsmqBinding"
               bindingConfiguration="TransactedBinding"
               contract="Service.WcfService.IAirportServiceDLQ">
         <identity>
           <dns value="localhost" />
         </identity>
        </endpoint>
        <host>
         <baseAddresses>
          <add baseAddress="http://localhost:8733/Design_Time_Addresses/ Airport
ServiceDLQ/" />
         </baseAddresses>
        </host>
      </service>
    </services>
  </system.serviceModel>
</configuration>
```

（3）运行服务，以便创建队列以及让客户端添加服务引用。

（4）在客户端添加服务引用，如图11-8所示。

这里需要注意一点，在添加服务引用的窗口中，需要单击【高级】按钮，然后取消服务引用设置中的"允许生成异步操作"。这是因为在客户端将要实现的死信队列服务中，需要实现服务端的服务协定所规定的接口，但客户端不是为了再实现一个不同的服务协定，而是为了利用它重新向服务端发送消息。如果不将该选项取消，将会导致冲突。

（5）关闭服务端服务，否则，由于消息不会放入死信队列，将无法观察死信处理的过程。

（6）在客户端编写死信队列服务代码。

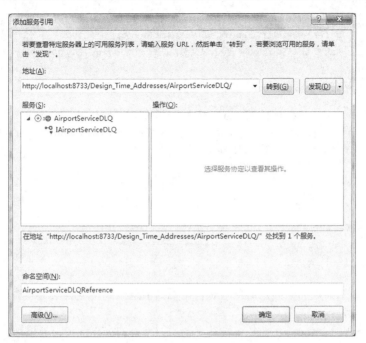

图 11-8　添加该例子的服务引用

源代码在 DeadLetterService.cs 文件中，主要代码如下。

```
namespace Client.Service
{
    [ServiceBehavior(Namespace = "WcfMsmqExamples",
        InstanceContextMode = InstanceContextMode.Single,
        ConcurrencyMode = ConcurrencyMode.Single,
        AddressFilterMode = AddressFilterMode.Any)]
    public class DeadLetterService : IAirportServiceDLQ
    {
        AirportServiceDLQClient client;
        public DeadLetterService()
        {
            client = new AirportServiceDLQClient();
        }
        [OperationBehavior(TransactionScopeRequired = true,
                        TransactionAutoComplete = true)]
        public void SubmitInfo(string info)
        {
            //......处理过程与 SubmitAirportMessage 的处理过程类似，此处没有实现
        }
        [OperationBehavior(TransactionScopeRequired = true,
                        TransactionAutoComplete = true)]
        public void SubmitAirportMessage(AirportMessage message)
        {
            AddInfo("报文 {0} 发送失败", message.AirportId);
            MsmqMessageProperty p = OperationContext.Current.IncomingMessageProperties
[MsmqMessageProperty.Name] as MsmqMessageProperty;
            // 如果超时则重发，否则显示出错原因
            if (p.DeliveryFailure == DeliveryFailure.ReachQueueTimeout ||
                p.DeliveryFailure == DeliveryFailure.ReceiveTimeout)
```

```
        {
            client.SubmitAirportMessage(message);
            AddInfo("报文 {0} 过期，已尝试重发", message.AirportId);
        }
        else
        {
            AddInfo("消息传递状态：{0}，失败原因：{1}",
                    p.DeliveryStatus, p.DeliveryFailure);
            AddInfo("已取消发送该消息");
        }
    }
    private static void AddInfo(string format, params object[] args)
    {
        Examples.DeadLetterPage.AddInfo(format, args);
    }
}
}
```

在本例中，如果失败的原因是消息超时，则死信消息服务会重新发送该消息。其他原因引起的则将失败原因显示出来。

这里再次提醒一下，死信队列是客户端队列，对于客户端队列管理器来说是本地队列。因此应该在客户端编写死信队列处理代码。还有，由于死信队列中的消息本来是被发送到处理消息的服务的消息，因此，当死信消息服务从队列中读取消息时，WCF 通道层会发现终节点不匹配，而不会调度该消息，为了让死信队列服务也能接收消息，需要在 ServiceBehavior 中指定一个可匹配任何地址的地址筛选器：

```
AddressFilterMode = AddressFilterMode.Any
```

这是成功处理从死信队列中读取的消息所必需的。

（7）编写客户端发送消息的代码。源代码见 DeadLetterPage.xaml 及其代码隐藏类。DeadLetterPage.xaml.cs 的主要内容如下。

```
public partial class DeadLetterPage : Page
{
    private static TextBlock textBlockInfo;
    ServiceHost host;
    public DeadLetterPage()
    {
        InitializeComponent();
        this.Loaded += PerAppDLQPage_Loaded;
        this.Unloaded += PerAppDLQPage_Unloaded;
    }
    void PerAppDLQPage_Loaded(object sender, RoutedEventArgs e)
    {
        textBlockInfo = textBlock1;
        string q = ConfigurationManager.AppSettings["queueNameDeadLetter"];
        if (!MessageQueue.Exists(q)) MessageQueue.Create(q, true);
    }
    void PerAppDLQPage_Unloaded(object sender, RoutedEventArgs e)
    {
        if (host != null)
        {
            if (host.State == CommunicationState.Opened) host.Close();
```

```csharp
        }
    }
    private async void btn1_Click(object sender, RoutedEventArgs e)
    {
        btn2.IsEnabled = false;
        if (host != null)
        {
            if (host.State == CommunicationState.Opened) host.Close();
        }
        AirportServiceDLQClient client = new AirportServiceDLQClient();
        AirportMessage m = new AirportMessage()
        {
            AirportId = "0001",
            ForecastTime = DateTime.Now,
            ShortMessage = "0356 1157Z"
        };
        using (TransactionScope scope =
                new TransactionScope(TransactionScopeOption.Required))
        {
            client.SubmitInfo("例 4");
            client.SubmitAirportMessage(m);
            scope.Complete();
        }
        client.Close();
        textBlock1.Text += "已发送，请等待死信处理按钮可用。\n";
        await Task.Delay(TimeSpan.FromSeconds(5));
        btn2.IsEnabled = true;
    }
    private void btn2_Click(object sender, RoutedEventArgs e)
    {
        if (host != null)
        {
            if (host.State == CommunicationState.Opened)
            {
                host.Close();
            }
        }
        host = new ServiceHost(typeof(Service.DeadLetterService));
        host.Open();
        AddInfo("死信处理服务已启动");
    }
    public static void AddInfo(string format, params object[] args)
    {
        textBlockInfo.Text += string.Format(format, args) + "\n";
    }
}
```

（8）修改客户端配置。

客户端配置文件（App.config）需要修改的地方有：自定义一个死信队列用于排队已过期的消息、配置死信队列服务、修改添加服务引用时自动生成的客户端绑定配置。

相关代码如下。

```xml
<?xml version="1.0" encoding="utf-8" ?>
<configuration>
```

```
......
<appSettings>
  <add key="queueNameDeadLetter" value=".\private$\AirportAppDLQ" />
</appSettings>
<system.serviceModel>
    ......
    <services>
        <service name="Client.Service.DeadLetterService">
            <endpoint address="net.msmq://localhost/private/AirportAppDLQ"
                binding="netMsmqBinding"
                bindingConfiguration="TransactedBinding"
                contract="AirportServiceDLQReference.IAirportServiceDLQ">
                <identity>
                    <dns value="localhost" />
                </identity>
            </endpoint>
            <host>
                <baseAddresses>
                    <add  baseAddress="http://localhost:8733/Design_Time_Addresses/
PerAppDLQService/" />
                </baseAddresses>
            </host>
        </service>
    </services>
    <bindings>
            <binding name="NetMsmqBinding_IAirportServiceDLQ"
                    timeToLive="00:00:02"
                    deadLetterQueue="Custom"
            customDeadLetterQueue="net.msmq://localhost/private/AirportAppDLQ">
                <security mode="None" />
            </binding>
        </netMsmqBinding>
    </bindings>
    <client>
        <endpoint address="net.msmq://localhost/private/WcfMsmqExampleDLQ"
            binding="netMsmqBinding"
            bindingConfiguration="NetMsmqBinding_IAirportServiceDLQ"
            contract="AirportServiceDLQReference.IAirportServiceDLQ"
            name="NetMsmqBinding_IAirportServiceDLQ">
            <identity>
                <dns value="localhost" />
            </identity>
        </endpoint>
    </client>
</system.serviceModel>
</configuration>
```

在这个例子中，客户端需要在事务范围内将消息发送到服务并为这些消息的“生存期”指定一个比较低的值（2秒），目的是为了能让其尽快将发送过期的消息转移到死信队列中，以便观察死信的处理情况。

（9）运行客户端程序，观察效果。

为了能在操作中看到死信服务执行的情况，应在启动服务之前运行客户端，此时超时的消息才会被传送到死信服务。

当发送消息过一段时间后，单击【处理死信】按钮，此时如果消息已经被转发到死信队列，则死信消息服务就能从本机的死信队列中读取失败的消息，并显出读取后处理的情况。在死信处理的过程中，运行服务端程序启动服务，此时服务端就会读取死信队列服务重新发送的消息并处理该消息。如果不启动服务端的服务，例子中的死信处理服务将会持续反复重发过期的死信。

11.3.2　使用病毒消息队列处理反复出现的故障

A 机场在向 B 机场发送报文消息的过程中，可能会遇到 B 机场反复出现接收错误或网络故障，因此必须有一种办法终止这种循环，解决此问题涉及病毒消息处理。

1. 什么是病毒消息

病毒消息（Poison Message）是指已超出向应用程序传递的最大尝试次数的消息。在将消息传送到目标队列后，服务在处理该消息时可能会反复出现故障。例如，从事务的队列中读取消息和更新数据库的应用程序可能会发现数据库暂时已断开连接。在这种情况下，事务将回滚，会创建一个新的事务，并从队列中重新读取消息。由于第二次尝试可能成功，也可能失败，因此在某些情况下，根据错误产生的原因，消息传送到应用程序时可能会反复出现故障。此时该消息被认为是"病毒"。这些消息将移动到可以通过病毒处理应用程序读取的病毒消息队列（Poison Message Queue）中。

为符合可靠性要求，排队的应用程序是在事务中接收消息的。中止已接收某个排队消息的事务时，该消息仍会保留在队列中，这样当开始一个新事务时，将对该消息重试操作。如果导致事务中止的问题未得到更正，则直到超出最大传递尝试次数并导致产生病毒消息时，接收应用程序才会中断接收和中止同一消息的循环。

消息变为病毒消息的原因有很多，最常见的是应用程序特定的原因。再举一个例子，如果某个应用程序从队列中读取消息，并执行某些数据库处理，则该应用程序在获取数据库锁时可能会失败，从而导致中止事务。因为数据库事务已中止，所以消息仍保留在队列中，这会导致应用程序再次读取消息，并再次尝试获取数据库锁，这就导致循环尝试。

如果消息包含无效信息，则也可能变为病毒消息。例如，某个采购订单可能包含无效的客户编号。这种情况下，应用程序可能会自动中止事务，将该消息强制变为病毒消息。

有时消息可能无法被调度到应用程序（这种情况比较少见），例如消息有错误帧、附加到消息的消息凭据无效或操作标头无效等，此时 WCF 层会自动找到消息出错的原因，在这些情况下，应用程序绝不会收到消息；不过，由于消息有可能会变为病毒消息（有可能的意思是再次尝试可能会成功，此时就不会变为病毒消息），因此可以对其进行手动处理，即让用户通过界面操作来处理。

2. 如何处理病毒消息

由于病毒消息是在 WCF 服务接收消息的过程中反复出现的错误，所以应该在服务端处理病毒消息。

至于如何处理病毒消息，则由每个可用排队绑定中的相关属性来配置，这些属性包括 ReceiveRetryCount、MaxRetryCycles、RetryCycleDelay 和 ReceiveErrorHandling。

（1）ReceiveRetryCount

这是一个整数值，指示将某个消息从应用程序队列传递到应用程序的最大重试次数，该值默认为 5，即最多重试 5 次。对于立即重试就可以修复问题（如数据库出现临时死锁）的情况，这个数值已足够了。如果读者希望观察重试次数，可将本章例 1 中 AirportMessages.cs 的下列代码：

```
public static void Add(AirportMessage message)
{
    if (!messages.ContainsKey(message.MessageId))
    {
        messages.Add(message.MessageId, message);
    }
}
```

改为下面的代码：

```
public static void Add(AirportMessage message)
{
    messages.Add(message.MessageId, message);
}
```

启动服务端服务，然后运行客户端的例 1，并重复发送同一个消息，此时就可以观察到服务端尝试处理的次数。由于字典中不能有重复的值，因此，当我们在客户端反复发送 id 相同的消息时，消息从队列传递到 WCF 服务时也会反复出现异常，而每出现一次异常，服务端都将尝试接收 5 次。

（2）MaxRetryCycles

这是一个整数值，指示最大重试周期数。一个重试周期包括将消息从应用程序队列传送到重试子队列，在经过可配置的延迟后，从重试子队列将消息传送回应用程序队列以便重新尝试传递，该值默认为 2。对 Windows 7 来说，消息尝试最多为：

```
(ReceiveRetryCount + 1) * ( MaxRetryCycles + 1)
```

在 Windows Server 2003 和 Windows XP 上，将忽略 MaxRetryCycles 属性。

（3）RetryCycleDelay

重试周期之间的时间延迟，该值默认为 30 分钟。MaxRetryCycles 和 RetryCycleDelay 共同提供一个机制，用于解决周期性延迟之后的重试可修复的问题。例如，这种机制可以处理 SQL Server 挂起的事务提交中锁定的行集。

（4）ReceiveErrorHandling

这是一个枚举，指示对在已尝试过最大重试次数后仍无法传递的消息所采取的操作，可能的值包括 Fault（错误）、Drop（删除）、Reject（拒绝）和 Move（移动），默认选项为 Fault。

Fault：此选项会向导致 ServiceHost 出现错误的侦听器发送一个错误。必须利用其他一些外部机制将该消息从应用程序中移除，应用程序才能继续处理队列中的消息。

Drop：此选项删除病毒消息，该消息永远不会再传递到应用程序。如果该消息的 TimeToLive 属性在此时已过期，那么此消息可能会显示在发送方的死信队列中。如果不是这种情况，则该消息将不会显示在任何位置。此选项指示用户尚未指定丢失消息时该如何处理。

Reject：此选项仅在 Windows 7 中可用。选择此选项会指示 MSMQ 将否定确认发送回发送队列管理器，以说明应用程序无法接收该消息。该消息会放入发送队列管理器的死信队列中。

Move：此选项仅在 Windows 7 中可用。选择此选项将病毒消息移动到病毒消息队列，以供以后由病毒消息处理应用程序进行处理。病毒消息处理应用程序可以是将消息从病毒队列中读取出来的 WCF 服务。病毒队列是应用程序队列的子队列，其地址为：

```
net.msmq://<machine-name>/applicationQueue;poison
```

其中，<machine-name>是该队列所驻留的计算机的名称，applicationQueue 是应用程序特定队列的名称。

3. 病毒消息队列编程需要注意的问题

使用病毒消息处理功能时，请确保将 ReceiveErrorHandling 属性设置为适当的值。具体来说，将该属性设置为 Drop 表示数据丢失；另一方面，如果该属性设置为 Fault，服务主机一旦检测到病毒消息，就被视为出现了错误。

使用 MSMQ 3.0 时，最好使用 Fault 来避免数据丢失并移出病毒消息。使用 MSMQ 4.0 时，建议使用 Move 将出错消息移到病毒消息队列中，这样一来，病毒消息服务就可以单独处理这些消息。

另外需要注意的是，对于接收应用程序来说，整个病毒消息处理机制都是本地的。处理过程对发送应用程序是不可见的，除非接收应用程序最终停止接收并将否定确认发送回发送方。这种情况下，该消息会移动到发送方的死信队列中。

11.3.3　其他高级处理功能

除了死信队列处理和病毒消息处理外，还有一些高级处理功能需要了解。

1. 通过事务批处理提高吞吐量

有时候我们需要在单个终节点上实现高吞吐量，此时可使用下面的办法。

（1）事务处理批处理。事务处理批处理可确保在单个事务中能够读取多个消息。这样可优化事务提交，从而提高整体性能。批处理的代价在于，如果一个批次内某个消息出现错误，则整个批次都会回滚，并且这些消息必须逐个处理，直到可以再次安全地进行批处理为止。实际上，大多数情况下很少出现病毒消息，因此首选使用批处理来提高系统性能，尤其是具有参与事务的其他资源管理器时更是如此。

（2）并发。并发可增加吞吐量，但并发也会影响对共享资源的争用。

（3）遏制。要实现最佳性能，可能需要遏制调度程序管线中的消息数。

若要实现高吞吐量和可用性，可能还需要使用从队列中进行读取操作的 WCF 服务场（Services Farm）。这要求所有这些服务都在相同的终节点上公开相同的协定。场方法最适用于具有高消息产生率的应用程序，因为它使大量服务都从同一队列中进行读取操作。

2. 使用传输安全保护消息

使用 NetMsmqBinding 的传输安全影响着在传输队列和目标队列之间进行传输时对 MSMQ 消息进行保护的方式，其中的保护是指：

（1）对消息进行签名，以确保该消息未经篡改。

（2）对消息进行加密，以确保无法查看或篡改该消息。此操作是可选的，但建议执行该操作。

（3）目标队列管理器对消息发送方进行标识以确保不可否认性。

在 MSMQ 中，目标队列独立于身份验证，具有一个访问控制列表（ACL），ACL 的作用是检查客户端是否有权将消息发送到目标队列，同时还将检查接收应用程序是否有从目标队列接收消息的权限。

3. 使用消息安全保护消息

传输安全用于在客户端保护目标队列的消息，而消息安全的关键概念在于客户端保护接收应用程序（服务）的消息。使用消息安全保护 WCF 时，MSMQ 不起任何作用。

WCF 消息安全向与现有安全基础结构（如证书或 Kerberos 协议）集成在一起的 WCF 消息中添加安全标头（Security Header）。

4. 以工作语义为单元排队

某些情况下，队列中的一组消息可能具有相关性，因此这些消息的顺序很重要。在这些情况下，将一组相关消息作为单个单元进行处理——要么成功处理所有消息，要么所有消息的处理都不成功。若要实现这样的行为，请将会话用于队列。

5. MSMQ 的加密算法和哈希算法

MSMQ 的加密算法对网络上的 MSMQ 消息进行加密。仅当 MsmqProtectionLevel 设置为 EncryptAndSign 时，才使用此属性。

MSMQ 支持的算法是 RC4Stream 和 AES，默认算法为 RC4Stream。仅当发送方安装 MSMQ 4.0 后，才可以使用 AES 算法。此外，目标队列还必须承载在 MSMQ 4.0 之上。

MSMQ 哈希算法指定用于创建 MSMQ 消息的数字签名的算法。接收队列管理器使用此算法对 MSMQ 消息进行身份验证。仅当 MsmqProtectionLevel 设置为 Sign 或 EncryptAndSign 时，才使用此属性。

MSMQ 支持的哈希算法包括 MD5、SHA1、SHA256 和 SHA512，默认值为 SHA1。

习　题

1. 简述事务队列和非事务队列的主要区别。
2. 如何利用 MSMQ 实现双工通信？
3. 简述死信队列和病毒消息队列的用途。

第12章
综合实例——商场销售服务系统

网络应用编程涉及的技术非常多，对于一本教材来说，涵盖的内容不可能面面俱到，因此，本书仅介绍了最常用的网络应用编程技术，并分层次阐述了相关的知识点。对于初学者来说，掌握了这些基本内容，已经足以设计出一个相对比较完整的网络应用程序了。

作为对本书的总结，本章我们通过一个对实际业务进行简化后的例子——商场销售服务系统，说明如何利用 WCF 实现网络应用编程。为了不让系统过于复杂，例子仅选取其中的部分功能来演示其基本设计思路。读者可以在掌握本章内容的基础上，在综合设计（具体要求见附录 B）中实现与本章示例界面类似的自选项目。

12.1 系统要求与架构设计

编写实际的网络应用程序时，首先需要搞清楚具体的业务需求是什么。根据对业务的需求分析，理清基本的设计思路后，再选择合适的技术来实现。

12.1.1 系统要求

本例子假设某销售集团分别在不同的城市开设了多家分公司，每个分公司都有一个商场大楼，每座大楼都有 4 层，1 层为大型家电，2 层为生活用品，3 层为服装用品，4 层为体育用品。除了生活用品以外，商场其他层都有多个产品销售区，每个销售区一般只负责某一个厂家产品的销售。

作为示例，要求商场服务系统至少实现以下功能。

1. 顾客服务

假设商场每个入口都有一个触摸屏，为顾客提供服务。顾客可通过该触摸屏，利用手指操作了解各层销售区销售的产品，比如大型家电区 1 号销售区销售的是海尔冰箱，2 号销售区销售的是海尔电视等。另外，顾客也可以通过它查看促销活动等宣传内容。

要求该模块能通过软件形象地展示商场每层的布局示意图。

2. 监控查看

商场每层都安装有多个摄像头，提供摄像服务的软件一般由安装摄像头的开发商配套提供（该功能涉及 Web 开发，已超出本书介绍的范围）。商场管理员能通过界面操作，将已经保存在系统所用服务器上的某摄像头某段时间范围内的视频自动传输到商场管理员所在的计算机上保存下来。系统能读取已经保存在监控服务器上某个文件夹下单独截取的视频文件，并将其传输到管理员所用的计算机上保存，同时还能随时播放，供相关人员复查。

作为示例，假设商场管理员已经能通过这些摄像头监视整个商场的情况，只要求商场管理员能动态绘制摄像头的位置，并通过视频播放来模拟演示摄像头的监控情况。

3. 购物结算

商场每层都有多个结算出口，结算员能自动进行购物结算。除此之外，还能自动统计各销售区的详细销售情况，比如除了销售总额外，还包括顾客每次购买的商品名称、数量、单价、金额等详细销售清单。作为示例，要求随机产生顾客购买的商品，结算员可以直接修改随机产生的商品名称、数量及单价，以模拟实现商品的结算情况。

4. 销售统计

结算员能自动统计自己经手的商品销售情况，管理员还能自动统计全商场的销售情况。作为示例，这里仅要求结算员能统计当日销售总金额。

5. 促销活动

要求系统能添加、修改、显示各种促销活动。作为部分功能示例，这里仅要求将活动内容显示出来即可。

6. 信息交流

销售区的销售人员能通过软件直接和同城市的其他分公司同产品销售区的销售人员交流，比如询价、调货、咨询销售的产品型号和性能参数，咨询是否能提供现货等。

另外，销售区人员能以文件的形式接收另一个商场同产品销售人员传递过来的某产品图像及参数描述文件，或者相反。

7. 商品查询

销售人员能随时查询某个商品当日的销售清单和剩余商品数，但只能查询该销售区自己销售的清单，没有查询其他销售区商品销售的权限。

集团总部和分公司能随时查询和统计该分公司所有商场某商品的销售清单，但分公司没有查询其他分公司或总部销售情况的权限。

作为演示，只要求实现管理员可查看本商场所有商品销售清单即可。

8. 辅助功能

除了以上基本要求外，操作员（包括商场管理员、销售人员、结算员）都可以更改自己的登录密码。另外，商场管理员除了能更改自己的密码外，还能将销售区操作员的登录密码还原为初始化时的默认密码"12345"。销售区人员忘记密码时，可电话要求商场管理员将其登录密码还原为初始化时的默认密码，然后自己再更改密码，但商场管理员无法直接查看销售区人员的登录密码，这样可避免管理员以销售区人员的身份登录伪造数据。

系统要提供操作帮助，方便操作员查看。

12.1.2 系统总体架构设计

根据需求分析，本系统采用 C/S 结构来实现。客户端负责具体操作，服务端通过 IIS 提供客户端需要的各种服务，数据库服务器用于存储各种数据。系统总体架构如图 12-1 所示。

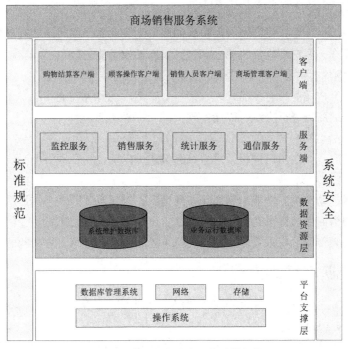

图 12-1　商场销售服务系统总体架构

12.1.3　服务端功能

根据业务需求描述，从硬件的角度来看，除了摄像头摄像功能以外，每个商场需要配置一台综合服务器，提供实现本系统需要的 WCF 服务和数据库服务。

1. 服务端需要提供的服务

从软件实现的角度来看，服务端需要提供以下服务。

（1）提供商品查询和销售统计服务

服务端需要提供保存商品销售情况功能，比如每个商品的销售名称、数量、单价、金额等。同时，还需要提供商品查询和销售统计等服务。

（2）提供信息交流服务

每个商场的服务端要能和其他商场的服务端进行交互，以便为本商场提供信息交流服务。

（3）提供权限管理服务

由于每个商场都有多个不同类型的操作人员（管理员、销售人员、结算员、顾客），因此要求系统要具有权限管理功能，这些功能都通过服务端和数据库交互来实现。

2. 服务端和其他服务端的交互

由于系统要求销售人员还能和本分公司同城市其他商场的销售人员交流，因此可通过服务端之间的交互将不同商场联系起来，这样本商场的销售人员就能直接看到本城市其他商场的同产品销售人员的姓名等信息，集团总部还可以通过它和各分公司交互。

12.1.4　客户端功能

根据功能要求，本系统的操作人员有 4 类，分别是顾客、销售人员、结算员、管理员。由于这 4 类客户端功能各不相同，所以在实际项目中应该分别设计。

1. 顾客操作客户端

顾客操作客户端至少要提供商场布局位置的图形浏览功能，同时还能查看各种促销活动。这些功能仅供顾客操作，客户端软件将单独部署到具有触摸功能的设备上。

2. 销售人员操作客户端

销售人员操作客户端要具有商品录入、销售、查询、统计等功能。同时还可以通过客户端与同城市其他分公司的商场进行交流，以便实现内部调货等功能。

3. 结算员操作客户端

顾客选择商品后，要在出口进行结算。结算员还可以统计当日销售情况。

4. 管理员操作客户端

管理员要能通过动态绘图功能绘制商场布局情况，供顾客服务客户端显示时调用。之所以需要动态绘制，是因为商场销售区是分包租赁机制，可能会随时间动态发生变化。另外，管理员还具有监控查看、视频传输、权限管理、密码还原（还原为默认密码）等功能。

12.1.5　数据库结构设计

本示例使用 SQL Server 2012 LocalDB 数据库。作为演示，例子只提供以下数据表。

1. 操作人员表（Users）

除了初始密码不需要加密外，操作员的其他密码都必须保存加密后的字符串。这样可确保即使是管理员也无法通过直接打开数据库来查看登录密码，从而避免其他人员伪装某个操作员登录后恶意修改数据。

操作人员表结构如图 12-2 所示。

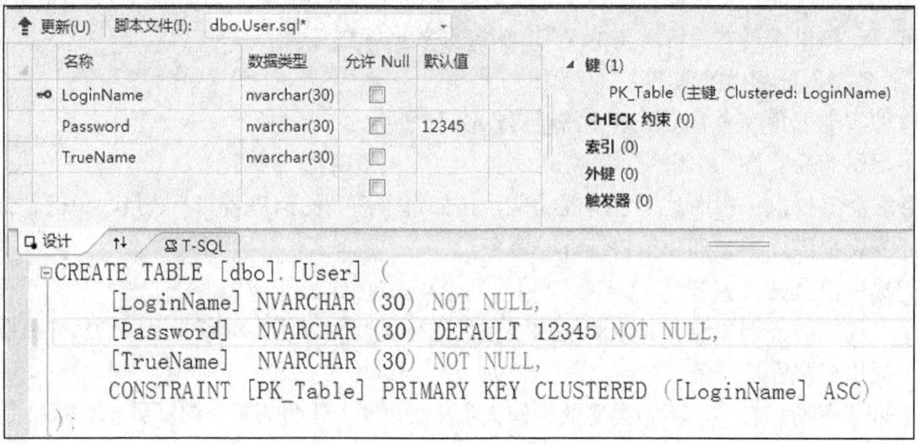

图 12-2　User 表结构

当然，维护数据库数据安全的办法有很多，例如，在以数据冗余为代价的安全处理方式中，除了服务器上的数据库外，让操作员操作的计算机也保存一份操作后的数据，由于只有本机操作员才能修改本机的数据，一旦系统发现本机数据和服务器上的数据不一致时，就能立即发现服务器上的数据可能被其他人员恶意修改了，此时可通过监察人员人工介入等办法查找修改来源等。

2. 商品销售明细表（SalesList）

商品销售明细表用于保存销售的每笔商品，表结构如图 12-3 所示。

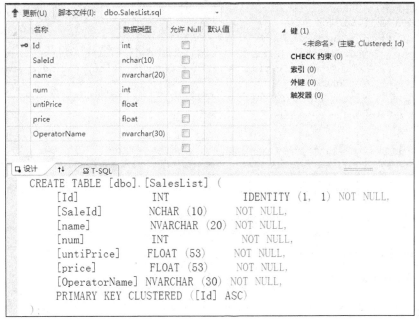

图 12-3 SalesList 表结构

这里需要说明一点，作为学习用途，为了让读者理解表结构的创建代码，数据库结构截图中还包括了与表结构相关的 SQL 脚本。但是，在实际项目中，一般需要用表格分别列出数据库中每个表的名称、类型、长度、主键、字段说明、示例数据、外键关联等信息，而不是像本示例这样直接截图。

12.2　功能实现及扩展建议

由于例子仅仅是为了说明基本的实现思路，所以并不要求设计的完整性。另外，本章并没有列出例子的所有源代码，而是仅列出部分实现代码，完整代码请读者参看对应文件的源程序。

12.2.1　服务端功能实现示例

在本章的例子中，服务端创建的项目使用的是【WCF 服务应用程序】模板，例子通过 IMarketService.cs 文件和 MarketService.svc.cs 文件提供 WCF 服务。另外，为安全起见，与数据库交互的所有工作都是在服务端进行的，客户端仅仅和 WCF 服务交互，而不是让客户端直接和数据库交互。

在 IMarketService.cs 文件中，仅演示了结算员需要的服务，其他操作服务留给读者自己实现。IMarketService.cs 文件的主要代码如下。

```
namespace MarketServer
{
    [ServiceContract(Namespace = "MarketExample")]
    public interface IMarketService
    {
        //----结算员（Account）-------------
```

```
            [OperationContract]
            int GetNewId();
            [OperationContract]
            void SaveCurrentSale(string saleId, string name, int num,
                                 double unitPrice, double price, string operatorName);
            [OperationContract]
            double GetCurrentDaySale();
            //----管理员------------
            //......
            //----销售人员------------
            //......
            //----顾客（Customer）-------
            //......
        }
    }
```

MarketService..svc.cs 文件的主要代码如下。

```
namespace MarketServer
{
    public class MarketService : IMarketService
    {
        public int GetNewId()
        {
            int id = 1;
            using (MarketEntities entities = new MarketEntities())
            {
                var q = from t in entities.SalesList
                        select t.SaleId;
                if (q.Count() > 0)
                {
                    id += int.Parse(q.Max().Substring(6));
                }
            }
            return id;
        }
        public void SaveCurrentSale(string saleId, string name, int num,
                                    double unitPrice, double price,
                                    string operatorName)
        {
            using (MarketEntities entities = new MarketEntities())
            {
                SalesList t = new SalesList();
                t.SaleId = saleId;
                t.name = name;
                t.num = num;
                t.untiPrice = unitPrice;
                t.price = price;
                t.OperatorName = operatorName;
                entities.SalesList.Add(t);
                entities.SaveChanges();
            }
        }
        public double GetCurrentDaySale()
        {
            using (MarketEntities entities = new MarketEntities())
```

```
        {
            double result = (from t in entities.SalesList
                        select t.price).Sum();
            return result;
        }
    }
}
```

12.2.2　客户端功能实现示例

通过系统分析，我们知道该系统应该分别设计 4 个客户端。但是，作为例子，为了方便读者学习，本章仅用一个客户端来演示，而且只实现了其中的一部分客户端功能，其他功能留给读者自己完成。

客户端例子使用【WPF 应用程序】模板来创建，下面简要介绍示例中相关的界面和实现代码。

1. 主界面

先运行服务端程序，然后再运行客户端程序。当客户端启动后，首先将看到如图 12-4 所示的界面。

图 12-4　客户端主界面

与该界面相关的完整的源代码请参看 MainWindow.xaml 及其代码隐藏类，以及 StartPage.xaml 文件。

MainWindow.xaml 文件的主要代码如下。

```xml
<Window ......
        Title="商场服务系统客户端（示例）"
        Height="600" Width="1000"
        Background="#FFF0F9D8" WindowStartupLocation="CenterScreen">
    <Grid>
        <Grid.ColumnDefinitions>
            <ColumnDefinition Width="Auto" />
            <ColumnDefinition Width="*" />
        </Grid.ColumnDefinitions>
        <Rectangle Margin="5" Fill="#FFF0F9D8"
                Stroke="Blue" StrokeDashArray="3" />
        <Expander ExpandDirection="Right"
                Margin="10"
```

```
                            IsExpanded="True">
            <ScrollViewer>
                <StackPanel Background="White">
                    <StackPanel.Resources>
                        <Style TargetType="Button">
                            <Setter Property="Margin" Value="10 5 10 0" />
                            <Setter Property="Padding" Value="10 0 10 0"/>
                            <Setter Property="BorderBrush" Value="{x:Null}"/>
                            <Setter Property="Foreground" Value="Blue"/>
                            <Setter Property="Background" Value="Transparent"/>
                            <EventSetter Event="Click" Handler="button_Click" />
                        </Style>
                        <Style TargetType="Expander">
                            <Setter Property="Background" Value="AliceBlue"/>
                            <Setter Property="IsExpanded" Value="True"/>
                        </Style>
                    </StackPanel.Resources>
                    <Expander Header="管理员">
                        <StackPanel Background="White">
                            <Button Content="动态绘图" Tag="/Manager/InkPage.xaml"/>
                            <Button Content="监控查看" Tag="/Manager/Monitor.xaml" />
                        </StackPanel>
                    </Expander>
                    <Expander Header="结算员">
                        <StackPanel Background="White">
                            <Button Content="购物结算" Tag="/Account/CurrentSales.xaml" />
                            <Button Content="当日统计"
                                    Tag="/Account/CurrentDaySales.xaml" />
                        </StackPanel>
                    </Expander>
                    <Expander Header="顾客">
                        <StackPanel Background="White">
                            <Button Content="商场概览" Tag="/Customer/MarketGuide.xaml" />
                            <Button Content="促销活动" Tag="/Customer/Promotions.xaml" />
                        </StackPanel>
                    </Expander>
                    <Expander Header="辅助功能">
                        <StackPanel Background="White">
                         <Button Content="密码修改" Tag="/Common/ChangePassword.xaml"/>
                         <Button Content="操作帮助" Tag="/Common/Help.xaml" />
                        </StackPanel>
                    </Expander>
                </StackPanel>
            </ScrollViewer>
        </Expander>
        <Frame Name="frame1" Grid.Column="1" Margin="5"
               Background="White"
               BorderThickness="1" BorderBrush="Blue"
               NavigationUIVisibility="Hidden"
               Source="/Common/StartPage.xaml"/>
    </Grid>
</Window>
```

MainWindow.xaml.cs 文件的主要代码如下。

```csharp
public partial class MainWindow : Window
{
    public static string UserName = "张三易";
    private Button oldButton = new Button();
    public MainWindow()
    {
        InitializeComponent();
    }
    private void button_Click(object sender, RoutedEventArgs e)
    {
        Button btn = e.Source as Button;
        oldButton.Foreground = Brushes.Blue;
        btn.Foreground = Brushes.Red;
        oldButton = btn;
        frame1.Source = new Uri(btn.Tag.ToString(), UriKind.Relative);
    }
}
```

StartPage.xaml 文件的主要代码如下。

```xml
<Page ......>
    <Grid>
        <Grid.Background>
            <LinearGradientBrush EndPoint="0.5,1" StartPoint="0.5,0">
                <GradientStop Color="#FFFFF3D5" Offset="1"/>
                <GradientStop Color="#FFFBEEEE"/>
                <GradientStop Color="#FFE5FDE9" Offset="0.531"/>
            </LinearGradientBrush>
        </Grid.Background>
        <StackPanel VerticalAlignment="Center">
            <TextBlock Text="商场服务客户端（部分功能示例）"
                FontSize="36"
                FontFamily="楷体"
                HorizontalAlignment="Center"
                VerticalAlignment="Center" />
            <TextBlock Text="请读者参考该示例的设计思路，实现自选的【综合设计】项目"
                Margin="0 40 0 0"
                FontSize="24"
                FontFamily="楷体"
                HorizontalAlignment="Center"
                VerticalAlignment="Center" />
        </StackPanel>
    </Grid>
</Page>
```

2. 动态绘图

动态绘图用于绘制或修改商场布局，例子仅提供了绘制文字块、箭头、通道、入口、出口以及动态绘制视频功能。

在动态绘图界面中，单击【加载】按钮，可先选择要加载的墨迹文件，然后继续添加或修改其他绘制信息。程序运行的示例效果如图 12-5 所示。

单击【视频】选项后，先选择要绘制的视频文件，即可通过鼠标拖放动态绘制视频。此功能用于模拟管理员查看各楼层的摄像头监控，程序运行效果如图 12-6 所示。

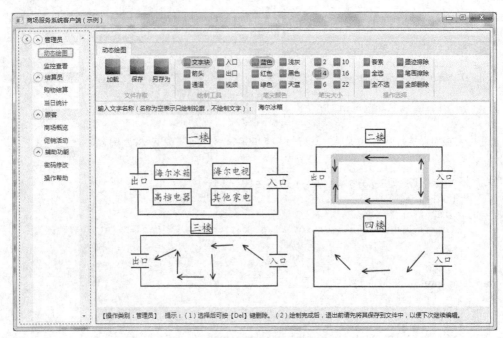

图 12-5　利用动态绘图绘制商场布局

图 12-6　利用动态绘制视频模拟商场监控摄像

视频监控界面绘制完成后，将绘制墨迹保存到某个墨迹文件中。当单击【监控查看】按钮时，重新加载该墨迹文件即可。注意墨迹文件保存的只是墨迹描述的信息，比如仅仅用字符串保存将要绘制的视频文件名即可，而不是在墨迹文件中保存视频文件。

由于动态绘图功能涉及的代码较多，此处不再列出源代码。

3．监控查看

监控查看用于模拟管理员监控大楼所有摄像头的摄像现场。界面中可通过大图选择其中的某个视频来播放。在监控查看中，要确保只有一个视频播放声音，其他视频则全部静音。程序运行效果如图 12-7 所示。

图 12-7　利用视频播放模拟商场监控

该功能的源代码见 Monitor.xaml 及其代码隐藏类。

Monitor.xaml 文件的主要代码如下。

```xaml
<Page ......
    xmlns:my="clr-namespace:MarketClient.Inks"
    ......
    d:DesignHeight="300" d:DesignWidth="600" Title="Monitor">
  <Grid Background="Beige">
    <Grid.RowDefinitions>
        <RowDefinition Height="Auto" />
        <RowDefinition Height="150"/>
        <RowDefinition Height="Auto" />
        <RowDefinition Height="*" />
    </Grid.RowDefinitions>
    <Label Content="监控查看" HorizontalAlignment="Center"/>
    <my:MyInkCanvas x:Name="ink1" Grid.Row="1"/>
    <DockPanel Grid.Row="2" Background="White">
        <Separator DockPanel.Dock="Top"/>
        <StackPanel Margin="0 5 0 5"
                    Orientation="Horizontal" VerticalAlignment="Center"
                    HorizontalAlignment="Center">
          <StackPanel.Resources>
            <Style TargetType="Button">
                <Setter Property="Margin" Value="5 0 5 0"/>
                <Setter Property="BorderBrush" Value="{x:Null}"/>
                <Setter Property="Foreground" Value="Blue"/>
                <Setter Property="Background" Value="Transparent"/>
                <EventSetter Event="Button.Click" Handler="Button_Click"/>
            </Style>
          </StackPanel.Resources>
          <TextBlock Text="单击查看大图: " VerticalAlignment="Center"/>
          <Button Content="一楼" Tag="Video1.wmv"/>
          <Button Content="二楼" Tag="Video2.wmv"/>
          <Button Content="三楼" Tag="Video3.wmv"/>
```

```
        <Button Content="四楼" Tag="Video4.wmv"/>
    </StackPanel>
  </DockPanel>
  <MediaElement Name="media1" Grid.Row="3" Stretch="Uniform"
        Source="/Manager/Videos/Video2.wmv"/>
</Grid>
</Page>
```

Monitor.xaml.cs 文件的主要代码如下。

```
public partial class Monitor : Page
{
    public Monitor()
    {
        InitializeComponent();
        media1.LoadedBehavior = MediaState.Manual;
        this.Loaded += Monitor_Loaded;
        this.Unloaded += Monitor_Unloaded;
    }
    void Monitor_Unloaded(object sender, RoutedEventArgs e)
    {
        media1.Stop();
        media1.Close();
    }
    void Monitor_Loaded(object sender, RoutedEventArgs e)
    {
        string path = Environment.CurrentDirectory + "\\MyVideoTest.ink";
        ink1.LoadInkFromFile(path);
        ink1.EditingMode = InkCanvasEditingMode.None;
    }
    private void Button_Click(object sender, RoutedEventArgs e)
    {
        Button btn = e.Source as Button;
        media1.Source = new Uri(@".\..\..\Manager\Videos\"+btn.Tag.ToString(),
                    UriKind.Relative);
        media1.MediaEnded += media1_MediaEnded;
        media1.Play();
    }
    void media1_MediaEnded(object sender, RoutedEventArgs e)
    {
        media1.Position = TimeSpan.Zero;
    }
}
```

4. 购物结算

购物结算利用 Grid 控件动态添加行，每来一个结算客户，都通过【创建】按钮创建一个新的结算单。当单击【添加】按钮添加一行后，结算人员还可以直接修改商品名称、数量或单价，而金额是自动计算的，不能修改。程序运行效果如图 12-8 所示。

单击【结算】按钮后，程序会自动计算合计金额，并通过 WCF 服务将该结算结果保存到服务器端的数据库中。程序运行效果如图 12-9 所示。

该功能的源代码见 CurrentSales.xaml 及其代码隐藏类。

5. 当日统计

当日统计功能利用 WCF 服务自动统计该结算员当日所有结算的总金额，并将结果传输到客户端显示出来，以便结算员和现金对账。程序运行效果如图 12-10 所示。

图 12-8　购物结算功能的编辑界面

图 12-9　购物结算功能的结算界面

图 12-10　当日统计功能的运行效果

在本章的例子中，没有考虑使用银行卡、购物卡、优惠卡等进行结算的情况，读者可在此基础上进行扩展，实现更多的结算功能。比如将每笔结账合计金额都显示出来，或者修改数据库结构，将现金结账和其他结账方式分别处理等。

该功能的源程序请参看 CurrentDaySales.xaml 及其代码隐藏类。

6. 商场概览

商场概览是顾客服务指南的其中一个功能，用于为顾客提供快速浏览整个商场各楼层销售的产品等功能。在这个例子中，只需要将动态绘制的图形从墨迹文件中读取出来直接显示即可，程序运行效果如图 12-11 所示。

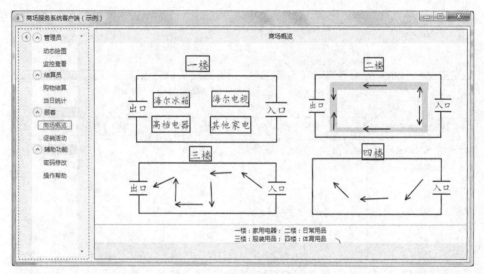

图 12-11　商场概览功能的运行效果

该功能的源程序见 MarketGuide.xaml 及其代码隐藏类。

MarketGuide.xaml 文件的主要代码如下。

```
<Page ......
    xmlns:my="clr-namespace:MarketClient.Inks"
    ......>
  <Grid Background="Beige">
    <Grid.RowDefinitions>
        <RowDefinition Height="Auto" />
        <RowDefinition Height="3*"/>
        <RowDefinition Height="Auto" />
        <RowDefinition Height="Auto" />
    </Grid.RowDefinitions>
    <Label Content="商场概览" HorizontalAlignment="Center"/>
    <my:MyInkCanvas x:Name="ink1" Grid.Row="1"/>
    <DockPanel Grid.Row="2" Background="White">
        <Separator DockPanel.Dock="Top"/>
        <StackPanel VerticalAlignment="Center">
            <TextBlock Text="一楼：家用电器；  二楼：日常用品"
                       HorizontalAlignment="Center"/>
            <TextBlock Text="三楼：服装用品；  四楼：体育用品"
                       HorizontalAlignment="Center"/>
        </StackPanel>
```

```
    </DockPanel>
    <StatusBar Grid.Row="3">
        <Label Name="labelStatus" Content=""/>
    </StatusBar>
    </Grid>
</Page>
```

MarketGuide.xaml.cs 文件的主要代码如下。

```
public partial class MarketGuide : Page
{
    public MarketGuide()
    {
        InitializeComponent();
        this.Loaded += MarketGuide_Loaded;
    }
    void MarketGuide_Loaded(object sender, RoutedEventArgs e)
    {
        string path = Environment.CurrentDirectory + "\\MyTest.ink";
        ink1.LoadInkFromFile(path);
        ink1.EditingMode = InkCanvasEditingMode.None;
    }
}
```

7. 促销活动

促销活动用于显示商场每次举办的优惠活动，示例仅演示了一次活动的情况，程序运行效果如图 12-12 所示。

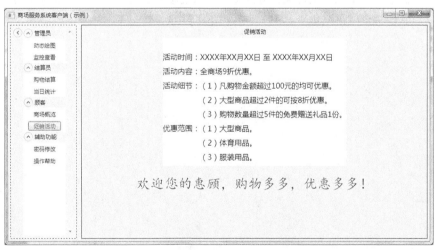

图 12-12   促销活动功能的运行效果

在实际项目中，每次活动的所有信息都应该通过 WCF 服务保存到服务端的数据库中，本例子未实现此功能，请读者在扩展功能中自己完成。

8. 辅助功能

除了例子中演示的基本功能外，在客户端项目中一般还会有一些辅助功能，比如密码修改、操作帮助等，这些功能留给读者自己完成，示例中仅保留了一个简单的界面，比如单机【操作帮助】按钮，只显示如图 12-13 所示的效果。

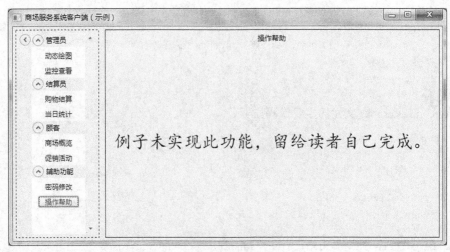

图 12-13 操作帮助功能的运行效果

12.2.3 组内分工合作及系统扩展建议

本例仅给出了商场销售服务系统的部分功能实现，读者可以参考示例中的代码，在此基础上进行功能扩展，完成其他与之类似的系统。

在综合设计（见附录 B）中，各小组既可以按实际情况分别设计客户端，也可以像本章的示例这样仅用一个客户端来实现。

小组可根据组内人员的分工情况，分别实现自选的项目。比如，组长负责服务端实现及整个系统的协调，其他每个成员只负责其中一个客户端的实现。

附录 A
上机练习

网络应用编程共包含 5 个上机练习题目，每个学生都要独立调试这些练习题。

上机练习不需要写纸质的上机实验报告，但是，必须提交源程序和电子版说明文档，这是衡量学生平时上机成绩的依据，具体要求如下：

（1）学生每完成一个上机练习，都要以电子版 Word 文档的形式对上机练习的内容进行说明，并将该文档随源程序一起提交给本组组长。

（2）上机练习源程序的项目名用"Z+2 位的组号+姓名拼音首字母+1 位的上机练习题号"命名，例如：Z01zs1 表示第 1 组张三上机练习 1 的源程序。

（3）Word 文档中的格式见上机练习 1 参考源程序项目中"文档"子目录下的示例文件。添加 Word 文档的办法是：先将示例中的 Word 文件复制一份，复制的目的是为了使用该文档中自定义的模板，然后将复制的文件名换名为自己的学号和姓名，再用添加现有项的办法将其添加到自己创建的练习项目中。

（4）组长每次收齐本组的一个上机练习源程序后，都要将其压缩到一个扩展名为.rar 的文件中，然后发送到指导教师提供的邮箱。压缩文件名用"Z+2 位的组号+组长姓名拼音首字母+1 位的上机练习题号"命名，例如：Z01zsy1.rar，表示第 1 组张三雨小组上机练习 1 所有成员的全部源程序。

（5）教师根据学生每次提交的源程序和文档说明情况给学生打分，并将成绩保存到 Excel 表中，同时将学生遇到的问题综合到教师自己的 Word 文档中，以备下次上机时和学生当面指导解决办法。

（6）学期结束时，教师将平时成绩原始记录（Excel 表）打印出来，同时将平时成绩的电子版随学生源程序一块刻盘存档。

（7）教师在学生上机练习的过程中，可随时抽查学生，让学生当面介绍和演示某个已经练习过的练习题调试和运行的情况，查看学生提交的成果是否真实。

A.1 视频动态绘制练习

创建一个 WPF 应用程序，实现动态绘制视频的功能，视频文件自选，程序运行效果如图 A-1 所示。

要求尽可能简化源代码，以方便理解动态绘制最基本的实现原理。

图 A-1　练习 1 的运行效果

A.2　多任务网段扫描练习

创建一个 WPF 应用程序，用多任务来扫描一个网段内的计算机，根据计算机的 IP 地址获取其主机域名，程序运行效果如图 A-2 所示。

（a）输入地址不正确时用红底白字提示　　　　　（b）单击开始扫描后的显示信息示意

图 A-2　练习 2 的运行效果

具体要求如下：

（1）对用户选择 IP 地址范围进行验证，若不是合法的 IP 地址，在界面上用红底白字给出相应的提示信息。

（2）执行扫描操作时，每个 IP 地址都创建一个任务去扫描，并将每个 IP 地址对应的 Dns 名称添加到界面下方的 ListBox 控件中。

A.3　矩阵并行计算练习

编写一个 WPF 应用程序，利用数据并行计算两个矩阵（M×N 和 N×P）的乘积，得到一个 M×P 的矩阵。程序运行效果如图 A-3 所示。

具体要求如下：

（1）在代码中用多任务通过调用某方法实现矩阵并行运算，在调用的参数中分别传递 M、N、P 的大小。

图 A-3　矩阵运算练习

（2）程序中至少要测试 3 次有代表性的不同大小的矩阵运算，并显示其并行运行用时。

A.4　WCF 和 HTTP 文件传输练习

在同一个解决方案中，分别编写服务端程序和客户端程序，利用 HTTP 和流传输实现文件下载功能。客户端程序运行效果如图 A-4 所示。

图 A-4　HTTP 文件传输练习

具体要求如下：
（1）服务端程序选择【WCF 服务应用程序】模板，客户端程序选择【WPF 应用程序】模板。
（2）客户端运行时，先通过 WCF 服务获取可供下载的文件名文件长度并将其显示出来，当用户选择要下载的列表项后，单击【开始下载】按钮实现下载功能。

A.5　WCF 和 TCP 消息通信练习

在同一个解决方案中，分别编写服务端程序和客户端程序，利用 TCP 实现简单的群聊功能。客户端程序运行效果如图 A-5 所示。

（a）客户端主界面

（b）客户端1　　　　　　　　　（c）客户端2

图 A-5　练习5的运行效果

具体要求如下：

（1）服务端程序选择【WCF 服务库】模板，客户端程序选择【WPF 应用程序】模板。

（2）客户端与服务端连接成功后，通过服务端获取已经在线的用户，并将其显示在客户端的在线用户列表中。

（3）不论哪个用户发送聊天消息，其他所有用户都能看到该消息。

（4）当某个用户退出后，在线用户列表中自动移除该用户。

附录 B
综合设计

综合设计是对本书知识的综合应用，该设计过程贯穿整个课程环节。

B.1　综合设计分组

要求每 5 人组成一个设计小组，最后一组少于 5 人时既可以合并到其他小组中，也可以单独作为一组。每个小组都必须在相邻的计算机上练习，不论采用哪种分组方式，一旦小组确定后，学期中间不准再自行调整分组。

开学时每组推荐一个组长，班长（或学习委员、课代表）统计后，将分组情况交给指导教师一份，班长（或学习委员、课代表）自己保留一份。

每组自选一个题目，共同合作完成同一个综合设计内容。小组负责人负责整个系统的任务分配、模块划分、设计进度以及小组间的组织协调。

学期结束前，各小组运行演示本组设计的成果，并介绍本组实现的特色。

为了使综合设计更容易些，本书第 12 章的源程序给出了系统实现的基本框架，小组成员可先读懂程序框架，然后根据小组自选的题目，按照需求分析逐一实现系统功能，并在第 12 章示例的基础上对自选的题目进行功能扩展。

B.2　基本要求和功能扩展建议

要求每个小组实现一个自选的网络应用系统，题目自定。

B.2.1　系统选题要求

以下是选题参考，但并不局限于这些选题，各小组也可以自选其他题目。

（1）交通监视服务系统、市区监控服务系统……

（2）棉花交易服务系统、粮食交易服务系统……

（3）生活用品服务系统、房间装饰服务系统、服装设计服务系统……

（4）游览区导游服务系统、旅游景点服务系统……

（5）体育用品展销系统、大型家电展销系统……

（6）小区规划服务系统、城镇规划服务系统、校园规划服务系统……

（7）电子电路制作模拟系统、化学仪器制作模拟系统、数学助手……

（8）手机费用查询服务、银行卡查询服务、网购服务……

（9）其他自选系统。例如：高速公路、环境监测、台风走向、震灾模拟……

B.2.2　系统基本功能要求

要求在同一个解决方案中，用【WCF 服务库】模板创建服务端，用【WPF 应用程序】模板创建客户端。或者说，综合设计只要求方便调试运行即可，不需要考虑系统部署问题。

创建的解决方案名必须用小组实际选择的项目名称，例如：XiaoQu、XiaoYuan、FuZhuang等。或者说，要使用英文名称或者拼音，不要用汉字作为项目名。另外，界面上显示的项目名称不能用"综合设计服务系统"，因为这是一个通用的名称，不能体现项目的实际用途。

自选系统至少要实现以下基本功能：

（1）实现动态绘图的功能。本书第 2 章和第 12 章介绍了动态绘图相关的设计思路和示例，小组负责人可先组织本组成员读懂绘图程序示例，然后再在此基础上进行功能扩展，实现本组所选题目需要的动态绘图功能。

（2）服务端要实现基本的 WCF 服务功能。

（3）客户端要求有登录界面，登录成功后再进入主界面。

（4）服务端数据库使用 SLQ Server 2012 LocalDB。

B.2.3　功能扩展建议

要求在完成基本功能的基础上，再实现自选的扩展模块功能。至于扩展哪些内容，由各小组自己规划，原则要求是要与实际实现的业务功能对应。

在第 12 章的参考源程序中，给出了扩展功能的基本实现思路。

B.3　源程序和文档提交要求

系统设计完成后，要求期末每组提供一份该小组设计的成果。

（1）提交一套电子版综合设计说明书和一套完整的源代码。

（2）提交一份纸质的综合设计说明书打印版。

综合设计封皮包括课程名称、年级班级、指导教师姓名、小组负责人学号姓名以及本组其他人员的学号姓名。

综合设计说明书内容包括系统功能说明、小组人员分工、数据库结构说明、系统运行截图、用户操作使用说明等。